"十四五"职业教育国家规划教材

建筑力学与结构
（第3版）

主　编　王洪波　张　蓓　薛　倩
副主编　赵秀云　张　琳　孟　艳
　　　　赵丽莉　张　莉

北京理工大学出版社
BEIJING INSTITUTE OF TECHNOLOGY PRESS

内 容 提 要

本书为"十四五"职业教育国家规划教材。全书共十二章,主要内容包括建筑力学的基本概念、平面力系的合成与平衡、截面图形的几何性质、静定结构的内力计算、构件的强度与压杆稳定、平面体系几何组成分析、建筑结构计算概述、钢筋混凝土结构基本构件、钢筋混凝土梁板结构、预应力混凝土结构构件、砌体结构、钢结构基本构件等。

本书可作为高职高专院校建筑工程技术、工程造价、建设工程监理、建筑装饰工程技术等专业的教材,也可作为函授、自学、岗位培训的教材及供装饰装修工程现场施工人员参考使用。

版权专有　侵权必究

图书在版编目（CIP）数据

建筑力学与结构 / 王洪波，张蓓，薛倩主编. —3版. —北京：北京理工大学出版社，2020.1（2024.7重印）

ISBN 978-7-5682-7934-5

Ⅰ.①建… Ⅱ.①王… ②张… ③薛… Ⅲ.①建筑科学－力学－高等学校－教材 ②建筑结构－高等学校－教材 Ⅳ.①TU3

中国版本图书馆CIP数据核字（2019）第253351号

责任编辑：李玉昌	**文案编辑**：李玉昌	
责任校对：周瑞红	**责任印制**：边心超	

出版发行 / 北京理工大学出版社有限责任公司

社　　址 / 北京市丰台区四合庄路6号

邮　　编 / 100070

电　　话 / （010）68914026（教材售后服务热线）

　　　　　　（010）68944437（课件资源服务热线）

网　　址 / http：//www.bitpress.com.cn

版 印 次 / 2024年7月第3版第12次印刷

印　　刷 / 北京紫瑞利印刷有限公司

开　　本 / 787 mm × 1092 mm　1/16

印　　张 / 16

字　　数 / 417千字

定　　价 / 49.80元

图书出现印装质量问题，请拨打售后服务热线，负责调换

第3版前言

本教材自第1版出版发行以来,历经3次修订改版,已经十年有余。这十年,也是"具有里程碑意义"的十年。党的二十大报告指出:"十年来,我们经历了对党和人民事业具有重大现实意义和深远历史意义的三件大事:一是迎来中国共产党成立一百周年,二是中国特色社会主义进入新时代,三是完成脱贫攻坚、全面建成小康社会的历史任务,实现第一个百年奋斗目标。这是中国共产党和中国人民团结奋斗赢得的历史性胜利,是彪炳中华民族发展史册的历史性胜利,也是对世界具有深远影响的历史性胜利。"

随着我国高职高专教育教学改革的发展,以及工程建设行业新材料、新技术、新设备的发展进步,加上国家对《建筑结构可靠度设计统一标准》(GB 50068—2018)、《混凝土结构设计规范(2015年版)》(GB 50010—2010)、《钢结构设计标准》(GB 50017—2017)等标准规范进行修订完善,教材中的部分知识内容也需要随之进行修订更新、扩充。本次修订过程中,编者对书中部分陈旧性内容进行了修改与充实,力求反映当前建筑工程领域主要的施工技术水平,以期使本书能更好地满足高职高专院校教学工作的需要,从而为党的二十大报告中提出的"实施科教兴国战略,强化现代化建设人才支撑""加快建设国家战略人才力量,努力培养造就更多大师、战略科学家、一流科技领军人才和创新团队、青年科技人才、卓越工程师、大国工匠、高技能人才"目标尽微薄之力。

(1)本次修订根据《高等职业学校专业教学标准》的要求,以适应社会需求为目标,以培养技术能力为主线,以"必需、够用"为度,以"讲清概念、强化应用"为重点进行编写。通过对本教材内容的学习,学生可以了解建筑力学研究的对象和任务,掌握力和力系的概念,熟悉静力学公理,能熟练对物体进行受力分析,掌握杆件变形的各种形式并能进行强度计算,掌握静定结构内力分析计算的方法,了解建筑结构的基本设计原理,掌握砌体结构、钢筋混凝土结构及钢结构各种基本构件的受力特点,掌握一般房屋建筑的结构布置、截面选型及基本构件的设计计算方法,正确理解国家建筑结构设计规范中的有关规定,正确地进行截面设计等,同时能处理建筑结构施工中的一般问题,逐步培养和提高综合应用能力,为今后从事相关专业技术工作打下良好的基础。

(2)本次修订参照国家、行业最新标准规范进行,进一步体现了教材的先进性和内容的严谨性,主要标准规范包括《建筑结构可靠度设计统一标准》(GB 50068—2018)、《混凝土结构设计规范(2015年版)》(GB 50010—2010)、《钢结构设计标准》(GB 50017—2017)、《建筑抗震设计规范(2016年版)》(GB 50011—2010)、《建筑结构荷载规范》(GB 50009—2012)等。

(3)本次修订坚持以理论知识够用为度,以培养面向生产第一线的应用型人才为目的,强调提升学生的实践能力和动手能力。对各章节的能力目标、知识目标、本章小结进行了修订,在修订中对各章节知识体系进行了深入的思考,并联系实际进行知识点的总结与概括,使该部分内容更具有指导性与实用性,便于学生学习与思考。特别是对各章节的思考与练习进行适当补充,从而有利于学生课后复习，强化应用所学理论知识解决工程实际问题的能力。

  本书由广东工程职业技术学院王洪波、济南工程职业技术学院张蓓、贵州城市职业学院薛倩担任主编；由山东协和学院赵秀云，莱芜职业技术学院张琳，营口职业技术学院孟艳，聊城职业技术学院赵丽莉、张莉担任副主编。具体编写分工为：王洪波编写第一章、第二章和第六章，张蓓编写第五章、第九章和第十章，薛倩编写第十二章和附录，赵秀云编写第三章和第四章，张琳编写第十一章，孟艳编写第五章，赵丽莉、张莉共同编写第七章和第八章。在本书修订过程中，参阅了国内同行的多部著作，部分高职高专院校的老师提出了很多宝贵的意见供我们参考，在此表示衷心的感谢！

  本书虽经反复讨论修改，但限于编者的学识及专业水平和实践经验，修订后的图书仍难免有疏漏和不妥之处，恳请广大读者指正。

编 者

第2版前言

本教材自出版发行以来，在有关院校的教学活动中获得了师生的一致好评。然而随着近年来我国高职高专教育教学的改革发展，以及建筑行业新材料、新技术、新设备的发展进步，教材的知识内容也需要随之进行更新、扩充，为此，我们根据各院校使用者的建议，以及实际生产、学习的需求，对本教材进行了修订。

本次修订在第1版的基础上，对部分陈旧内容进行了修改与充实，力求反映当前建筑工程施工领域主要的施工技术水平，进而强化教材的实用性和可操作性，使修订后的教材能更好地满足高职高专院校教学工作的需要。本教材的修订坚持以理论知识够用为度，以培养面向生产第一线的应用型人才为目的，强调提升学生的实践能力和动手能力。

本次修订的主要内容如下：

（1）重新编写了各章的学习目标和能力目标，以求更准确、更概括地给出各章学习的关键点，进而明确强调每章学习应注意掌握的实际技能，使师生在教学活动中能够有更清晰、更明确的教学目标。

（2）重新编写了各章小结，补充、修改了各章的思考与练习，第1版教材的课后习题较为简单，本次修订在第1版的基础上重新编写，丰富了习题形式，使其更具有操作性和实用性，有利于学生在课后进行总结、练习。

（3）参考国家、行业最新标准规范，如《混凝土结构设计规范》（GB 50010—2010）、《高层建筑混凝土结构技术规程》（JGJ 3—2010）、《砌体结构设计规范》（GB 50003—2011）、《建筑地基基础设计规范》（GB 50007—2011）、《建筑结构荷载规范》（GB 50009—2012）和《建筑抗震设计规范》（GB 50011—2010）等，对教材中涉及的相关内容进行了修改、补充，以使教材中的知识内容更加准确，跟上科学技术的发展需要。

（4）根据实际生产的需求，添加了部分知识点，并补充了部分实例，以增强教材的可用性。

本书由马运成、张蓓、薛倩担任主编，孟艳、李晓娅、程子硕、余秀娣担任副主编，刘宏霞、高雨龙、王颐菲、张忠良参与了本书部分章节编写，安德锋负责全书审阅。本教材在修订过程中参阅了国内同行的多部著作，部分高职高专院校老师提出了很多宝贵意见，在此表示衷心感谢。对于参与本教材第1版编写但不再参与本次修订的老师、专家和学者，本版教材所有编写人员向你们表示感谢，感谢你们对高等职业教育改革所做出的不懈努力，希望你们对本教材保持持续关注，多提宝贵意见。

限于编者的学识、专业水平和实践经验，修订后的教材仍难免有疏漏或不妥之处，恳请广大读者批评指正。

编　者

第1版前言

"建筑力学与结构"是高职高专建筑装饰工程技术专业的主要基础课之一。其中建筑力学是工程设计与施工人员必不可少的专业基础，其主要是应用力学的基本概念及方法，分析和研究建筑结构和构件在各种条件下的强度、刚度、稳定性等问题；而建筑结构则主要是阐述静力学基本理论与力系的平衡条件、常见建筑结构的基本理论及各种基本构件和基本结构的内力分析、建筑结构的设计原则和设计方法等。

本教材根据全国高等职业教育建筑装饰工程技术专业教育标准和培养方案及主干课程教学大纲的要求，本着"必需、够用"的原则，以"讲清概念、强化应用"为主旨进行编写。全书采用"教学要求""能力目标""本章小结""思考与练习"的模块形式，对各章节的教学重点做了多种形式的概括与指点，以引导学生学习、掌握相关技能。本教材共分为"建筑力学"与"建筑结构"上下两篇内容。上篇建筑力学部分包括建筑力学基本概念、物体受力分析与结构计算简图、平面力系合成与分解、杆件变形形式、截面图形的几何性质、平面体系几何组成分析、静定结构内力分析等内容；下篇建筑结构部分包括混凝土结构、砌体结构和钢结构三类结构体系，主要研究一般房屋建筑结构的特点、结构构件布置原则、结构构件的受力特点及破坏形态、简单结构构件的设计原理和设计计算、建筑结构的有关构造要求以及结构施工图等内容。

通过本教材的学习，学生可以了解建筑力学研究的对象和任务，掌握力和力系的概念，熟悉静力学公理，能熟练对物体进行受力分析，掌握杆件变形的各种形式并能进行强度计算，掌握静定结构内力分析计算的方法，了解建筑结构的基本设计原理，掌握砌体结构、钢筋混凝土结构及钢结构各种基本构件的受力特点，掌握一般房屋建筑的结构布置、截面选型及基本构件的设计计算方法，正确理解国家建筑结构设计规范中的有关规定，正确地进行截面设计等，同时能处理建筑结构施工中的一般问题，逐步培养和提高综合应用能力，为今后从事建筑装饰工程设计、施工及工程预算工作打下良好的基础。

本教材的编写人员既有具有丰富教学经验的教师，又有建筑装饰工程设计施工领域的专家学者，从而使教材内容既贴近教学实际需要，又贴近建筑装饰设计施工工作实际。本教材由马运成、罗小青、陈贤清任主编，马红侠、臧丽花、冯毅、方洪涛任副主编，刘余强、李冬春也参与了图书的编写工作。本教材由安德锋主审。教材编写过程中参阅了国内同行的多部著作，部分高职高专院校老师也对编写工作提出了很多宝贵的意见，在此表示衷心的感谢。

本教材既可作为高职高专院校建筑装饰工程技术专业的教材，也可供从事装饰装修设计、施工工作的相关人员参考使用。限于编者的专业水平和实践经验，教材中疏漏或不妥之处在所难免，恳请广大读者批评指正。

编　者

目 录

上篇 建筑力学

第一章 建筑力学的基本概念 ……………… 1
第一节 力与平衡 …………………………… 1
一、力 ……………………………………… 1
二、刚体的概念 …………………………… 2
三、平衡及力系的概念 …………………… 2
第二节 静力学基本公理 …………………… 3
一、二力平衡公理 ………………………… 3
二、作用力与反作用力公理 ……………… 3
三、加减平衡力系公理 …………………… 4
四、力的平行四边形法则 ………………… 4
五、三力平衡汇交定理 …………………… 5
第三节 约束与约束反力 …………………… 5
一、约束与约束反力的定义 ……………… 5
二、几种基本类型的约束及其约束反力 … 6
第四节 物体受力分析和受力图 …………… 8
一、物体受力分析 ………………………… 8
二、物体受力图的画法 …………………… 9
第五节 结构的计算简图及分类 …………… 10
一、结构的计算简图 ……………………… 10
二、荷载的分类及计算 …………………… 12
三、平面杆系结构的分类 ………………… 13
本章小结 ……………………………………… 14
思考与练习 …………………………………… 14

第二章 平面力系的合成与平衡 ……………… 17
第一节 平面汇交力系 ……………………… 17
一、力在平面直角坐标轴上的投影 ……… 17
二、合力投影定理 ………………………… 19
三、用几何法求平面汇交力系的合力 …… 19
四、用解析法求平面汇交力系的合力 …… 20
五、平面汇交力系平衡的解析条件 ……… 21
第二节 平面力偶系 ………………………… 22
一、力对点的矩及合力矩定理 …………… 22
二、力偶与力偶矩 ………………………… 24
三、平面力偶系的合成 …………………… 25
四、平面力偶系的平衡条件 ……………… 25
第三节 平面一般力系 ……………………… 26
一、力的平移定理 ………………………… 26
二、平面一般力系的简化 ………………… 27
三、平面一般力系简化结果的讨论 ……… 28
四、平面一般力系的平衡条件及平衡方程 … 29
第四节 平面平行力系 ……………………… 30
第五节 物体系统的平衡 …………………… 31
本章小结 ……………………………………… 32
思考与练习 …………………………………… 33

第三章 截面图形的几何性质 ………………… 35
第一节 重心与形心 ………………………… 35
一、重心 …………………………………… 35

1

二、形心 ………………………………… 36
　第二节　静矩 …………………………………… 36
　　一、静矩的定义 …………………………… 36
　　二、静矩的计算 …………………………… 37
　第三节　惯性矩、惯性积与惯性半径 ………… 37
　　一、惯性矩 ………………………………… 37
　　二、惯性积 ………………………………… 39
　　三、惯性半径 ……………………………… 40
　第四节　形心主惯性轴与形心主惯性矩 ……… 40
　本章小结 ………………………………………… 41
　思考与练习 ……………………………………… 41

第四章　静定结构的内力计算 ……………… 43
　第一节　内力的基本概念 ……………………… 43
　　一、杆件变形的基本形式 ………………… 43
　　二、内力、截面法、应力 ………………… 44
　　三、位移与应变 …………………………… 46
　第二节　轴向拉伸和压缩时的内力 …………… 46
　　一、轴向拉伸和压缩时的内力——轴力 … 46
　　二、扭转轴的内力——扭矩 ……………… 48
　第三节　平面弯曲 ……………………………… 50
　　一、平面弯曲的概念 ……………………… 50
　　二、梁的内力——剪力和弯矩 …………… 50
　　三、剪力和弯矩的计算 …………………… 51
　　四、梁的内力图 …………………………… 53
　第四节　静定平面刚架 ………………………… 62
　　一、刚架与平面刚架 ……………………… 62
　　二、刚架的内力计算 ……………………… 62
　第五节　静定平面桁架 ………………………… 64
　　一、静定平面桁架的分类 ………………… 64
　　二、桁架内力分析方法 …………………… 65
　　三、桁架受力性能的比较 ………………… 68
　第六节　三铰拱的内力分析 …………………… 70
　　一、三铰拱支座反力的计算 ……………… 71
　　二、三铰拱的内力计算 …………………… 71
　第七节　静定组合结构 ………………………… 74
　本章小结 ………………………………………… 75
　思考与练习 ……………………………………… 75

第五章　构件的强度与压杆稳定 …………… 78
　第一节　轴向拉（压）杆的应力、应变及
　　　　　强度条件 …………………………… 78
　　一、轴向拉（压）杆横截面上的应力 …… 78
　　二、斜弯曲变形的应力和强度计算 ……… 81
　　三、轴向拉、压杆的变形 ………………… 82
　第二节　材料在拉伸和压缩时的
　　　　　力学性能 …………………………… 84
　　一、材料在拉压时的力学性能 …………… 84
　　二、材料在压缩时的力学性能 …………… 88
　　三、两类材料力学性能的比较 …………… 89
　第三节　压杆平衡状态的稳定性 ……………… 90
　　一、压杆稳定的基本概念 ………………… 90
　　二、常见构件失稳 ………………………… 90
　　三、临界力 ………………………………… 91
　　四、提高压杆稳定性的措施 ……………… 94
　本章小结 ………………………………………… 95
　思考与练习 ……………………………………… 96

第六章　平面体系几何组成分析 …………… 98
　第一节　几何不变体系与几何可变体系 ……… 99
　　一、几何不变体系 ………………………… 99
　　二、几何可变体系 ………………………… 99
　　三、几何组成分析的目的 ………………… 99
　第二节　平面体系的自由度和约束 …………… 100
　　一、自由度 ………………………………… 100
　　二、约束 …………………………………… 100
　第三节　几何不变体系的基本组成规则 ……… 101
　第四节　几何组成分析方法 …………………… 102

一、几何组成分析步骤…………102
　　二、几何组成分析举例说明………102
第五节　静定结构与超静定结构……104
　　一、静定结构………………………104
　　二、超静定结构……………………104
本章小结………………………………105
思考与练习……………………………105

下篇　建筑结构

第七章　建筑结构计算概述……………106
第一节　建筑结构荷载………………106
　　一、荷载的分类……………………106
　　二、荷载代表值……………………107
第二节　建筑结构极限状态设计方法…108
　　一、结构的功能要求………………108
　　二、结构的极限状态………………109
　　三、极限状态设计方法……………109
第三节　混凝土结构耐久性规定……111
　　一、混凝土结构的耐久性…………111
　　二、影响混凝土结构耐久性的因素…112
　　三、混凝土结构耐久性的基本要求…112
本章小结………………………………114
思考与练习……………………………114

第八章　钢筋混凝土结构基本构件……115
第一节　钢筋和混凝土的力学性能…115
　　一、钢筋的种类、性能指标及性能要求…115
　　二、混凝土的力学性能……………117
　　三、钢筋混凝土的概念及性能……120
第二节　受弯构件承载力计算………121
　　一、受弯构件的构造要求…………121
　　二、受弯构件正截面承载力计算…125
　　三、受弯构件斜截面承载力计算…134

第三节　受压构件承载力计算………136
　　一、受压构件的构造要求…………136
　　二、轴心受压构件承载力计算……138
　　三、偏心受压构件承载力计算……141
第四节　受拉构件承载力计算………144
　　一、轴心受拉构件承载力计算……144
　　二、偏心受拉构件承载力计算……144
本章小结………………………………146
思考与练习……………………………146

第九章　钢筋混凝土梁板结构…………148
第一节　钢筋混凝土梁板结构概述…148
　　一、现浇式钢筋混凝土梁板结构…148
　　二、装配式钢筋混凝土梁板结构…149
　　三、装配整体式钢筋混凝土梁板结构…149
第二节　单向板肋梁楼盖设计………149
　　一、结构平面布置…………………150
　　二、确定梁板计算简图……………151
　　三、结构内力计算…………………152
　　四、截面配筋计算…………………157
　　五、单向板构造要求………………157
第三节　现浇双向板肋梁楼盖设计…159
　　一、双向板的受力特点……………159
　　二、双向板的内力计算……………160
　　三、双向板截面设计与构造要求…162
第四节　楼梯……………………………162
　　一、楼梯的组成……………………162
　　二、楼梯的分类……………………163
　　三、楼梯的尺度……………………164
　　四、现浇梁式楼梯的计算…………167
　　五、现浇板式楼梯的计算…………168
第五节　雨篷……………………………169
　　一、雨篷的构成……………………170
　　二、雨篷的荷载分布………………170

三、雨篷抗倾覆计算……………………171
　本章小结……………………………………171
　思考与练习…………………………………171

第十章　预应力混凝土结构构件……173
　第一节　预应力混凝土概述………………173
　　一、预应力混凝土的定义…………………173
　　二、预应力混凝土的特点…………………173
　　三、预应力混凝土构件对材料的要求……174
　　四、施加预应力的方法……………………175
　第二节　张拉控制应力和预应力损失……176
　　一、张拉控制应力…………………………176
　　二、预应力损失……………………………177
　　三、预应力损失的组合……………………180
　第三节　预应力混凝土构件构造要求……181
　　一、先张法预应力混凝土构件要求………181
　　二、后张法预应力混凝土构件要求………182
　本章小结……………………………………184
　思考与练习…………………………………184

第十一章　砌体结构………………………186
　第一节　砌体结构概述……………………186
　　一、砌体种类………………………………186
　　二、砌体材料………………………………187
　　三、砌体的力学性能………………………190
　第二节　砌体结构构件承载力计算………198

　　一、无筋砌体受压构件承载力计算………198
　　二、局部受压计算…………………………202
　本章小结……………………………………204
　思考与练习…………………………………205

第十二章　钢结构基本构件………………207
　第一节　钢结构及钢结构材料……………207
　　一、钢结构的特点…………………………207
　　二、钢结构的应用范围……………………208
　　三、截面板件宽厚比等级…………………208
　　四、钢结构材料及其选用…………………209
　第二节　钢构件计算………………………213
　　一、受弯构件的计算………………………213
　　二、轴心受力构件的计算…………………221
　　三、拉弯构件和压弯构件的计算…………222
　第三节　钢结构连接………………………226
　　一、焊接连接………………………………226
　　二、螺栓连接………………………………232
　　三、铆钉连接………………………………238
　本章小结……………………………………239
　思考与练习…………………………………239

附录　建筑结构计算常用数据……………240

参考文献……………………………………246

上篇 建筑力学

第一章 建筑力学的基本概念

 学习目标

了解力的概念、力的三要素、力的表示方法、约束与约束反力的定义、几种基本类型的约束及约束反力；熟悉静力学的基本公理、受力分析、物体受力图的画法；掌握工程中常见的几种约束类型、约束反力的特性及物体受力图的画法、掌握结构计算简图的画法。

 能力目标

能阐述作用力与反作用力公理、二力平衡公理、加减平衡力系公理及力的平行四边形法则。能分析常见的约束及约束反力，能进行物体的受力分析。

 素养目标

1. 具有良好的团队合作、吃苦耐劳、爱岗敬业等职业素养。
2. 对自己的言行负责，高标准要求自己，积极应对工作中的困境。
3. 倾听他人讲话，倾听不同的观点。

第一节 力与平衡

一、力

(一)力的定义

力在人类生活和生产实践中无处不在，力的概念是人们在长期生产劳动和生活实践中逐渐形成的。在建筑工程活动中，当人们拉车、弯钢筋、拧螺母时，由于肌肉紧张，便感到用了力。例如，力作用在车子上可以让车由静止到运动，力作用在钢筋上可以使钢筋由直变弯。由此可得到力的定义：力是物体间相互的机械作用，这种作用的效果会使物体的运动状态发生变化(外效应)，或者使物体发生变形(内效应)。由于力是物体与物体之间的相互作用，因此力不可能脱离物体而单独存在，某物体受到力的作用，一定是有另一物体对其施加了作用。

(二)力的三要素

实践表明，力对物体作用的效应取决于力的三个要素，即**力的大小、方向和作用点**。

1. 力的大小

力的大小反映物体之间相互机械作用的强弱程度。力的单位是牛顿(N)或千牛顿(kN)。

2. 力的方向

力的方向表示物体间的相互机械作用具有方向性，它包括力所顺沿的直线（称为力的作用线）在空间的方位和力沿其作用线的指向。例如重力的方向是"铅垂向下"；"铅垂"是力的方位；"向下"是力的指向。

3. 力的作用点

力的作用点是指力作用在物体上的位置。通常它是一块面积而不是一个点，当作用面积很小时可以近似看作一个点。

力是一个有大小和方向的量，所以力是矢量，记作 $\boldsymbol{F}$（图 1-1），用一段带有箭头的线段（AB）来表示；线段（AB）的长度按一定的比例尺表示力的大小；线段的方位和箭头的指向表示力的方向；线段的起点 A 或终点 B（应在受力物体上）表示力的作用点。线段所沿的直线称为力的作用线。

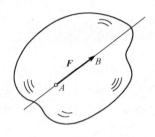

图 1-1 力的三要素

用字母符号表示矢量时，常用黑斜体如 $\boldsymbol{F}$、$\boldsymbol{P}$ 表示，而 F、P 只表示该矢量的大小。

二、刚体的概念

实践表明，任何物体受力作用后都会产生一些变形。但是，绝大多数构件或零件的变形都是很微小的。经研究表明，在很多情况下，这种微小的变形对物体的外效应影响甚微，可以忽略不计，即认为物体在力作用下大小和形状保持不变。我们把这种在力作用下不产生变形的物体称为**刚体**。刚体是对实际物体经过科学的抽象和简化而得到的一种理想模型。而当变形在所研究的问题中成为主要因素时（如在材料力学中研究变形杆件），一般就不能再把物体看作是刚体了。

三、平衡及力系的概念

在一般工程问题中，**平衡是指物体相对于地球保持静止或做匀速直线运动的状态**。显然，平衡是机械运动的特殊形态，因为静止是暂时的、相对的，而运动才是永恒的、绝对的。

我们将作用在物体上的一群力称为力系。按照力系中各力作用线分布形式的不同形式，将力系分为以下内容：

(1) 汇交力系：力系中各力作用线汇交于一点；

(2) 力偶系：力系中各力可以组成若干力偶或力系由若干力偶组成；

(3) 平行力系：力系中各力作用线相互平行；

(4) 一般力系：力系中各力作用线既不完全交于一点，也不完全相互平行。

按照各力作用线是否位于同一平面内，上述力系又可以分为平面力系和空间力系两大类，如平面汇交力系、空间一般力系等。

生活中的平衡

如果某一力系对物体产生的效应，可以用另外一个力系来代替，则这两个力系称为等效力系。当一个力与一个力系等效时，则称该力为此力系的合力；而该力系中的每一个力称为这个力系的分力。把力系中的各个分力代换成合力的过程，称为力系的合成；反之，把合力代换成若干分力的过程，称为力的分解。

若刚体在某力系作用下保持平衡，则该力系称为平衡力系。使刚体保持平衡时力系所需要满足的条件称为力系的平衡条件，这种条件有时是一个，有时是几个，它们是建筑力学分析的基础。

第二节　静力学基本公理

一、二力平衡公理

作用在刚体上的两个力平衡的充分必要条件是这两个力大小相等、方向相反、作用线在同一条直线上，简称二力等值、反向、共线。

这个公理概括了作用在刚体上最简单的力系平衡时所必须满足的条件。对于刚体，这个条件是必要充分的；但对于变形体，这个条件是必要但不充分的。如图 1-2 所示，即 $F_A = -F_B$。

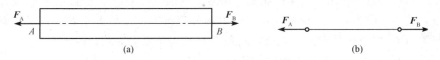

图 1-2　二力平衡

在两个力作用下处于平衡的物体称为二力构件；若为杆件，则称为二力杆。如图 1-3 所示，根据二力平衡公理，作用在二力构件上的两个力，必通过两个力作用点的连线（与杆件的形状无关），且等值、反向。

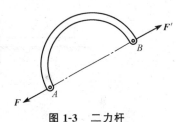

图 1-3　二力杆

二、作用力与反作用力公理

两个物体间相互作用的一对力，总是大小相等、方向相反、作用线相同，并分别而且同时作用在这两个物体上。

这个公理概括了两个物体间相互作用的关系。有作用力，必定有反作用力，两者总是同时存在，又同时消失。因此，力总是成对地出现在两个相互作用的物体上。

如图 1-4 所示，在光滑的水平面上放置一物块，物块在重力 G 的作用下，给水平支承面一个铅垂向下的压力 F，同时水平支承面给物块一个向上的支承力 F'，力 F 和 F' 就是作用力与反作用力。此外，物块的重力 G 与水平支承面给物块的向上支承力 F'，虽然大小相等、方向相反，沿着同一直线作用的两个力，但它们作用在同一物体上，所以不是一对作用力与反作用力，而是一对平衡力。

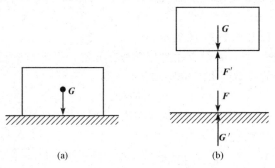

图 1-4　作用力与反作用力

必须注意的是，不能把二力平衡问题和作用力与反作用力的关系混淆。二力平衡公理中的两个力作用在同一物体上使物体平衡。作用力与反作用力公理中的两个力分别作用在两个不同的物体上，是说明一种相互作用关系的，虽然都是大小相等、方向相反、作用在一条直线上，但不能说是平衡的。

三、加减平衡力系公理

在作用于刚体的已知力系上，加上或减去任意一个平衡力系，都不会改变原力系对刚体的作用效应。

这是由于平衡力系中，诸力对刚体的作用效应相互抵消，力系对刚体的效应等于零。根据这个原理，可以进行力系的等效变换。

推论：力的可传性原理。作用在刚体上某点的力，可沿其作用线移动到刚体内任意一点，而不改变该力对刚体的作用效应。利用加减平衡力系公理，很容易证明力的可传性原理。如图 1-5 所示，小车 A 点上作用一力 F，在其作用线上任取一点 B，在 B 点沿力 F 的作用线上加一对平衡力，使 $F=F_1=-F_2$，根据加减平衡力系公理得出，力系 F_1、F_2、F 对小车的作用效应不变，将 F 和 F_2 组成的平衡力系去掉，只剩下力 F_1，与原力等效，由于 $F=F_1$，这就相当于将力 F 沿其作用线从 A 点移到 B 点而效应不变。

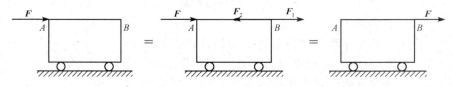

图 1-5　力的可传性

由此可知，力对刚体的作用效果与力的作用点在作用线上的位置无关，即力在同一刚体上可沿其作用线任意移动。因此，对刚体来说，力的作用点在作用线上的位置不是决定其作用效果的要素。

此外，必须注意的是**力的可传性原理只适用于刚体而不适用于变形体**。

四、力的平行四边形法则

作用于物体同一点的两个力，可以合成一个合力，合力也作用于该点，其大小和方向由以两个分力为邻边的平行四边形的对角线表示。如图 1-6 所示，F_1 和 F_2 为作用在刚体上 A 点的两个力，以这两个力为邻边做出平行四边形 $ABCD$，图中 F_R 即为 F_1、F_2 的合力。

这个公理说明了力的合成遵循矢量加法，其矢量表达式为

$$F_R = F_1 + F_2 \tag{1-1}$$

即合力 F_R 等于两个分力 F_1、F_2 的矢量和。

在工程实际中，常把一个力 F 沿直角坐标轴方向分解，得出两个互相垂直的分力 F_x 和 F_y，如图 1-7 所示。F_x 和 F_y 的大小可由三角公式求得，即

$$\left. \begin{array}{l} F_x = F\cos\alpha \\ F_y = F\sin\alpha \end{array} \right\} \tag{1-2}$$

式中，α 为力 F 与 x 轴所夹的锐角。

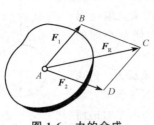
图 1-6　力的合成

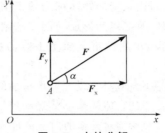
图 1-7　力的分解

五、三力平衡汇交定理

一个刚体在共面而不平行的三个力的作用下处于平衡状态，则这三个力的作用线必汇交于一点。

这个公理只说明了不平行的三力平衡的必要条件，而不是充分条件。它常用来确定刚体在不平行三力作用下平衡时，其中某一未知力的作用线（力的方向）。

如图 1-8 所示，刚体受到共面而不平行的三个力 F_1、F_2、F_3 作用处于平衡状态，根据力的可传性原理将 F_2、F_3 沿其作用线移到二者的交点 O 处，再根据力的平行四边形公理将 F_2、F_3 合成合力 F，于是刚体只受到两个力 F_1 和 F 作用处于平衡状态，根据二力平衡公理可知，F_1、F 必在同一直线上，即 F_1 必过 F_2、F_3 的交点 O。因此，三个力 F_1、F_2、F_3 的作用线必交于一点。

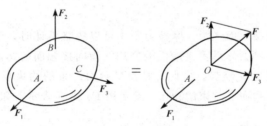
图 1-8　三力平衡汇交

第三节　约束与约束反力

一、约束与约束反力的定义

力学中通常把物体分为自由体和非自由体两类。

在空间能自由做任意方向运动的物体称为**自由体**。如空气中的气球和飞行的炮弹就是自由体。某些方向的运动受到限制的物体称为**非自由体**。工程构件的运动大都受到某些限制，因而都是非自由体。

由此可知，自由体和非自由体的主要区别是：自由体可以自由位移，不受其他物体的限制，它可以任意地移动和旋转。非自由体则不能自由位移，其某些位移因受其他物体的限制而不能发生。

限制阻碍非自由运动的物体称为约束物体，简称**约束**。约束总是通过物体之间的直接接触形成。例如基础是柱子的约束，墙是梁的约束，轨道是火车的约束。如图1-9（a）所示，柔绳便是小球的约束。

约束体在限制其他物体运动时，所施加的力称为**约束反力**。约束反力总是与它所限制的物体的运动或运动趋势的方向相反。例如，墙阻碍梁向下落时，就必须对梁施加向上的反作用力等。如图1-9（b）所示，柔绳拉住小球以限制其下落的张力 T 便是约束反力。约束反力

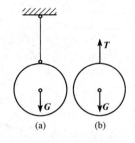

图1-9 柔性约束

的作用点就是约束与被约束物体的接触点。在受力物体上，那些使物体有运动或运动趋势的力称为**主动力**，例如重力、水压力、土压力等，作用在工程上的主动力也就是所讲的荷载。通常情况下，主动力是已知的，而约束反力是未知的。静力分析的任务之一就是确定未知的约束反力。

二、几种基本类型的约束及其约束反力

1. 柔体约束

由柔绳、胶带、链条等形成的约束称为**柔体约束**。由于柔体只能拉物体，不能压物体，限制物体沿着柔索的中心线伸长方向的运动，而不能限制物体在其他方向的运动，所以柔索约束的约束反力为拉力，沿着柔索的中心线背离被约束的物体，用符号 F_T 或 T 表示，如图1-9所示。

工程中常见约束及约束反力画法

2. 光滑接触面约束

两物体直接接触，当接触面光滑，摩擦力很小可以忽略不计时，形成的约束就是**光滑接触面约束**。这种约束只能限制物体沿着接触面的公法线指向接触面的运动，而不能阻碍物体沿着接触面切线方向的运动或运动趋势。由此，光滑接触面约束的约束反力为压力，通过接触点，方向沿着接触面的公法线指向被约束的物体，通常用 F_N 或 N 表示，如图1-10所示。

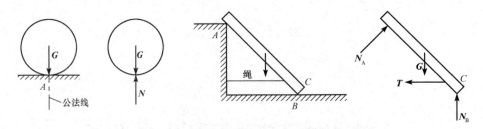

图1-10 光滑接触面约束

3. 圆柱铰链约束

常见门、窗用的合页就是圆柱铰链。理想的圆柱铰链是由一个圆柱形销钉插入两个物体的圆孔中构成，且认为销钉和圆孔的表面都是完全光滑的，如图1-11（a）所示。

这种约束力可以用图1-11（b）所示的力学简图表示，其特点是只限制两物体在垂直于销钉轴线的平面内沿任意方向的相对移动，而不能限制物体绕销钉轴线的相对转动和沿其轴线方向的相对滑动。因此，铰链的约束反力作用在与销钉轴线垂直的平面内，并通过销钉中心，但方向待定，如图1-11（c）所示的 F_A。工程中常用通过铰链中心的相互垂直的两个分力 X_A、Y_A 表示，如图1-11（d）所示。

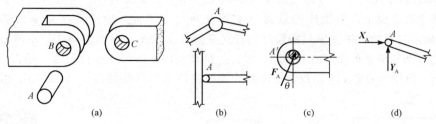

(a)　　　　　　　(b)　　　　　　　(c)　　　　　　　(d)

图 1-11　圆柱铰链约束

4. 链杆约束

链杆就是两端用光滑销钉与物体相连而中间不受力的刚性直杆。图 1-4 中的 AB 杆即为链杆。链杆只能限制物体沿链杆轴线方向的运动。因此，链杆约束反力是沿着链杆中心线的，指向待定，常用符号 R 表示。链杆约束的简图如图 1-12(b)所示，约束反力的表示如图 1-12(c)、(d)所示(指向假设)。

视频：链杆约束

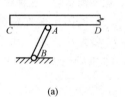 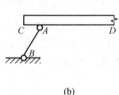 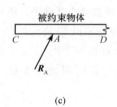 

(a)　　　　　　　(b)　　　　　　　(c)　　　　　　　(d)

图 1-12　链杆约束

5. 铰链支座约束

工程上将结构或构件连接在支承物上的装置，称为**支座**。工程上常常通过支座将构件支承在基础或另一静止的构件上。支座对构件就是一种约束。支座对它所支承的构件的约束反力也叫作支座反力。铰链支座包括**固定铰链支座**和**可动铰链支座**两种。

(1)固定铰链支座约束。圆柱形铰链所连接的两个构件中，如果有一个被固定在基础上，便构成了固定铰链支座，如图 1-13(a)所示。固定铰链支座不能限制构件绕销钉轴线的转动，只能限制构件在垂直于销钉轴线的平面内向任意方向的移动。可见，固定铰链支座的约束性能与圆柱铰链相同。因此，固定铰链支座的支座反力在垂直于销钉轴线的平面内，通过铰心，且方向未定。

固定铰链支座的计算简图如图 1-13(b)所示，约束反力如图 1-13(c)所示。

视频：铰链约束

视频：固定铰链支座

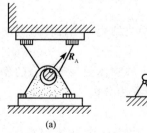 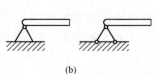 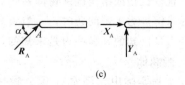

(a)　　　　　　　　　　(b)　　　　　　　　　　(c)

图 1-13　固定铰链支座约束

（2）可动铰链支座约束。可动铰链支座约束又叫作滚轴支座约束。在固定铰链支座下面加几个滚轴支承在平面上，但支座的连接使它不能离开支承面，就构成了可动铰链支座，如图 1-14（a）所示。可动铰链支座只能限制构件在垂直于支承面方向上移动，而不能限制构件绕销钉轴线的转动和沿支承面方向上移动。因此，可动铰链支座的支座反力通过销钉中心，并垂直于支承面，但指向未定。可动铰链支座的计算简图如图 1-14（b）所示，约束反力如图 1-14（c）所示。

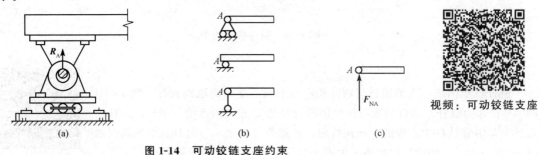

视频：可动铰链支座

图 1-14　可动铰链支座约束

6. 固定端支座约束

工程中将构件牢固地嵌在墙或基础内，使构件既不能向任意方向移动，也不能转动，这种约束称为固定端支座约束。由于这种支座既限制构件的移动，又限制构件的转动，所以固定端支座的约束反力为两个互相垂直的分力和一个约束反力偶，其分力和反力偶的指向和大小待求，箭头指向可以假设。固定端支座的计算简图如图 1-15（a）所示，约束反力如图 1-15（b）所示。

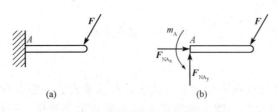

图 1-15　固定端支座约束

第四节　物体受力分析和受力图

一、物体受力分析

1. 物体受力分析的定义

在工程中，人们常常将若干构件通过某种连接方式组成机构或结构，用以传递运动或承受荷载，这些机构或结构统称物体系统。

在求解静力平衡问题时，一般首先分析物体的受力情况，了解物体受到哪些力的作用，其中哪些力是已知的，哪些力是未知的，这个过程称为对物体进行受力分析。

2. 脱离体

在工程实际中，经常有几个物体或几个构件相互联系，构成一个系统的情况。例如，楼板放在梁上,梁支承在墙上,墙又支承在基础上。因此,对物体进行受力分析时,首先要明确对哪一部分物体进行受力分析,即明确研究对象。为了分析研究对象的受力情况,往往需要把研究对象从与它有联系的周围物体中脱离出来。脱离出来的研究对象称为脱离体。

3. 受力图

在脱离体上画出周围物体对它的全部作用力(包括主动力和约束反力),这种表示物体所受全部作用力情况的图形称为脱离体的受力图,简称受力图。

二、物体受力图的画法

1. 受力图画图步骤及注意事项

(1)将研究对象从其联系的周围物体中分离出来,取脱离体。对结构上某一构件进行受力分析时,必须单独画出该构件的脱离体图,不能在整体结构图上画该构件的受力图。

(2)根据已知条件,画出作用在研究对象上的全部主动力。

(3)根据脱离体原来受到的约束类型,画出相应的约束反力。要注意两个物体之间相互作用的约束反力应符合作用力与反作用力公理。

画受力图时必须按约束的功能画约束反力,不能根据主观臆测来画约束反力。

(4)受力图上只画脱离体的简图及其所受的全部外力,不画已被解除的约束。作用力与反作用力只能假定其中一个的指向,另一个反方向画出,不能再随意假定指向。

(5)当以系统为研究对象时,受力图上只画该系统(研究对象)所受的主动力和约束反力,而不画系统内各物体之间的相互作用力(称为内力)。

(6)正确判断二力杆,二力杆中两个力的作用线沿作用点连线,且等值、反向。同一约束反力在不同受力图上出现时,其指向必须一致。

2. 物体受力分析与受力图画法

下面举例说明物体受力分析的方法与受力图画法。

【例1-1】 重力为 G 的小球用绳索系于光滑的墙面上,如图1-16(a)所示,试画出小球的受力图。

【解】 取小球为研究对象,单独画出小球。小球受到重力 G 的作用。与小球有直接联系的物体有绳索和光滑的墙面,这些与小球有直接联系的物体对小球都有约束反力。绳索对小球的约束反力 T 作用于 A 点,沿绳索的中心线,对小球是拉力。光滑的墙面对小球的约束反力 N 作用于它们的接触点 B,沿着接触面的公法线(公法线与墙面垂直,并过球心),指向球心。小球的受力图如图1-16(b)所示。

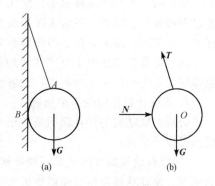

图1-16 例1-1示意图

【例1-2】 如图1-17(a)所示,简支梁 AB 跨中受到集中力 F 作用,A 端为固定铰支座约束,B 端为可动铰支座约束。试画出梁的受力图。

【解】 (1)取 AB 梁为研究对象,解除 A、B 两处的约束,画出其脱离体简图。

(2)在梁的中点 C 画主动力 F。

(3)在受约束的 A 处和 B 处,根据约束类型画出约束反力。B 处为可动铰支座约束,其反力通过铰链中心且垂直于支承面,其指向假定如图1-17(b)所示;A 处为固定铰支座约束,其反力可用通过铰链中心 A 并相互垂直的分力 X_A、Y_A 表示。受力图如图1-17(b)所示。

另外，注意到梁只在 A、B、C 三点受到互不平行的三个力作用而处于平衡，因此，也可以根据三力平衡汇交公理进行受力分析。已知 F、R_B 相交于 D 点，则 A 处的约束反力 R_A 也应通过 D 点，从而确定 R_A 必通过沿 A、D 两点的连线，可画出图 1-17(c)所示的受力图。

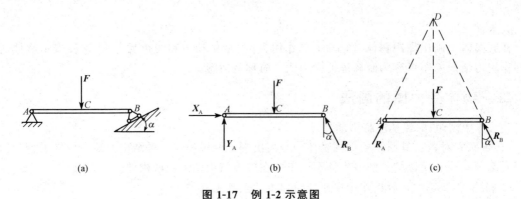

图 1-17　例 1-2 示意图

第五节　结构的计算简图及分类

一、结构的计算简图

1. 结构计算简图的定义

实际的工程结构非常复杂，想完全按照结构的实际情况进行力学分析计算是不可能的，也是没有必要的。因此，在对实际结构进行力学分析和计算时，有必要采用简化的图形来代替实际的工程结构，这种简化了的图形称为结构的计算简图。

结构计算简图略去了真实结构的许多次要因素，是真实结构的简化，便于分析和计算，而且保留了真实结构的主要特点，能够给出满足精度要求的分析结果。

2. 选取计算简图的基本原则

合理选取结构的计算简图是一项十分重要的工作，一般情况下，在选取结构的计算简图时，应遵循以下原则：

(1)反映结构的实际情况，使计算结果精确可靠。结构计算简图应能正确反映结构的实际受力情况，使计算结果尽可能地接近实际情况。

(2)忽略对结构的受力情况影响不大的次要因素，使计算工作尽量简化，以便于分析和计算。

3. 计算简图的简化方法

(1)体系的简化。一般的结构都是空间结构，首先要把这种空间形式的结构，根据其实际的受力情况，简化为平面状态；而对于构件或杆件，由于它们的截面尺寸通常比其长度小得多，因此在计算简图中，用其纵向轴线(画成粗实线)来表示。

(2)支座的简化。在工程设计中，为便于分析和计算，常将真实支座简化为几种理想支座，如固定铰支座、滚动支座、固定支座等。由于理想支座在工程中几乎是见不到的，因此要分析实际结构支座的约束功能与上述哪种理想支座的约束功能相符合，从而进行简化。

（3）结点的简化。在一般工程结构中，杆件之间相互连接的部分称为结点。不同的结构，其连接方法、构造形式也各不相同。因此在结构的计算简图中，通常把结点简化成铰结点和刚结点两种极端理想化的基本形式。

1）铰结点。铰结点是指杆件与杆件之间用圆柱铰链约束这种形式连接，连接后杆件之间可以绕节点中心自由地作相对转动而不能产生相对移动。在工程实际中，完全用理想铰连接杆件的实例是非常少见的。但是，从结点的构造来分析，把它们近似地看成铰接点所造成的误差并不显著，如图 1-18 所示。

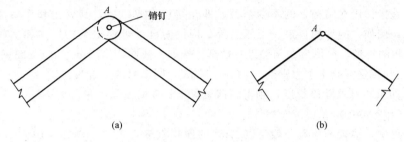

图 1-18　铰结点示意图

2）刚结点。刚结点是指构件之间的连接采用焊接（如钢结构的连接）或者现浇（如钢筋混凝土梁与柱现浇在一起）这些连接方式，则构件之间相互连接后，在连接处的任何相对运动都受到限制，既不能产生相对移动，也不能产生相对转动，即使结构在荷载作用下发生了变形，在结点处各杆端之间的夹角仍然保持不变，如图 1-19 所示。

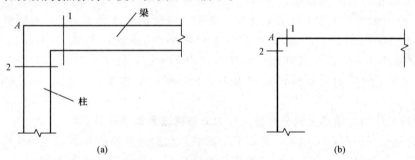

图 1-19　刚结点示意图

3）组合结点。组合结点是刚结点与铰结点的组合体，如图 1-20 所示。

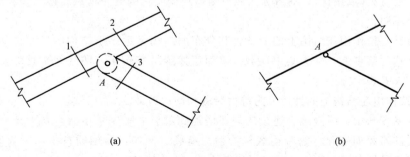

图 1-20　组合结点示意图

(4)荷载的简化。实际结构受到的荷载,一般是作用在构件内各处的体荷载(如自重)及作用在某一面积上的面荷载(如风压力)。在计算简图中,常把它们简化为作用在构件纵向轴线上的线荷载、集中力和集中力偶。

二、荷载的分类及计算

在工程实际中,作用在结构上的荷载是多种多样的。为了便于力学分析,需要从不同的角度将其进行分类。

(1)荷载按其作用在结构上的时间久暂分为**恒荷载**和**活荷载**(永久荷载和可变荷载)。

1)恒荷载是指作用在结构上的不变荷载,即在结构建成以后,其大小和作用位置都不再发生变化的荷载。例如,构件的自重、土压力等。构件的自重可根据结构尺寸和材料的重力密度(即每 1 m³ 体积的重量,单位为 N/m³)进行计算。例如,截面为 20 cm×50 cm 的钢筋混凝土梁,总长为 6 m,已知钢筋混凝土重力密度为 24 000 N/m³,则该梁的自重为:$G=24\ 000\times0.2\times0.5\times6=14\ 400$ N。如果将总重除以长度,则得到该梁每米长度的重量,单位为 N/m,用符号 q 表示,即 $q=14\ 400/6=2\ 400(\text{N/m})$。

在建筑工程中,楼板的自重一般是以 1 m² 的面积重量来表示。例如,10 cm 厚的钢筋混凝土楼板,其重量为:$24\ 000\times0.1=2\ 400(\text{N/m}^2)$。也就是说,10 cm 厚的钢筋混凝土楼板每 1 m² 的重量为 2 400 N。

重量的单位也可以用"kN"来表示,1 kN=1 000 N。例如,钢筋混凝土的重力密度可表示为 24 kN/m³。

2)活荷载是指在施工或建成后使用期间可能作用在结构上的可变荷载,这种荷载有时存在,有时不存在,它们的作用位置和范围可能是固定的(如风荷载、雪荷载、会议室的人群荷载等),也可能是移动的(如吊车荷载、桥梁上行驶的汽车荷载等)。不同类型的房屋建筑,因其使用情况的不同,活荷载的大小也就不同。《建筑结构荷载规范》(GB 50009—2012)中,对各种常用的活荷载都作了详细的规定。例如,住宅、办公楼、托儿所、医院病房等一类民用建筑的楼面活荷载,规定为 1.5 kN/m²;而教室、会议室的活荷载,则规定为 2.0 kN/m²。

(2)荷载按其作用在结构上的分布情况分为**分布荷载**和**集中荷载**。

1)分布荷载是指满布在结构某一表面上的荷载,根据其具体作用情况还可以分为均布荷载和非均布荷载。如果分布荷载在一定的范围内连续作用,且大小在各处都相同,这种荷载称为均布荷载。例如,梁的自重按每米长度均匀分布,为线均布荷载;楼面荷载按每单位面积均匀分布,为面均布荷载。反之,如果分布荷载不是均布荷载,则称为非均布荷载,如水压力,其大小与水的深度有关(成正比),荷载为按照三角形规律变化的分布荷载,即荷载虽然连续作用,但其各处大小不同。

2)集中荷载是指作用在结构上的荷载,其分布的面积远远小于结构的尺寸,则将此荷载认为是作用在结构的某点上,称为集中荷载。上面所述的吊车轮压,即认为是集中荷载,其单位一般用"N"或"kN"表示。

(3)荷载按作用在结构上的性质分为**静力荷载**和**动力荷载**。

1)当荷载从零开始,缓慢地、连续均匀地增加到最后的确定数值后,其大小、作用位置以及方向都不再随时间而变化,这种荷载称为静力荷载。例如,结构的自重,一般的活荷载等。静力荷载的特点是该荷载作用在结构上时,不会引起结构振动。

2)如果荷载的大小、作用位置、方向随时间而急剧变化,这种荷载称为动力荷载。例如,动力机械产生的荷载、地震力等。这种荷载的特点是该荷载作用在结构上时，会产生惯性力，从而引起结构显著振动或冲击。

三、平面杆系结构的分类

1. 梁

梁是一种受弯杆件，其轴线通常为直线。它可以是单跨的[图 1-21(a)、(c)]，也可以是多跨连续的[图 1-21(b)、(d)]。

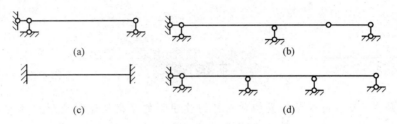

图 1-21 梁

2. 拱

拱的轴线通常为曲线，它的特点是：在竖向荷载作用下产生水平反力。水平反力的存在将使拱内弯矩远小于跨度、荷载及支承情况相同的梁的弯矩(图 1-22)。

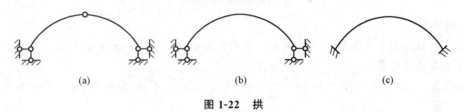

图 1-22 拱

3. 桁架

桁架是由若干杆件在每杆两端用理想铰连接而成的结构(图 1-23)。其各杆的轴线一般是直线，当只受到作用于结点的荷载时，各杆只产生轴力。

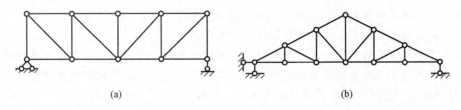

图 1-23 桁架

4. 刚架

刚架是由梁和柱等直杆全部或部分由刚结点组合而成的结构(图 1-24)。刚架中各杆件常同时承受弯矩、剪力及轴力，但多以弯矩为主要内力。

5. 组合结构

由只承受轴向力的链杆和主要承受弯矩的梁或刚架杆件组合形成的结构，称为组合结构(图 1-25)。在工业厂房中，当吊车梁的跨度较大(12 m 以上)时，常采用组合结构，工程界称之为桁架式吊车梁。

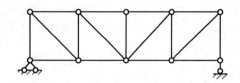

图 1-24 刚架

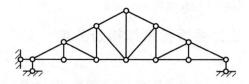

图 1-25 组合结构

本章小结

建筑力学是主要研究建筑结构或构件在外力作用下的平衡规律和变形规律的学科。本章主要介绍力、刚体、平衡的概念，静力学基本公理、约束与约束反力、物体受力分析和受力图、结构的计算简图及分类。

思考与练习

一、填空题

1. 力是物体间相互的机械作用，这种作用使物体的_____发生变化。
2. 刚体是受力作用而_____的物体。
3. 如果某一力系对物体产生的效应，可以用另外一个力系来代替，则这两个力系称为_____。
4. 若同一刚体在二力作用下平衡，则此二力必然大小_____、方向_____，且作用在_____上。
5. 从某一给定力系中，加上或减去任意_____，不改变原力系对_____的作用效果。
6. 限制某物体自由移动的其他物体，称为对该物体的_____。
7. 约束反力的方向，总是与约束所阻碍的位移的方向_____。
8. 光滑面对物体的约束反力作用于接触点，沿接触面的_____指向被约束物体。
9. 链杆是两端与其他物体用光滑铰链连接，不计_____且中间不受力的杆件。
10. 链杆对它所约束的物体的约束反力必沿两铰链_____的连线。

二、多项选择题

1. 光滑圆柱铰链约束的约束反力，一般可用两个相互垂直的分力表示，(　　)。
   A. 该两分力一定沿水平和铅垂方向
   B. 该两分力不一定沿水平和铅垂方向
   C. 该两分力的指向可任意假设
   D. 该两分力的指向不能任意假设
2. 图 1(a)所示均质杆 AB 重 W，A 为固定铰支座，BC 为绳索。AB 杆的受力图为(　　)。
   A. 图(b)   B. 图(c)   C. 图(d)   D. 图(e)

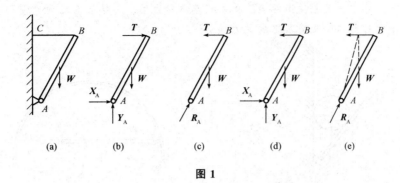

图 1

3. 辊轴支座的约束反力（　　）。
   A. 可以用任意两个相互垂直的分力表示
   B. 必须用一个垂直于其支承面且过铰心的力表示
   C. 其反力的指向必须指向被约束物体
   D. 其反力的指向不能确定
4. 二力构件或二力杆两端圆柱形铰链的约束反力（　　）。
   A. 一定要用一个沿其两端铰链中心连线方向的力表示
   B. 可以用任意两个相互垂直的分力表示
   C. 其反力的指向在标示时不能任意假设
   D. 其反力的指向在标示时可任意假设

三、简答题

1. 力的三要素是什么？
2. 若物体受两个等值、反向、共线的力作用，则此物体是否一定平衡？
3. 既然作用力与反作用力大小相等而又方向相反，那么它们是否构成一平衡力系？
4. 简述选取计算简图的基本原则。
5. 一刚体受三个力，且三个力汇交于一点，此刚体一定是平衡吗？

四、作图题

1. 画出图 2(a)、(b)所示中杆件 AB 的受力图。各接触面均为光滑面。

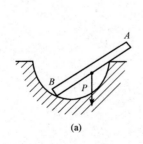
(a)

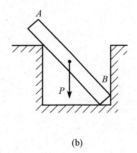
(b)

图 2

2. 画出图 3 所示中圆盘 C、杆件 AB 及系统整体受力图。各接触面均为光滑面。
3. 画出图 4 中杆件 AB 及全系统的受力图。

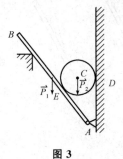

图 3　　　　　　　　　图 4

第二章 平面力系的合成与平衡

学习目标

了解力在直角坐标轴上的投影、投影定理;掌握用几何法、解析法求平面汇交力系的合力;熟悉合力矩定理、平面力偶的合成及平面一般力系的平衡方程;了解力矩、力偶、力偶矩的概念。

能力目标

能利用解析法求解平面汇交力系的合力;能根据平面一般力系、力偶系的平衡条件列平衡方程,求解未知量。

素养目标

1. 能恰当有效地利用时间,按时完成各项任务。
2. 能通过学习笔记等多种途径,对学习过程中的不同阶段进行反思。
3. 具有高度的抗挫折能力、百折不挠的意志,说话要态度好、有诚意。

第一节 平面汇交力系

力系中各力的作用线都在同一平面内且汇交于一点,这样的力系称为**平面汇交力系**。在工程中经常遇到平面汇交力系,例如在施工中吊车的吊钩所受各力就构成一平面汇交力系,如图 2-1 所示。

一、力在平面直角坐标轴上的投影

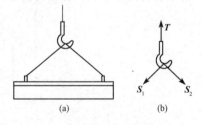

图 2-1 平面汇交力系

如图 2-2 所示,设力 F 作用在物体上某点 A 处,用 AB 表示。通过力 F 所在的平面的任意点 O 作直角坐标系 xOy。从力 F 的起点 A 及终点 B 分别作垂直于 x 轴的垂线,得垂足 a 和 b,并在 x 轴上得线段 ab,线段 ab 的长度加上正负号称为力 F 在 x 轴上的投影,用 X 表示。同理可以确定力 F 在 y 轴上的投影为线段 $a_1 b_1$,用 Y 表示。

当力的始端投影到终端的投影方向与投影轴的正向一致时,力的投影取正值;反之,当力的始端投影到终端的投影方向与投影轴的正向相反时,力的投影取负值。

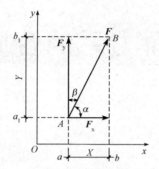

图 2-2　力在直角坐标系的投影

从图 2-2 中的几何关系得出，力在某轴上的投影，等于力的大小乘以该力与该轴正向间夹角的余弦，即

$$\left.\begin{array}{l}X=\pm F\cos\alpha \\ Y=\pm F\cos\beta=\pm F\sin\alpha\end{array}\right\} \tag{2-1}$$

式中，α 为力 F 与 x 轴所夹的角，$\alpha<90°$ 时力在 x 轴上的投影值为正，$\alpha>90°$ 时力在 x 轴上的投影值为负，$\alpha=90°$ 时力在 x 轴上的投影值等于零。

由式(2-1)可知：当力与坐标轴垂直时，力在该轴上的投影值为零；当力与坐标轴平行时，力在该轴上投影的绝对值与该力的大小相等。

如果已知力 F 的大小及方向，就可以用式(2-1)方便地计算出投影 X 和 Y；反之，如果已知力 F 在 x 轴和 y 轴上的投影 X 和 Y，则由图 2-2 中的几何关系，可用下式确定力 F 的大小和方向。

$$\left.\begin{array}{l}F=\sqrt{X^2+Y^2} \\ \tan\alpha=\left|\dfrac{Y}{X}\right|\end{array}\right\} \tag{2-2}$$

式中，α 为力 F 与 x 轴所夹的角，力 F 的具体方向可由 X、Y 的正负号确定。

此外，必须注意的是，不能将力的投影与分力两个概念混淆，分力是矢量，而力在坐标轴上的投影是代数量。力在平面直角坐标轴上的投影计算，在力学计算中应用非常普遍，必须熟练掌握。

【例 2-1】 已知力 $F_1=100$ N，$F_2=50$ N，$F_3=80$ N，$F_4=60$ N，各力的方向如图 2-3 所示，试求各力在 x 轴和 y 轴上的投影。

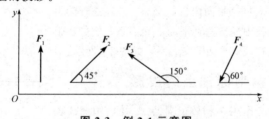

图 2-3　例 2-1 示意图

【解】　F_1 的投影：

$$X_1=0$$
$$Y_1=100 \text{ N}$$

F_2 的投影：

$$X_2 = F_2 \cdot \cos 45° = 50 \times 0.707 = 35.35(N)$$
$$Y_2 = F_2 \cdot \sin 45° = 50 \times 0.707 = 35.35(N)$$

F_3 的投影：
$$X_3 = -F_3 \cdot \cos 30° = -80 \times 0.866 = -69.28(N)$$
$$Y_3 = F_3 \cdot \sin 30° = 80 \times 0.5 = 40(N)$$

F_4 的投影：
$$X_4 = -F_4 \cdot \cos 60° = -60 \times 0.5 = -30(N)$$
$$Y_4 = -F_4 \cdot \sin 60° = -60 \times 0.866 = -51.96(N)$$

二、合力投影定理

合力在任一轴上的投影，等于力系中各分力在同一轴上投影的代数和，这就是合力投影定理。

如图 2-4(a)所示，设有一平面汇交力系 F_1、F_2、F_3 作用在物体的 O 点。

从任意一点 A 作力多边形 $ABCD$。在其平面内任取一坐标轴 x，则各分力及合力在 x 轴上的投影为 X_1、X_2、X_3、X_R，由图 2-4(b)可知
$$X_1 = -ab, \quad X_2 = bc, \quad X_3 = cd, \quad X_R = ad$$
而
$$ad = -ab + bc + cd$$
所以
$$X_R = X_1 + X_2 + X_3$$

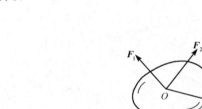
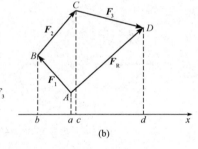

图 2-4　合力投影定理应用

三、用几何法求平面汇交力系的合力

1. 两个汇交力的合成

如图 2-5(a)所示，设在物体上作用有汇交于 A 点的两个力 F_1 和 F_2，根据力的平行四边形法则可求得合力 R。用作图法求合力矢量时，可以作图 2-5(a)所示的力的平行四边形，而采用作力三角形的方法得到。

其作法是：选取适当的比例尺表示力的大小，按选定的比例尺依次作出两个分力矢量 F_1 和 F_2，并使二矢量首尾相连。从第一个矢量的起点向另一矢量的终点引矢量 R，它就是按选定的比例尺所表示的合力矢量，如图 2-5(b)所示。上述方法又称为**力的三角形法则**。

可以利用几何关系计算出合力 R 的大小和方向。如图 2-5(b)所示，如果给定两个分力 F_1

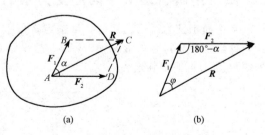

图 2-5　两个汇交力合成

和 F_2 的大小及它们之间的夹角 α，应用余弦定理，可求得合力 R 的大小为

$$R=\sqrt{F_1^2+F_2^2+2F_1F_2\cos\alpha} \tag{2-3}$$

用正弦定理确定合力 R 与分力 F_1 的夹角 φ 为

$$\sin\varphi=\frac{F_2}{R}\sin(180°-\alpha)=\frac{F_2}{R}\sin\alpha \tag{2-4}$$

2. 多个汇交力的合成

如图 2-6 所示，设作用在物体上 A 点的力 F_1、F_2、F_3、F_4 组成平面汇交力系，现求其合力。

应用力的三角形法则，首先将 F_1 与 F_2 合成得 R_1，然后把 R_1 与 F_3 合成得 R_2，最后将 R_2 与 F_4 合成得 R，力 R 就是原汇交力系 F_1、F_2、F_3、F_4 的合力，图 2-6(b) 所示即此汇交力系合成的几何示意图，矢量关系的数学表达式为

$$R=F_1+F_2+F_3+F_4 \tag{2-5}$$

实际作图时，可以不必画出图中虚线所示的中间合力 R_1 和 R_2，只要按照一定的比例尺将表达各力矢量的有向线段首尾相接，就可形成一个不封闭的多边形，如图 2-6(c) 所示。然后再画一条从起点指向终点的矢量 R，即为原汇交力系的合力，如图 2-6(d) 所示。这种由各分力和合力构成的多边形 $abcde$ 称为力多边形。按照与各分力同样的比例，封闭边的长度表示合力的大小，合力的方位与封闭边的方位一致，指向则由力多边形的起点至终点，合力的作用线通过汇交点，这种求合力矢的几何作图法称为**力多边形法**。

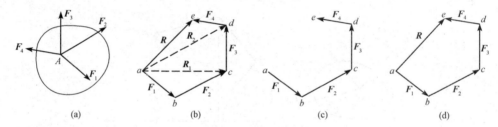

图 2-6 多个汇交力的合成

上述方法可以推广到包含 n 个力的平面汇交力系中，得出如下结论：**平面汇交力系合成的最终结果是一个合力，合力的大小和方向等于力系中各分力的矢量和**，即

$$R=F_1+F_2+\cdots+F_n=\sum_{i=1}^{n}F_i \tag{2-6}$$

由此可见，合力的作用线通过各力的汇交点。

值得注意的是，作力多边形时，改变各力的顺序，可得到不同形状的力多边形，但合力矢的大小和方向并不改变。

四、用解析法求平面汇交力系的合力

当平面汇交力系为已知时，可选定直角坐标系求得力系中各力在 x、y 轴上的投影，再根据合力投影定理求得合力 R 在 x、y 轴上的投影 R_x、R_y，则合力的大小及方向（合力 R 与 x 轴所夹的锐角为 α）由下式确定。

$$\left.\begin{array}{l}R=\sqrt{R_x^2+R_y^2}=\sqrt{(\sum X_i)^2+(\sum Y_i)^2}\\ \tan\alpha=\left|\dfrac{R_y}{R_x}\right|=\left|\dfrac{\sum R_{iy}}{\sum R_{ix}}\right|=\left|\dfrac{\sum Y_i}{\sum X_i}\right|\end{array}\right\} \tag{2-7}$$

必须注意的是，力的投影是标量。合力 R 的指向由 R_x、R_y 的正负号确定。合力的作用线通过原力系的汇交点。

【例 2-2】 某平面汇交力系如图 2-7 所示，已知 $F_1=20$ kN，$F_2=30$ kN，$F_3=10$ kN，$F_4=25$ kN，试求该力系的合力。

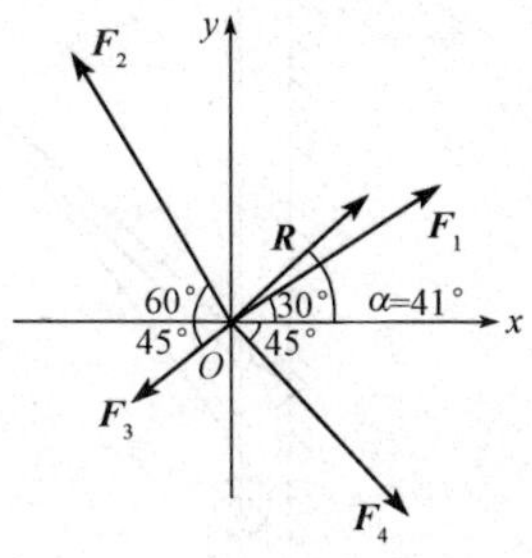

【解】（1）计算合力在 x、y 轴上的投影。

$$R_x = \sum X$$
$$= F_1\cos30° - F_2\cos60° - F_3\cos45° + F_4\cos45°$$
$$= 20\times0.866 - 30\times0.5 - 10\times0.707 + 25\times0.707$$
$$= 12.93 \text{(kN)}$$

$$R_y = \sum Y$$
$$= F_1\sin30° + F_2\sin60° - F_3\sin45° - F_4\sin45°$$
$$= 20\times0.5 + 30\times0.866 - 10\times0.707 - 25\times0.707$$
$$= 11.24 \text{(kN)}$$

图 2-7 例 2-2 示意图

（2）计算合力的大小与方向。

$$R = \sqrt{R_x^2 + R_y^2}$$
$$= \sqrt{12.93^2 + 11.24^2}$$
$$= 17.1 \text{(kN)}$$

$$\tan\alpha = \frac{R_y}{R_x} = \frac{11.24}{12.93} = 0.87$$

$$\alpha = 41°$$

由于 $\sum X > 0$，$\sum Y > 0$，因此合力 R 指向右上方，作用线通过原汇交力系的汇交点 O，如图 2-7 所示。

五、平面汇交力系平衡的解析条件

物体在平面汇交力系作用下处于平衡的充分必要条件是：**合力 R 的大小等于零**，即

$$R = \sqrt{R_x^2 + R_y^2} = \sqrt{(\sum X)^2 + (\sum Y)^2} = 0$$

式中，$(\sum X)^2$、$(\sum Y)^2$ 均为非负数，要使上式成立则要使 $R = 0$，即

$$\left.\begin{array}{l}\sum X = 0 \\ \sum Y = 0\end{array}\right\} \qquad (2\text{-}8)$$

式（2-8）表明，平面汇交力系平衡的充分和必要的解析条件为：**力系中各力的两个坐标轴上投影的代数和均等于零**。式（2-8）称为**平面汇交力系的平衡方程**。这是相互独立的两个方程，所以只能求解两个未知量。

解题时未知力指向有时可以预先假设，若计算结果为正值，表示假设力的指向就是实际的指向；若计算结果为负值，表示假设力的指向与实际指向相反。在实际计算中，适当地选取投影轴，可使计算简化。

下面举例说明平面汇交力系平衡条件的应用。

【例 2-3】 简易起重机如图 2-8(a)所示，被匀速吊起的重物 $G = 20$ kN，杆件自重、摩擦力、滑轮大小均不计。试求 AB、BC 杆所受的力。

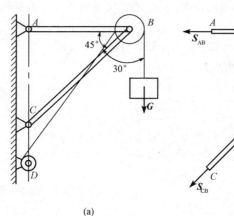
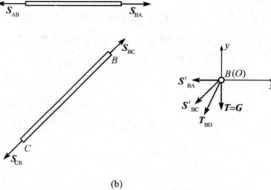

(a)　　　　　　　　　　　(b)

图 2-8　例 2-3 示意图

【解】（1）选择研究对象，画其受力图。AB 杆和 BC 杆是二力杆，不妨假设两杆均受拉力，绳索的拉力 T_{BD} 和重物的重力 G 相等，所以选择既与已知力有关，又与未知力有关的滑轮 B 为研究对象，其受力图如图 2-8(b)所示。

（2）建立坐标轴系 xOy，如图 2-8(b)所示，列平衡方程：

$$\sum X = 0，-S'_{BA} - S'_{BC}\cos45° - T_{BD}\sin30° = 0$$

$$\sum Y = 0，-T_{BD}\cos30° - S'_{BC}\sin45° - G = 0$$

求解得到

$$S'_{BC} = -52.79 \text{ kN}(压)$$

$$S'_{BA} = 27.32 \text{ kN}(拉)$$

负号表示受力图中 S'_{BC} 的方向与实际相反，在斜杆中实为压力。

第二节　平面力偶系

一、力对点的矩及合力矩定理

1. 力对点的矩

由实践中可知，力对物体的作用效果除了能使物体移动外，还能使物体转动。

力对点的矩是很早以前人们在使用杠杆、滑轮、绞盘等机械搬运或提升重物时形成的一个概念。现以扳手拧螺母为例来加以说明。如图 2-9 所示，在扳手上加一力 F，可以使扳手绕螺母的轴线旋转。

实践经验表明：扳手的转动效果不仅与力 F 的大小有关，而且还与 O 点到力作用线的垂直距离 d 有关。当 d 保持不变时，力 F 越大，转动越快；当力 F 不变时，d 越大，转动越快。若改变力的

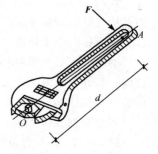

图 2-9　扳手上作用力 F

作用方向,则扳手的转动方向就会发生改变,因此,用 F 与 d 的乘积和适当的正负号来表示力 F 使物体绕 O 点转动的效应。

实践总结出以下规律:力使物体绕某点转动的效果,与力的大小成正比,与转动中心到力的作用线的垂直距离 d 成正比,这个垂直距离称为**力臂**,转动中心称为**力矩中心**(简称矩心)。力的大小与力臂的乘积称为力 F 对点 O 的矩,简称**力矩**,记作 $M_O(F)$,计算公式为

$$M_O(F)=\pm F \cdot d \qquad (2-9)$$

式中的正负号可做如下规定:**力使物体绕矩心逆时针转动时取正号,反之取负号。**

由图 2-10 可以看出,力对点的矩还可以用以矩心为顶点,以力矢量为底边所构成的三角形的面积的两倍来表示,计算公式为

$$M_O(F)=\pm 2 \triangle OAB \text{ 面积} \qquad (2-10)$$

在平面力系中,力矩或为正值,或为负值,因此,力矩可视为代数量。

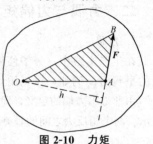

图 2-10 力矩

显然,力矩在下列两种情况下等于零:①力等于零;②力臂等于零,就是力的作用线通过矩心。

力矩的单位是牛·米(N·m)或千牛·米(kN·m)。

【**例 2-4**】 分别计算图 2-11 所示的 F_1、F_2 对 O 点的力矩。

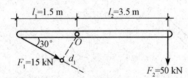

图 2-11 例 2-4 示意图

【**解**】 $M_O(F_1)=F_1 d_1=15 \times 1.5 \times \sin 30°=11.25 (\text{kN} \cdot \text{m})$
$M_O(F_2)=-F_2 d_2=-50 \times 3.5=-175 (\text{kN} \cdot \text{m})$

2. 合力矩定理

平面汇交力系的作用效应可以用它的合力来代替。作用效应包括移动效应和转动效应,而力使物体绕某点的转动效应由力对点的矩来度量。

由此可得,**平面汇交力系的合力对平面内任一点的矩等于该力系中的各分力对同一点的矩的代数和**,这就是平面汇交力系的**合力矩定理**。

证明:如图 2-12 所示,设物体 O 点作用有平面汇交力系 F_1、F_2,其合力为 F。在力系的作用面内取一点 A,点 A 到 F_1、F_2、合力 F 三力作用线的垂直距离分别为 d_1、d_2 和 d,以 OA 为 x 轴,建立直角坐标系,F_1、F_2、合力 F 与 x 轴的夹角分别为 α_1、α_2、α,则

$$M_A(F)=-Fd=-F \cdot OA\sin\alpha$$
$$M_A(F_1)=-F_1 d_1=-F_1 \cdot OA\sin\alpha_1$$
$$M_A(F_2)=-F_2 d_2=-F_2 \cdot OA\sin\alpha_2$$

因 $F_y=F_{1y}+F_{2y}$

即 $F\sin\alpha=F_1 \sin\alpha_1 + F_2 \sin\alpha_2$

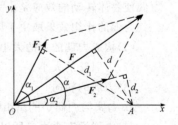

图 2-12 平面汇交力系

等式两边同时乘以长度 OA 得

$$F \cdot OA\sin\alpha = F_1 \cdot OA\sin\alpha_1 + F_2 \cdot OA\sin\alpha_2$$
$$M_A(F)=M_A(F_1)+M_A(F_2)$$

上式表明：汇交于某点的两个分力对 A 点的力矩的代数和等于其合力对 A 点的力矩。

上述证明可推广到 n 个力组成的平面汇交力系，即

$$M_A(F) = M_A(F_1) + M_A(F_2) + \cdots + M_A(F_n) = \sum M_A(F_i) \tag{2-11}$$

式(2-11)就是**平面汇交力系的合力矩定理的表达式**。利用合力矩定理可以简化力矩的计算。

二、力偶与力偶矩

1. 力偶

在生产实践中，为了使物体发生转动，常常在物体上施加两个大小相等、方向相反、不共线的平行力。例如，钳工用丝锥攻丝时两手加力在丝杠上，如图 2-13 所示。

由此得出力偶的定义，即大小相等、方向相反且不共线的两个平行力称为**力偶**，用符号($\boldsymbol{F}$，$\boldsymbol{F'}$)表示。两个相反力之间的垂直距离 d 叫作**力偶臂**，如图 2-14 所示。两个力的作用平面称为**力偶面**。

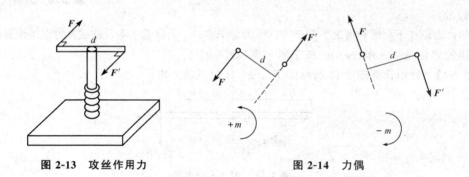

图 2-13 攻丝作用力　　　　图 2-14 力偶

2. 力偶矩

力偶矩用来度量力偶对物体转动效果的大小。它等于力偶中的任一个力与力偶臂的乘积，以符号 $m(\boldsymbol{F}, \boldsymbol{F'})$ 表示，或简写为 m，即

$$m = \pm F \cdot d \tag{2-12}$$

力偶矩与力矩一样，也是以数量式中正负号表示力偶矩的转向。通常规定：**若力偶使物体做逆时针方向转动，力偶矩为正，反之为负**。

力偶矩的单位和力矩的单位相同，是牛·米(N·m)或千牛·米(kN·m)。作用在某平面的力偶使物体转动的效应是由力偶矩来度量的。

力偶的作用效果取决于以下三个要素：

(1) 构成力偶的力的大小。

(2) 力偶臂的大小。

(3) 力偶的转向。

3. 力偶与力偶矩的基本性质

(1) **力偶没有合力，所以不能用一个力来代替，也不能用一个力来与之平衡**。由于力偶中的两个力大小相等、方向相反、作用线平行，如果求它们在任一轴上的投影，如图 2-15 所示，则设力与轴 x 的夹角为 α，由图 2-15 可得

$$\sum X = F\cos\alpha - F'\cos\alpha = 0$$

由此得出，力偶中的二力在其作用面内的任意坐标轴上的投影的代数和恒为零，所以力偶对物体只有转动效应，而一个力在一般情况下对物体有移动和转动两种效应。因此，力偶与力对物体的

作用效应不同，不能用一个力代替，即力偶不能和一个力平衡，力偶只能和转向相反的力偶平衡。

（2）力偶对其所在平面内任一点的矩恒等于力偶矩，与矩心位置无关。力偶的作用是使物体产生转动效应，所以力偶对物体的转动效应可以用力偶的两个力对其作用面某一点的力矩的代数和来度量。如图 2-16 所示，一力偶($\boldsymbol{F}$，$\boldsymbol{F}'$)作用于某物体上，其力偶臂为 d，逆时针转动，其力偶矩 $m = \boldsymbol{F} \cdot d$，在该力偶作用面内任选一点 O 为矩心，设矩心与 $\boldsymbol{F}'$ 的垂直距离为 x。因此，力偶对 O 点的力偶矩 $m_O(\boldsymbol{F}, \boldsymbol{F}') = M_O(\boldsymbol{F}) + M_O(\boldsymbol{F}') = F \cdot (d+x) - F' \cdot x = F' \cdot d = m$。

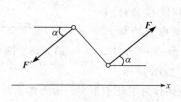

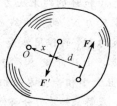

图 2-15　力偶在 x 轴投影　　　　图 2-16　力偶的转动效应

（3）同一平面的两个力偶，如果力偶矩大小相等、转向相同，则这两个力偶等效，称为力偶的等效性。

三、平面力偶系的合成

作用在物体上的一群力偶或一组力偶，称为**力偶系**。作用在物体上同一平面内的两个或两个以上的力偶，称为**平面力偶系**。

平面力偶系合成可以根据力偶的等效性来进行。其合成的结果为平面力偶系可以合成为一个合力偶，合力偶矩等于力偶系中各分力偶矩的代数和，即

$$M = m_1 + m_2 + \cdots + m_n = \sum m \tag{2-13}$$

式(2-13)中，若计算结果为正值，则表示合力偶是逆时针方向转动；若计算结果为负值，则表示合力偶是顺时针方向转动。

【例 2-5】　如图 2-17 所示，在物体同一平面内受到三个力偶的作用，设 $F_1 = 200$ N，$F_2 = 400$ N，$m = 150$ N·m，求其合成的结果。

【解】　三个共面力偶合成的结果是一个合力偶，各分力偶矩为

$$m_1 = F_1 d_1 = 200 \times 1 = 200 (\text{N·m})$$

$$m_2 = F_2 d_2 = 400 \times \frac{0.25}{\sin 30°} = 200 (\text{N·m})$$

$$m_3 = -m = -150 \text{ N·m}$$

由式(2-13)得合力偶矩 $M = \sum m = m_1 + m_2 + m_3 = 200 + 200 - 150 = 250 (\text{N·m})$。

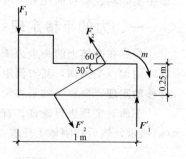

图 2-17　例 2-5 示意图

因此，合力偶矩的大小等于 250 N·m，转向为逆时针方向，作用在原力偶系的平面内。

四、平面力偶系的平衡条件

平面力偶系合成的结果只能是一个合力偶，当平面力偶系的合力偶矩等于零时，表明使物体顺时针方向转动的力偶矩与使物体逆时针方向转动的力偶矩相等，作用效果相互抵消，物体必处于平衡状态；反之，若合力偶矩不为零，则物体必产生转动效应而不平衡。这样可得到平面力偶

系平衡的必要和充分条件是：**力偶系中各力偶矩的代数和等于零**，即

$$M = \sum m = 0 \tag{2-14}$$

【**例 2-6**】 图 2-18 所示为三铰刚架，求在力偶矩为 m 的力偶作用下，支座 A 和 B 的约束反力。

【**解**】 （1）取分离体，作受力图。取三铰刚架为分离体，其上受到力偶及支座 A 和 B 的约束反力的作用。由于 BC 是二力杆，支座 B 的约束反力 N_B 的作用线应在铰 B 和铰 C 的连线上。支座 A 的约束反力 N_A 的作用线是未知的。考虑到力偶只能用力偶来与之平衡，由此断定 N_A 与 N_B 必定组成一力偶，即 N_A 与 N_B 平行，且大小相等、方向相反，如图 2-18 所示。

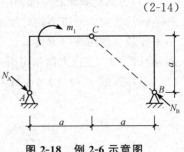

图 2-18 例 2-6 示意图

（2）列平衡方程，求解未知量。分离体在两个力偶作用下处于平衡，由力偶系的平衡条件得

$$M = \sum m = 0$$

$$-m_1 + \sqrt{2}\,aN_A = 0$$

$$N_A = N_B = \frac{m_1}{\sqrt{2}\,a}\,(\text{kN})$$

第三节 平面一般力系

在平面力系中，若各力的作用线都处于同一平面内，既不完全汇交于一点，相互间也不全部平行，此力系称为**平面一般力系**（也称平面任意力系）。平面一般力系是工程中很常见的力系，很多实际问题都可简化成一般力系问题得以解决。

一、力的平移定理

作用在刚体上的一个力 F，可以平移到同一刚体上的任一点 O，但必须同时附加一个力偶，其力偶矩等于原力 F 对新作用点 O 的矩。这就是**力的平行移动定理**，简称力的平移定理。

平面一般力系

下面对定理进行论证。首先，设在刚体 A 点上作用有一力 F，如图 2-19 (a) 所示，然后在刚体上任取一点 B，现要将力 F 从 A 点平移到刚体 B 点。

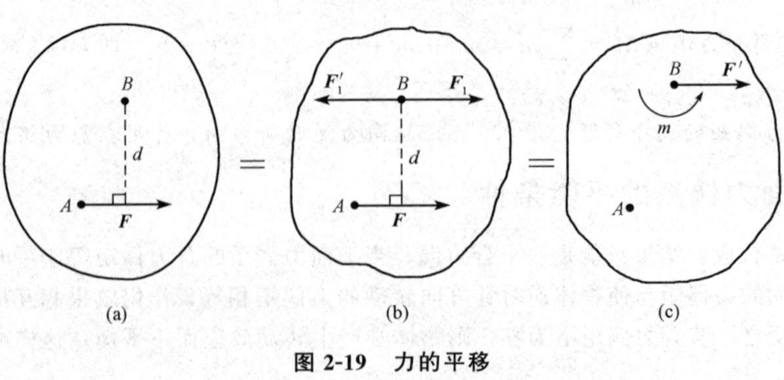

图 2-19 力的平移

在 B 点加一对平衡力系 F_1 与 F'_1，其作用线与力 F 的作用线平行，并使 $F_1 = F'_1 = F$，如图 2-19(b) 所示。由加减平衡力系公理知，这与原力系的作用效果完全相同，此三力可看作一个作用在 B 点的力 F_1 和一个力偶 (F, F'_1)，其力偶矩 $m = M_B(F) = F \cdot d$，如图 2-19(c) 所示。

这表明：作用在刚体上的力可平移至刚体内任一点，但不是简单的平移，平移时必须附加一力偶，该力偶的矩等于原力对平移点的矩。

根据力的平移定理，一个力可以和另一个力加上一力偶等效。因此，也可将同平面内的一个力和一个力偶合为另一个力。

力的平移定理是力系简化的基本依据，不仅是分析力对物体作用效应的一个重要手段，而且可以用来解释一些实际问题。

二、平面一般力系的简化

设在物体上作用有平面一般力系 $F_1, F_2, \cdots, F_n$，如图 2-20 所示。为将该力系简化，首先在该力系的作用面内任选一点 O 作为简化中心，根据力的平移定理，将各力全部平移到 O 点后，得到一个作用于 O 点的平面汇交力系 $F'_1, F'_2, \cdots, F'_n$ 和力偶矩为 $m_1, m_2, \cdots, m_n$ 的附加平面力偶系。

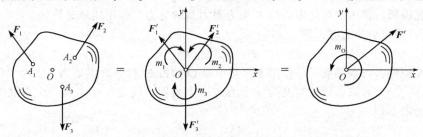

图 2-20 平面一般力系的简化

其中平面汇交力系 $F'_1, F'_2, \cdots, F'_n$ 中各力的大小和方向分别与原力系中对应的各力相同，即

$$F'_1 = F_1, \quad F'_2 = F_2, \quad \cdots, \quad F'_n = F_n$$

各附加的力偶矩分别等于原力系中各力对简化中心 O 点的矩，即

$$m_1 = M_O(F_1), \quad m_2 = M_O(F_2), \quad \cdots, \quad m_n = M_O(F_n)$$

由平面汇交力系合成的理论可知，$F'_1, F'_2, \cdots, F'_n$ 可合成为一个作用于 O 点的力 F'，并称为原力系的**主矢量**，简称**主矢**，即

$$F' = F'_1 + F'_2 + \cdots + F'_n = F_1 + F_2 + \cdots + F_n$$

$$F' = \sum F_i \tag{2-15}$$

显然，主矢量并不能代替原力系对刚体的作用，因而它不是原力系的合力。根据合力投影定理，其大小和方向计算公式为

$$\left. \begin{array}{l} F'_x = \sum F'_{ix} = \sum F_{ix} = \sum X \\ F'_y = \sum F'_{iy} = \sum F_{iy} = \sum Y \end{array} \right\} \tag{2-16}$$

主矢的大小为

$$F' = \sqrt{(F'_x)^2 + (F'_y)^2} = \sqrt{\left(\sum X\right)^2 + \left(\sum Y\right)^2} \tag{2-17}$$

主矢与 x 轴所夹的锐角为

$$\tan\alpha = \left|\frac{F'_y}{F'_x}\right| = \left|\frac{\sum Y}{\sum X}\right| \tag{2-18}$$

F' 指向由 F'_x、F'_y 的正负号判断。附加的平面力偶系可以合成一合力偶，并称为原力系向 O 点简化的**主矩**，即

$$M_O = m_1 + m_2 + \cdots + m_n = M_O(\boldsymbol{F}_1) + M_O(\boldsymbol{F}_2) + \cdots + M_O(\boldsymbol{F}_n) = \sum M_O(\boldsymbol{F}) \qquad (2-19)$$

由此可以得出，平面一般力系向作用面内任一点简化的结果是一个力和一个力偶。这个力作用在简化中心，它的矢量称为原力系的主矢，等于原力系中各力的矢量和；这个力偶的力偶矩称为原力系对简化中心的主矩，等于原力系中各力对简化中心之矩的代数和。

必须注意的是，作用于简化中心的力 $\boldsymbol{F}'$ 一般并不是原力系的合力，力偶矩为 M_O 的力偶也不是原力系的合力偶，只有 $\boldsymbol{F}'$ 与 M_O 两者结合才与原力系等效。

三、平面一般力系简化结果的讨论

平面一般力系向作用面内任一点简化的结果，一般可得到一主矢和一主矩，但这并非简化的最后结果，根据主矢和主矩是否存在，有可能出现以下四种情况。

(1) 主矢不为零，主矩为零，即

$$\boldsymbol{F}' \neq 0, \quad M_O = 0$$

这种情况说明：作用于简化中心的 $\boldsymbol{F}'$ 即为原力系的合力，作用线通过简化中心。

(2) 主矢、主矩均不为零，即

$$\boldsymbol{F}' \neq 0, \quad M_O \neq 0$$

这种情况说明：力系等效于一作用于简化中心 O 的力 $\boldsymbol{F}'$ 和一力偶矩为 M_O 的力偶。由力的平移定理知，一个力可以等效地变换为一个力和一个力偶，反之一个力和一个力偶等效地变换成一个力，如图 2-21 所示。

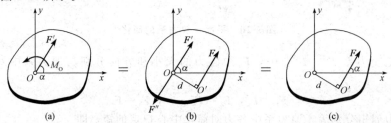

图 2-21　力系等效

将力偶矩为 M_O 的力偶用两个反向平行力 $\boldsymbol{F}'$、$\boldsymbol{F}''$ 表示，并使 $\boldsymbol{F}'$ 和 $\boldsymbol{F}''$ 等值、共线，构成一平衡力，如图 2-21 所示，为保持 M_O 不变，取力臂 d 为

$$d = \frac{|M_O|}{F'} = \frac{|M_O|}{F} \qquad (2-20)$$

将 $\boldsymbol{F}'$ 和 $\boldsymbol{F}''$ 这一平衡力系去掉，就只剩下力 $\boldsymbol{F}$ 与原力系等效。合力 $\boldsymbol{F}$ 在 O 点的哪一侧，由 $\boldsymbol{F}$ 对 O 点的矩的转向与主矩 M_O 的转向相一致来确定。

(3) 主矢为零，主矩不为零，即

$$\boldsymbol{F}' = 0, \quad M_O \neq 0$$

这种情况说明，平面任一力系中各力向简化中心等效平移后，所得到的汇交力系是平衡力系，原力系与附加力偶系等效。原力系简化为一合力偶，该力偶的矩就是原力系相对于简化中心 O 的主矩 M_O。由于原力系等效于一力偶，而力偶对平面内任一点的矩都相同，因此当力系简化为一力偶时，主矩与简化中心的位置无关，向不同点简化，所得主矩相同。

(4) 主矢与主矩均为零，即

$$\boldsymbol{F}' = 0, \quad M_O = 0$$

这种情况说明：此时力系处于平衡状态。

四、平面一般力系的平衡条件及平衡方程

（一）平面一般力系的平衡条件

平面一般力系向平面内任一点简化，若主矢 F' 和主矩 M_O 同时等于零，表明作用于简化中心 O 点的平面汇交力系和附加力平面力偶系都自成平衡，则原力系一定是平衡力系；反之，如果主矢 F' 和主矩 M_O 中有一个不等于零或两个都不等于零，则平面一般力系就可以简化为一个合力或一个力偶，原力系就不能平衡。因此，平面一般力系平衡的必要与充分条件是，**力系的主矢和力系对平面内任一点的主矩都等于零**，即

$$F'=0, \quad M_O=0$$

（二）平面一般力系的平衡方程

1. 基本形式

平面一般力系平衡的必要与充分的解析条件是：**力系中各力在任意选取的两个坐标轴中的每一轴上投影的代数和分别等于零；力系中各力对平面内任一点的矩的代数和等于零。**

$$F' = \sqrt{(\sum X)^2 + (\sum Y)^2} = 0$$

$$M_O = \sum M_O(\boldsymbol{F}) = 0$$

$$\left.\begin{array}{c} \sum X = 0 \\ \sum Y = 0 \\ \sum M_O = 0 \end{array}\right\} \tag{2-21}$$

式(2-21)表明，平面一般力系处于平衡的必要和充分条件是：力系中各力分别在 x 轴和 y 轴上的投影的代数和等于零，力系中各力对任意一点的力矩的代数和等于零。式(2-21)又称为平面一般力系的平衡方程。这三个方程是彼此独立的，利用它们可以求解出三个未知量。

【例 2-7】 如图 2-22(a) 所示，刚架 AB 受均匀分布风荷载的作用，单位长度上承受的风压为 $q(N/m)$，q 为均布荷载集度。给定 q 的大小和刚架的尺寸，求支座 A 和 B 的约束反力。

【解】 (1) 取分离体，作受力图，如图 2-22(b) 所示。取刚架 AB 为分离体。它所受的分荷载用其合力 $\boldsymbol{Q}$ 代替，合力 $\boldsymbol{Q}$ 的大小等于荷载集度 q 与荷载作用长度之积。合力 $\boldsymbol{Q}$ 作用在均布荷载作用线的中点，如图 2-22 所示。

(2) 列平衡方程，求解未知力。刚架受平面任意力系的作用，三个支座反力是未知量，可由平衡方程求出。取坐标轴如图 2-22(b) 所示，列平衡方程，可得

$$\sum X = 0, \quad Q + X_A = 0$$

$$\sum Y = 0, \quad N_B + Y_A = 0$$

$$\sum M_A(\boldsymbol{F}_i) = 0, \quad 1.5lN_B - 0.5lQ = 0$$

解得

$$X_A = -Q = -ql$$

$$N_B = \frac{1}{3}ql$$

$$Y_A = -N_B = -\frac{1}{3}ql$$

负号说明约束反力 Y_A 的实际方向与图中假设的方向相反。

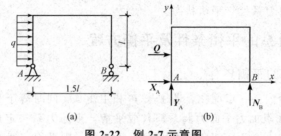

图 2-22 例 2-7 示意图

2. 其他形式

式(2-21)并不是平面一般力系平衡方程的唯一形式,它只是平面一般力系平衡方程的基本形式,此外,还有以下两种形式:

(1)二力矩式。用另一点的力矩方程代替其中一个投影方程,则得到以上两个力矩方程和一个投影方程的形式,称为二力矩式,即

$$\left.\begin{array}{l} \sum X = 0 \\ \sum M_A(\boldsymbol{F}_i) = 0 \\ \sum M_B(\boldsymbol{F}_i) = 0 \end{array}\right\} \quad (2\text{-}22)$$

注意:A、B 两点的连线不能与 x 轴垂直,如图 2-23 所示。

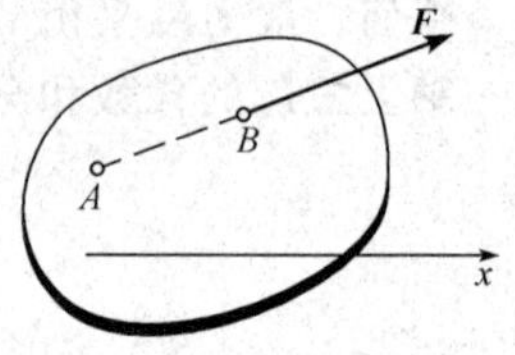

图 2-23 二力矩式示意图

(2)三力矩式。三个平衡方程都是力矩方程,即

$$\left.\begin{array}{l} \sum M_A(\boldsymbol{F}) = 0 \\ \sum M_B(\boldsymbol{F}) = 0 \\ \sum M_C(\boldsymbol{F}) = 0 \end{array}\right\} \quad (2\text{-}23)$$

式中,三矩心 A、B、C 三点不能共线。

由此可知,平面一般力系共有三种不同形式的平衡方程组,均可用来解决平面一般力系的平衡问题。每一组方程中都只含有三个独立的方程式,都只能求解三个未知量。再列出的任何平衡方程,都不再是独立的方程,但可用来校核计算结果。应用时可根据问题的具体情况,选用不同形式的平衡方程组,以达到计算方便的目的。

第四节 平面平行力系

平面平行力系即在平面力系中,各力的作用线在同一平面内且相互平行。

在工程中常见的平面平行力系,如梁等结构所受的力系,都可简化成平面平行力系问题来解决。

如图 2-24 所示,设物体受平面平行力系 F_1,F_2,…,F_n 的作用。如选取 x 轴与各力垂直,则不论力系是否平衡,每一个力在 x 轴上的投影恒等于零,即 $\sum X = 0$。于是,平面平行

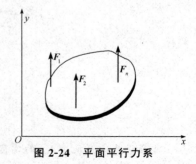

图 2-24 平面平行力系

力系只有两个独立的平衡方程，即

$$\left.\begin{array}{l}\sum Y=0\\ \sum M_O(\boldsymbol{F}_i)=0\end{array}\right\} \quad (2\text{-}24)$$

平面平行力系的平衡方程可以写成二力矩式的形式，即

$$\left.\begin{array}{l}\sum M_A(\boldsymbol{F}_i)=0\\ \sum M_B(\boldsymbol{F}_i)=0\end{array}\right\} \quad (2\text{-}25)$$

式中，A、B 两点的连线不与力线平行。

平面平行力系只有两个独立的平衡方程，只能求解两个未知量。

【例 2-8】 某房屋的外伸梁尺寸如图 2-25 所示。该梁的 AB 段受均布荷载 $q_1=20\text{ kN/m}$，BC 段受均布荷载 $q_2=25\text{ kN/m}$，求支座 A、B 的反力。

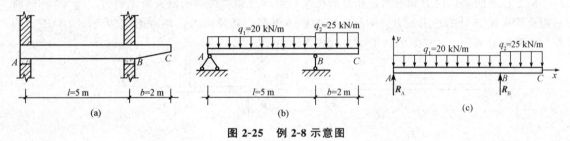

图 2-25 例 2-8 示意图

【解】 （1）选取 AC 梁为研究对象，画其受力图。外伸梁 AC 在 A、B 处的约束一般可以简化为固定铰支座和可动铰支座，由于在水平方向没有荷载，因此没有水平方向的约束反力。在竖向荷载 q_1 和 q_2 作用下，支座反力 $\boldsymbol{R}_A$、$\boldsymbol{R}_B$ 沿铅垂方向，它们组成平面平行力系。

（2）建立直角坐标系，列平衡方程。

$$\sum Y = R_A + R_B - q_1 \times 5 - q_2 \times 2 = 0$$

$$\sum M_A(\boldsymbol{F}_i) = 0 - q_1 \times 5 \times 2.5 - q_2 \times 2 \times 6 + 5 \times R_B = 0$$

解得 $R_A = 40 \text{ kN}(\uparrow)$，$R_B = 110 \text{ kN}(\uparrow)$。

（3）校核。不独立方程 $\sum M_B(\boldsymbol{F}_i) = -40 \times 5 + 20 \times 5 \times 2.5 - 25 \times 2 \times 1 = 0$

因此，计算结果无误。

第五节　物体系统的平衡

在工程中，常常可见由几个物体通过一定的约束联系在一起的系统，这种系统称为物体系统。

图 2-26 是机械中常见的曲柄连杆机构，图 2-27 是一个拱简图，图 2-28 是一个厂房结构简图。这些都是物体系统的实例。

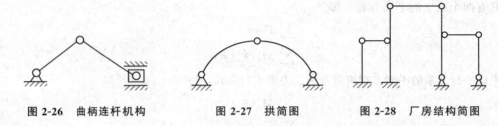

图 2-26　曲柄连杆机构　　　图 2-27　拱简图　　　图 2-28　厂房结构简图

在研究物体系统的平衡问题时，不仅要知道外界物体对这个系统的作用力，还应分析系统内部物体之间的相互作用力。通常将系统以外的物体对这个系统的作用力称为**外力**，系统内各物体之间的相互作用力称为**内力**。如图 2-29(a)所示，荷载及 A、C 支座处的反力就是组合梁的外力，而在铰 B 处左右两段梁之间的相互作用力就是组合梁的内力。

应当注意的是，内力和外力是相对的概念，也就是相对所取的研究对象而言。图 2-29(b)所示组合梁在铰 B 处的约束反力，对组合梁的整体而言，就是内力，而对图 2-29(c)、(d)所示的左、右两段梁来说，B 点处的约束反力就成为外力了。

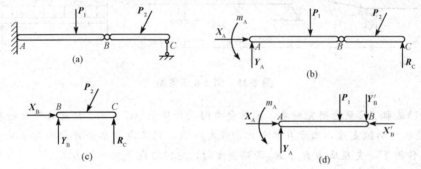

图 2-29　物体系统平衡

当物体系统处于平衡状态时，该体系中每一物体也必定处于平衡状态。在解决物体系统的平衡问题时，可以选取整个物体系统作为研究对象，也可以选取物体系统中某部分物体(一个物体或几个物体组合)作为研究对象，以建立平衡方程。对由几个物体组成的物体系统来说，不论是整个系统或其中几个物体的组合或个别物体写出的平衡方程，总共只有 $3n$ 个独立的。因为作用于系统的力满足 $3n$ 个平衡方程之后，整个系统或其中的任何一部分必成平衡。

求解物体系统的平衡问题，关键在于恰当选取研究对象，正确选取投影轴和矩心，列出适当的平衡方程。总的原则是：尽可能地减少每一个平衡方程中的未知量，最好是每个方程只含有一个未知量，以避免求解联立方程。

本章小结

各力的作用线均在同一平面上的力系称为平面力系。本章主要介绍了平面汇交力系、平面力偶系、平面一般力系、平面平行力系的合成与平衡等内容。

思考与练习

一、填空题

1. 力系中各力的作用线在同一个面内汇交于一点，这样的力系称为_____力系。
2. 平面汇交系的合力_____。
3. 平面汇交力系的必要和充分条件是：该力系的_____等于_____。
4. 平面汇交力系平衡的几何条件是：该力系的力多边形_____。
5. 一力 F 在某坐标轴上的投影是_____，一力 F 沿某坐标轴的分力是_____。
6. 力 F 对 O 点的矩，用记号_____表示。
7. 力偶是_____且不共线的两个平行力。
8. 力偶在任何坐标轴上的投影的代数和恒等于_____。

二、单项选择题

1. 已知 F_1、F_2、F_3、F_4 为作用于一刚体上的平面汇交力系，其力矢之间有图1的关系，所以(　　)。

   A. 其力系的合力 $R=F_4$　　　　B. 其力系的合力 $R=0$
   C. 其力系的合力 $R=2F_4$　　　D. 其力系的合力 $R=-F_4$

图 1

2. 力沿某一坐标轴的分力与该力在同一坐标轴上的投影之间的关系是(　　)。

   A. 分力的大小必等于投影
   B. 分力的大小必等于投影的绝对值
   C. 分力的大小可能等于也可能不等于投影的绝对值
   D. 分力与投影是性质相同的物理量

3. 如图2所示，一力 F 作用于 P 点，其方向为水平向右，其中 a、b、α 为已知，则该力对 O 点的矩为(　　)。

   A. $M_O(\boldsymbol{F}) = -F\sqrt{a^2+b^2}$　　　　B. $M_O(\boldsymbol{F}) = Fb$
   C. $M_O(\boldsymbol{F}) = -F\sqrt{a^2+b^2}\sin\alpha$　　D. $M_O(\boldsymbol{F}) = F\sqrt{a^2+b^2}\cos\alpha$

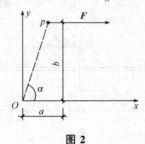

图 2

4. 力偶对刚体产生下列哪种运动效应？(　　)

   A. 既能使刚体转动，又能使刚体移动
   B. 与力产生的效应，有时可以相同
   C. 只可能使刚体移动
   D. 只可能使刚体转动

5. 如图3所示的结构中，如果将作用在 AC 上的力偶移到构件 BC 上，则（　　）。

 A. 支座 A 的反力不会发生变化

 B. 支座 B 的反力不会发生变化

 C. 铰链 C 的反力不会发生变化

 D. R_A、R_B、R_C 均会有变化

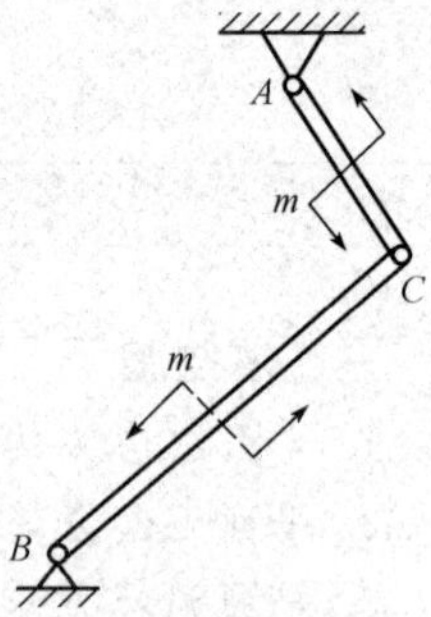

三、计算题

1. 如图4所示，平面汇交力系 F_1、F_2、F_3、F_4 汇交于坐标原点 O，已知 $F_1=10$ kN，$F_2=20$ kN，$F_3=30$ kN，$F_4=40$ kN，求汇交力系的合力。

2. 起重机支架由杆 AB 和 AC 在 A 点用铰相连接而成，铰车 D 引出水平钢索绕过 A 处的滑轮吊起重物，如图5所示，重物 $G=20$ kN，不计摩擦，杆件、滑轮和钢索的自重不计。计算 AB、AC 杆所受的力。

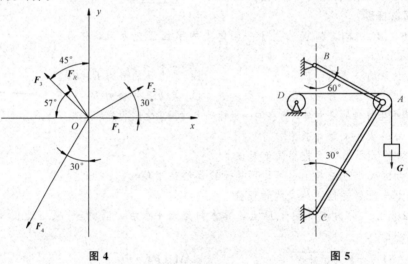

图3

图4　　　图5

3. 梁 AB 受力情况如图6所示，已知 $F=2$ kN，$m=3$ kN·m，梁的自重不计，求支座 A、B 的约束力。

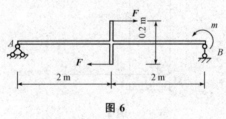

图6

第三章 截面图形的几何性质

学习目标

了解重心、形心、静矩、惯性矩、惯性积、惯性半径的概念；熟悉形心主惯性轴与形心主惯性矩的概念；掌握平面图形形心与静矩，以及简单平面图形惯性矩的计算方法。

能力目标

能熟练进行截面图形的重心和形心坐标计算；能熟练计算截面的面积矩；能熟练进行截面惯性矩、惯性积的计算。

素养目标

1. 认真聆听他人讲话，有逻辑地表达观点和陈述意见。
2. 学习态度端正，爱岗敬业。
3. 能对每一项学习和活动开展全方位的反思。

在建筑力学与结构的计算中，经常要用到一些与截面有关的几何量，如截面的重心、形心、静矩、惯性矩、抗弯截面系数等。这些与截面图形形状及尺寸有关的几何量统称截面形状的几何性质。

第一节 重心与形心

一、重心

地球上的任何物体都受到地球引力的作用，这个力称为物体的重力。如果把一个物体分成许多微小部分，则这些微小部分所受的重力形成汇交于地球中心的空间汇交力系。由于地球半径很大，这些微小部分所受的重力可看成空间平行力系，该力系的合力的大小就是该物体的重力。

由试验可知，不论物体在空间的方位如何，物体重力的作用线始终通过一个确定的点，这个点就是物体重力的作用点，称为**物体的重心**。

对重心的研究在实际工程中具有重要意义。例如，水坝、挡土墙、吊车等的倾覆稳定性问题就与这些物体的重心位置直接有关；混凝土振捣器，其转动部分的重心必须偏离转轴才能发挥预期的作用；在建筑设计中，重心的位置影响着建筑物的平衡与稳定；在建筑施工过程中采用两个吊点起吊柱子就是要保证柱子重心在两吊点之间。

重心控制的应用

根据静力学力矩理论,可得到重心的坐标公式。

1. 一般物体重心的坐标公式

$$x_C = \frac{\int_G x\,dG}{G},\ y_C = \frac{\int_G y\,dG}{G},\ z_C = \frac{\int_G z\,dG}{G} \qquad (3-1)$$

式中　dG——物体微小部分的重量(或所受的重力);

　　　x、y、z——物体微小部分的空间坐标;

　　　G——物体的总重力。

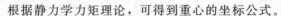

方便卸料的手拉车

2. 均质物体重心的坐标公式

对均质物体而言,其重心位置完全取决于其几何形状,而与其重量无关,物体的重心就是其形心,均质物体重心的坐标公式如下:

$$x_C = \frac{\sum V_i x_i}{V},\ y_C = \frac{\sum V_i y_i}{V},\ z_C = \frac{\sum V_i z_i}{V} \qquad (3-2)$$

式中　V_i——均质物体微小部分的体积;

　　　x_i、y_i、z_i——物体微小部分的空间坐标;

　　　V——均质物体的总体积。

二、形心

对于极薄的匀质薄板,可以用平面图形来表示,它的重力作用点称为**形心**。规则图形的形心比较容易确定,就是指截面的几何中心。如图 3-1 所示,平面图形形心的坐标为

$$z_C = \frac{\int_A z\,dA}{A},\ y_C = \frac{\int_A y\,dA}{A} \qquad (3-3)$$

式中　dA——平面图形微小部分的面积;

　　　y、z——图形微小部分在平面坐标系 yOz 中的坐标;

　　　A——平面图形的总面积。

当平面图形具有对称轴或对称中心时,形心一定在对称轴线或对称中心上。

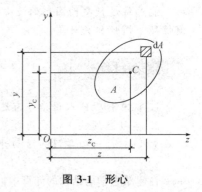

图 3-1　形心

第二节　静　矩

一、静矩的定义

图 3-2 所示为任意形状的平面图形的面积 A,则截面对 y 轴和 z 轴的静矩(或称面积矩)分别定义为

$$\left.\begin{array}{l} S_z = \int_A y\,dA \\ S_y = \int_A z\,dA \end{array}\right\} \qquad (3-4)$$

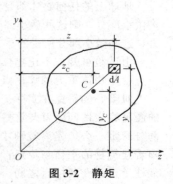

图 3-2　静矩

由式(3-4)可见，静矩与坐标轴的选择有关，不同的坐标轴，静矩的大小就不同，而且静矩是代数量，可能为正，也可能为负，还可能为零。静矩的量纲是长度的三次方，常用单位为 m^3 或 mm^3。

二、静矩的计算

1. 简单图形的静矩

如图 3-2 所示，简单平面图形的面积 A 与其形心坐标 y_C（或 z_C）的乘积，称为简单图形对 z 轴或 y 轴的**静矩**，即

$$\left.\begin{array}{l} S_z = A \cdot y_C \\ S_y = A \cdot z_C \end{array}\right\} \tag{3-5}$$

当坐标轴通过截面图形的形心时，其静矩为零；反之，截面图形对某轴的静矩为零，则该轴一定通过截面图形的形心。

2. 组合平面图形的静矩

$$\left.\begin{array}{l} S_z = \sum (A_i \cdot y_{C_i}) \\ S_y = \sum (A_i \cdot z_{C_i}) \end{array}\right\} \tag{3-6}$$

式中 A_i——各简单图形的面积；

y_{C_i}、z_{C_i}——各简单图形的形心坐标。

式(3-6)表明：**组合图形对某轴的静矩等于各简单图形对同一轴面积矩的代数和**。

【例 3-1】 计算图 3-3 所示 T 形截面对 z 轴的静矩。

【解】 将 T 形截面分为两个矩形，其面积分别为

$A_1 = 50 \times 270 = 13.5 \times 10^3 (mm^2)$

$A_2 = 300 \times 30 = 9 \times 10^3 (mm^2)$

$y_{C_1} = 165$ mm，$y_{C_2} = 15$ mm

截面对 z 轴的静矩

$S_z = \sum (A_i \cdot y_{C_i}) = A_1 \cdot y_{C_1} + A_2 \cdot y_{C_2}$

$\quad = 13.5 \times 10^3 \times 165 + 9 \times 10^3 \times 15$

$\quad = 2.36 \times 10^6 (mm^3)$

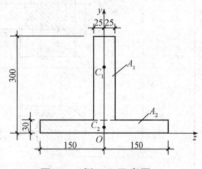

图 3-3 例 3-1 示意图

第三节 惯性矩、惯性积与惯性半径

一、惯性矩

1. 惯性矩计算公式

如图 3-4 所示，任一平面图形上所有微面积 dA 与其坐标 y（或 z）平方乘积的总和，称为该平面图形对 z 轴（或 y 轴）的**惯性矩**，用 I_z（或 I_y）表示，即

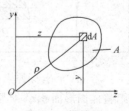

图 3-4 惯性矩

$$I_z = \int_A y^2 \mathrm{d}A \\ I_y = \int_A z^2 \mathrm{d}A \Bigg\} \tag{3-7}$$

式(3-7)表明：惯性矩恒为正值，它的常用单位是 m⁴ 或 mm⁴。几种常见截面的惯性矩见表 3-1。

表 3-1 几种常见截面的惯性矩

序号	图 形	面 积	形心位置	惯性矩
1	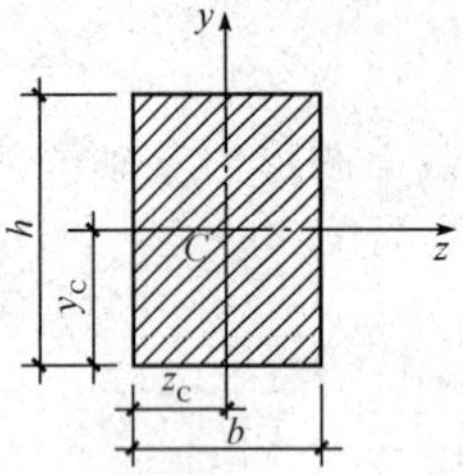	$A = bh$	$z_C = \dfrac{b}{2}$ $y_C = \dfrac{h}{2}$	$I_z = \dfrac{bh^3}{12}$ $I_y = \dfrac{hb^3}{12}$
2	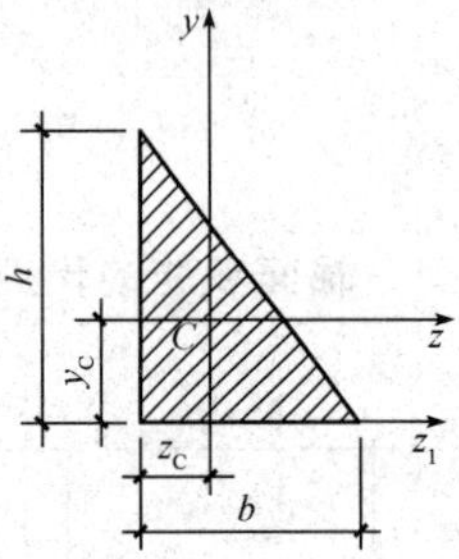	$A = \dfrac{1}{2}bh$	$z_C = \dfrac{b}{3}$ $y_C = \dfrac{h}{3}$	$I_z = \dfrac{bh^3}{36}$ $I_{z1} = \dfrac{bh^3}{12}$
3	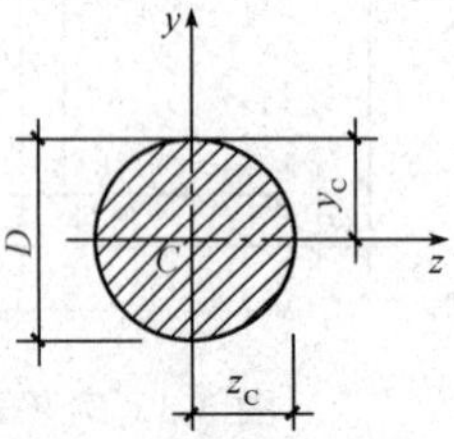	$A = \dfrac{\pi D^2}{4}$	$z_C = \dfrac{D}{2}$ $y_C = \dfrac{D}{2}$	$I_z = I_y = \dfrac{\pi D^4}{64}$
4	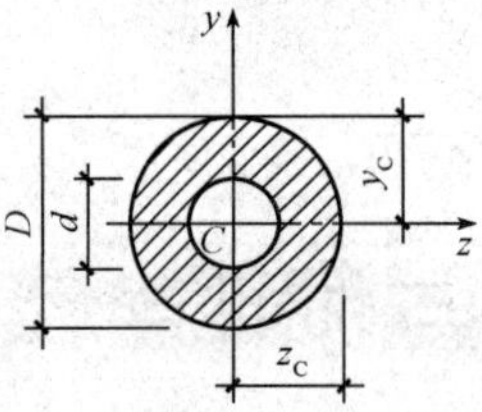	$A = \dfrac{\pi(D^2 - d^2)}{4}$	$z_C = \dfrac{D}{2}$ $y_C = \dfrac{D}{2}$	$I_z = I_y = \dfrac{\pi(D^4 - d^4)}{64}$
5	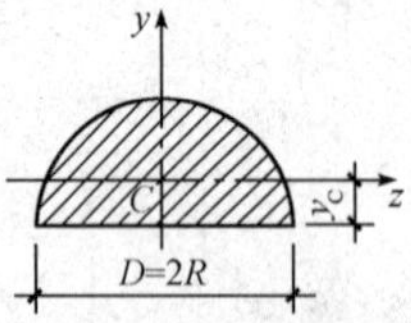	$A = \dfrac{\pi R^2}{2}$	$y_C = \dfrac{4R}{3\pi}$	$I_z = \left(\dfrac{1}{8} - \dfrac{8}{9\pi^2}\right)\pi R^4$ $I_y = \dfrac{\pi R^4}{8}$

若 dA 至坐标原点 O 的距离为 ρ，如图 3-4 所示，$\rho^2 \mathrm{d}A$ 称为该微面积对原点 O 的极惯性矩，则整体图形面积 A 对原点 O 的极惯性矩为

$$I_P = \int_A \rho^2 dA \qquad (3-8)$$

2. 惯性矩平行移轴公式

同一平面图形对不同坐标轴的惯性矩是不同的，但它们之间存在一定的关系。图 3-5 所示任一图形对两个相平行的坐标轴的惯性矩之间的关系为

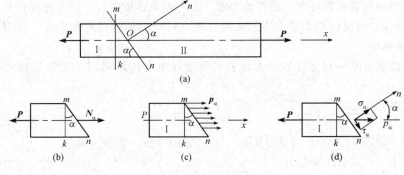

图 3-5　平行移轴公式

$$\left. \begin{array}{l} I_z = I_{z_c} + a^2 A \\ I_y = I_{y_c} + b^2 A \end{array} \right\} \qquad (3-9)$$

式(3-9)称为**惯性矩平行移轴公式**。其表明**平面图形对任一轴的惯性矩，等于平面图形对与该轴平行的形心轴的惯性矩再加上其面积与两轴间距离平方的乘积**。

3. 惯性矩的特征

(1)截面的极惯性矩是对某一极点定义的，而对轴的惯性矩是对某一坐标轴定义的。

(2)极惯性矩和对轴的惯性矩的量纲均为长度的四次方，单位为 m^4、cm^4 或 mm^4。

(3)极惯性矩和对轴的惯性矩的数值均为恒大于零的正值。

(4)截面对某一点的极惯性矩，恒等于截面对以该点为坐标原点的任意一对坐标轴的惯性矩之和，即

$$I_P = I_y + I_z = I_{y'} + I_{z'} \qquad (3-10)$$

4. 组合截面惯性矩的计算

组合截面对某一点的极惯性矩或对某一轴的惯性矩(图 3-6)，分别等于组合截面各简单图形对同一点的极惯性矩或对同一轴的惯性矩之代数和，即

$$\begin{array}{l} I_P = \sum_{i=1}^n I_{P_i} \\ I_y = \sum_{i=1}^n I_{y_i} \\ I_z = \sum_{i=1}^n I_{z_i} \end{array} \qquad (3-11)$$

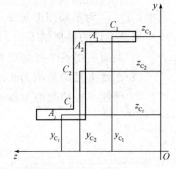

图 3-6　组合截面惯性矩

二、惯性积

如图 3-4 所示，任一平面图形上所有微面积 dA 与其坐标 z、y 乘积的总和，称为该平面图形对 z、y 两轴的**惯性积**，即

$$I_{yz} = \int_A yz\,dA \tag{3-12}$$

惯性积的特征如下：

(1) 截面的惯性积是对相互垂直的一对坐标轴定义的。

(2) 惯性积的量纲为长度的四次方，单位为 m⁴、cm⁴ 或 mm⁴。

(3) 惯性积的数值可正可负，也可能为零。若一对坐标轴中有一轴为截面图形的对称轴，则截面对该对坐标轴的惯性积必等于零。截面对某一对坐标轴的惯性积为零，该对坐标轴不一定就是图形的对称轴。

(4) 组合截面对某一对坐标轴的惯性积，等于各组合图形对同一对坐标轴的惯性积的代数和，即

$$I_{yz} = \sum_{i=1}^{n} I_{yz_i} \tag{3-13}$$

【例 3-2】 求图 3-7 中矩形对通过其形心且与两边平行的 z 轴和 y 轴的惯性矩 I_z、I_y，以及惯性积 I_{yz}。

【解】 取微面积 $dA = b\,dy$，如图 3-7 所示，则

$$I_z = \int_A y^2\,dA = \int_{-\frac{h}{2}}^{\frac{h}{2}} y^2 b\,dy = \frac{bh^3}{12}$$

同理可得

$$I_y = \frac{hb^3}{12}$$

因为 z 轴（或 y 轴）为对称轴，所以惯性积为

$$I_{yz} = 0$$

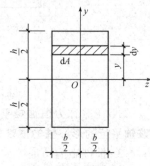

图 3-7 例 3-2 示意图

三、惯性半径

在工程实际计算中，常将图形的惯性矩表示为图形面积 A 与某一长度平方的乘积，即

$$\left.\begin{array}{l} I_y = i_y^2 A \\ I_z = i_z^2 A \end{array}\right\} \quad 或 \quad \left.\begin{array}{l} i_y = \sqrt{\dfrac{I_y}{A}} \\ i_z = \sqrt{\dfrac{I_z}{A}} \end{array}\right\} \tag{3-14}$$

式中，i_z、i_y 为平面图形对 z、y 轴的惯性半径。

惯性半径的特征如下：

(1) 截面的惯性半径是仅对某一坐标轴定义的。

(2) 惯性半径的量纲为长度的一次方，单位为 m。

(3) 惯性半径的数值恒取正值。

第四节　形心主惯性轴与形心主惯性矩

若截面对某对坐标轴的惯性积 $I_{z_0 y_0} = 0$，则这对坐标轴 z_0、y_0 称为截面的**主惯性轴**，简称**主轴**。截面对主轴的惯性矩称为**主惯性矩**，简称**主惯矩**。

当截面具有对称轴时，截面对包括对称轴在内的一对正交轴的惯性积等于零。例如，图 3-8(a)

中，y 为截面的对称轴，z_1 轴与 y 轴垂直，截面对 z_1、y 轴的惯性积等于零，z_1、y 即为主轴。同理，图 3-8(a)中的 z_2、y 和 z、y 也都是主轴。

通过形心的主惯性轴称为**形心主惯性轴**，简称**形心主轴**。截面对形心主轴的惯性矩称为**形心主惯性矩**，简称**形心主惯矩**。

凡通过截面形心，且包含有一根对称轴的一对相互垂直的坐标轴一定是形心主轴。

图 3-8(a)中的 z、y 轴通过截面形心，z、y 轴即为形心主轴。图 3-8(b)、(c)、(d)中的 z、y 轴均为形心主轴。

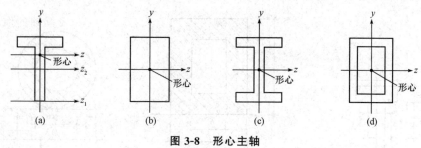

图 3-8 形心主轴

本章小结

本章主要介绍了重心与形心坐标计算，截面静矩的计算，截面惯性矩、惯性积与惯性半径的计算，形心主惯性轴与形心主惯性矩的概念等内容。

思考与练习

一、填空题

1. 若一轴通过截面的形心，则截面对该轴的_____等于零。
2. 在计算组合截面对某轴的惯性矩时，可分别计算各组成部分对该轴的惯性矩，然后再_____。
3. 如图1所示，y 轴是截面的对称轴，则_____和_____都是主轴。

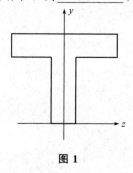

图 1

二、简答题

1. 什么是重心、形心、静矩？它们之间有什么关系？

2. 如图 2 所示的截面，z 轴和 y 轴为两个对称轴，若 h 是 b 的 n 倍，则 I_z 是 I_y 的多少倍？

三、计算题

1. 在 T 形截面中（图 2），已知 $b_1 = 0.5$ m，$h_1 = 0.2$ m，$b_2 = 0.2$ m，$h_2 = 0.5$ m。试求：

(1) 截面形心的位置；

(2) 上部分矩形面积对 z 轴的静矩，其中 z 轴通过截面形心；

(3) 截面的形心主惯性矩 I_z 和 I_y。

2. 计算图 3 所示截面对 z_1 轴的惯性矩。

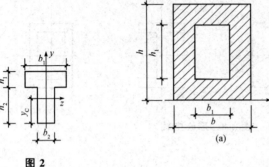

图 2

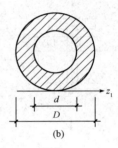

图 3

第四章 静定结构的内力计算

学习目标

了解杆件变形的基本形式、平面弯曲的概念、刚架的特点及形式、静定平面桁架的分类及内力分析方法;熟悉内力、截面法、应力、位移与应变的概念,梁的剪力和弯矩的概念及符号的确定,刚架的内力计算;掌握轴向拉伸和压缩时的轴力计算及轴力图的绘制,剪力和弯矩的计算及内力图的绘制。

能力目标

能进行梁、刚架、桁架和三铰拱的内力计算及内力图的绘制。

素养目标

1. 有上进心,勇于批评与自我批评,树立正确的人生观和价值观。
2. 在学习上,严格要求自己,刻苦钻研,勤奋好学,态度端正,目标明确。

第一节 内力的基本概念

内力计算是结构设计的基础。在结构设计时,为保证结构安全正常工作,要求各构件必须具有足够的强度、刚度。解决强度、刚度问题,必须首先确定内力。

结构受力分析时,可将结构视为刚体,但进行结构的内力分析时,要考虑力的变形效应,必须把结构作为变形固体处理。结构构件在外力作用下产生变形,同时结构内部质点之间相互位置发生改变,原有内力发生变化。

一、杆件变形的基本形式

杆件受外力作用后,其几何形状和尺寸一般都要发生改变,这种改变称为**变形**。

杆件在不同形式的外力作用下,将发生不同形式的变形。总的来说,杆件变形的基本形式有以下四种:

(1)轴向拉伸或压缩[图 4-1(a)、(b)]。在一对大小相等、方向相反、作用线与杆轴线相重合的外力作用下,杆件将发生长度的改变(伸长或缩短)。

(2)剪切[图 4-1(c)]。在一对相距很近、大小相等、方向相反的横向外力作用下,杆件的横截面将沿力的方向发生错动。

(3)扭转[图 4-1(d)]。在一对大小相等、方向相反、位于垂直于杆轴线的两平面内的力偶作用下,杆的任意两个横截面将绕轴线发生相对转动。

(4)弯曲[图 4-1(e)]。在一对大小相等、方向相反、位于杆的纵向平面内的力偶作用下,杆件的轴线由直线弯成曲线。

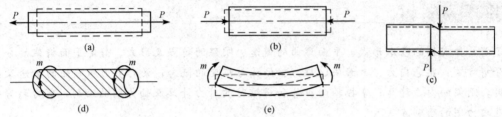

图 4-1 杆件变形的基本形式

杆件变形的基本形式都是在特定的受力状态下发生的,杆件正常工作时的实际受力状态往往不同于上述特定的受力状态,杆件的变形多为各种基本变形形式的组合。当某一种基本变形形式起主要作用时,可按这种基本变形形式计算,否则,即属于组合变形的问题。

二、内力、截面法、应力

(一)内力

杆件在外力作用下产生变形,从而杆件内部各部分之间产生相互作用力,这种由外力引起的杆件内部之间的相互作用力称为内力。

(二)截面法

研究杆件内力常用的方法是**截面法**。截面法是假想用一平面将杆件在需求内力的截面处截开,将杆件分为两部分[图 4-2(a)];取其中一部分作为研究对象,此时截面上的内力被显示出来,变成研究对象上的外力[图 4-2(b)],再由平衡条件求出内力。

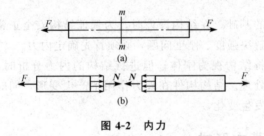

图 4-2 内力

(三)应力

由于杆件由均匀连续的材料制成,因此内力连续分布在整个截面上。由截面法求得的内力是截面上分布内力的合内力。只知道合内力还不能判断杆件是否会因强度不足而破坏,还必须知道内力在横截面上分布的密集程度(简称集度)。将内力在一点处的分布集度称为应力。

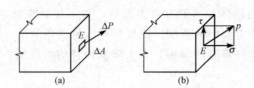

图 4-3 应力

为了分析图 4-3(a)所示截面上任意一点 E 处的应力，围绕 E 点取一微小面积 ΔA，作用在微小面积 ΔA 上的合内力记为 ΔP，则比值

$$p_m = \frac{\Delta P}{\Delta A} \tag{4-1}$$

称为 ΔA 上的平均应力。平均应力 p_m 不能精确地表示 E 点处的内力分布集度。当 ΔA 无限趋近于零时，平均应力 p_m 的极限值 p 才能表示 E 点处的内力分布集度，即

$$p = \lim_{\Delta A \to 0} \frac{\Delta P}{\Delta A} = \frac{dP}{dA} \tag{4-2}$$

式中 p——E 点处的应力。

一般情况下，应力 p 的方向与截面既不垂直也不相切。通常将应力 p 分解为与截面垂直的法向分量 σ 和与截面相切的切向分量 τ [图 4-3(b)]。垂直于截面的应力分量 σ 称为正应力或法向应力；相切于截面的应力分量 τ 称为切应力或切向应力(剪应力)。

应力的单位为 Pa，常用单位是 MPa 或 GPa。

(四)应力集中

1. 应力集中的概念

等截面直杆受轴向拉伸和压缩时，横截面上的应力是均匀分布的。工程上由于实际需要，常在一些构件上钻孔、开槽及制成阶梯形等，以致截面的形状和尺寸发生了较大的改变，如图 4-4(a)所示，开有圆孔的直杆受到轴向拉伸时，在圆孔附近的局部区域内，应力的数值剧增，而在稍远的地方，应力迅速降低而趋于均匀[图 4-4(b)]。这种由于杆件外形的突然变化而引起局部应力急剧增大的现象，称为**应力集中**。

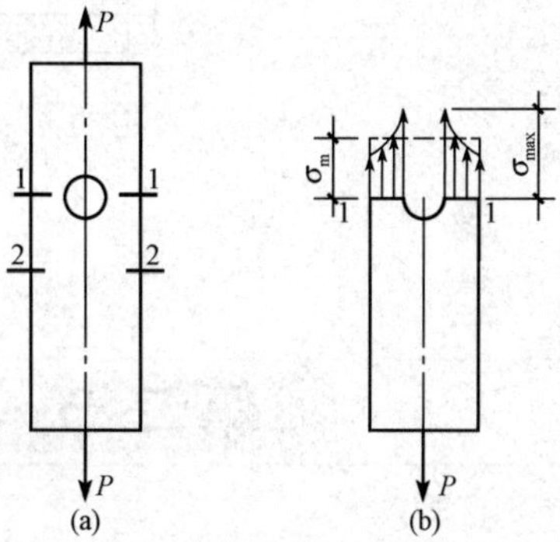

2. 应力集中对构件强度的影响

应力集中对构件强度的影响因构件性能不同而异。当构件截面突变时会在突变部分发生应力集中现象，截面应力呈不均匀分布[图 4-5(a)]。继续增大外力时，塑性材料构件截面上的应力最高点首先到达屈服极限 σ_s[图 4-5(b)]。若再继续增加外力，该点的应力不会增大，只是应变增加，其他点处的应力继续提高，以保持内外力平衡。外力不断加大，截面上达到屈服极限的区域也逐渐扩大[图 4-5(c)、(d)]，直至整个截面上各点应力都达到屈服极限，构件才丧失工作能力。

图 4-4 应力集中

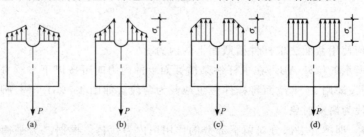

图 4-5 应力集中对构件强度的影响

对于用塑性材料制成的构件，尽管有应力集中，却不显著降低它抵抗荷载的能力，因此，在强度计算中可以不考虑应力集中的影响。脆性材料没有屈服阶段，当应力集中处的最大应力达到材料的强度极限时，构件将突然断裂，大大降低构件的承载能力，因此，必须考虑应力集中对其强度的影响。

三、位移与应变

杆件变形的大小用位移和应变来度量。

位移是指位置改变量的大小，分为**线位移**和**角位移**。应变是指变形程度的大小，分为**线应变**和**切应变**。

图4-6(a)所示微小正六面体，棱边边长的改变量 $\Delta\mu$ 称为线变形[图4-5(b)]，$\Delta\mu$ 与 Δx 的比值 ε 称为线应变。线应变是量纲为1的量。

$$\varepsilon = \frac{\Delta\mu}{\Delta x} \qquad (4-3)$$

上述微小正六面体的各边缩小为无穷小时，通常称为单元体。单元体中相互垂直棱边夹角的改变量 γ[图4-5(c)]称为切应变或角应变(剪应变)。角应变用弧度来度量，它也是量纲为1的量。

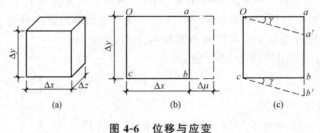

图 4-6 位移与应变

第二节 轴向拉伸和压缩时的内力

一、轴向拉伸和压缩时的内力——轴力

轴向拉伸和压缩变形是结构的基本变形之一。轴向拉伸时构件所受外力为拉力；轴向压缩时构件所受外力为压力。

轴向拉伸、压缩时的内力沿杆的轴线方向，称为轴力，用 N 表示。轴力的正负规定：**使分离体拉伸的轴力为正，使分离体受压缩的轴力为负**，即"拉正、压负"。

生活中的轴向拉伸压缩例子

1. 截面法

下面研究如何使用截面法求杆件横截面上的内力。

如图4-7(a)所示的拉杆 AB，在求杆件某横截面上的内力时可按以下步骤进行：

(1)假想切开。即用1—1截面将杆件假想地截为两段。如图4-7(b)、(c)所示，弃去其中的任一段，取另一段为研究对象。

(2)内力代替。即把弃去部分对留下部分的作用用内力代替。根据二力平衡公理，在留下部分的 1—1 截面上[图 4-7(b)]只能画出与外力 P 反向的内力 F_N，即轴力。

（3）平衡定值。即根据研究对象的平衡条件，求出内力的大小和方向。由于整个杆件是平衡的，所以 AC 段也是平衡的。由平衡方程 $\sum x = 0$ 可得

$$F_N - P = 0 \quad \text{或} \quad F_N = P \qquad (4-4)$$

若取 CB 段为研究对象，同理，可得 $F_N = P$。

显然，F_N 和 F'_N 构成作用力和反作用力的关系，故求得 F_N 之后，F'_N 即可直接写出。因为内力的合力 F_N 与轴线重合，因此，内力 F_N 称为轴力。为了明确表示杆件在横截面是受拉还是受压，通常将轴力规定正负号，即截面受拉的轴力为正、受压的轴力为负。对简单受力的拉压杆来说，由平衡条件所求的结果可知，某截面上的轴力在数值上等于截面任意一侧的轴向外力值，使截面受拉的外力为正、受压的外力为负。用截面法同理可求出杆件在复杂轴向外力作用下的轴力，即某截面上的轴力在数值上等于截面任意一侧的轴向外力的代数和，使截面受拉的外力为正、受压的外力为负。由表达式

$$F_N = (左或右侧)\sum X_i \qquad (4-5)$$

式中，F_N 表示拉压杆某截面上的轴力。正值表示为拉力；负值表示为压力。

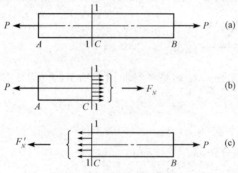

图 4-7 横截面的内力-轴力

2. 轴力图

轴力图是表示轴力沿杆件轴线变化的图形。

在多个外力作用时，由于各段杆轴力的大小及正负号各异，所以，为了形象地表明各横截面上轴力的变化情况，通常将其绘成轴力图。

轴力图作法，以杆件的左端为坐标原点，取杆件轴线为 x 轴，其值代表横截面位置；取 F_N 为纵坐标轴，其值代表对应横截面的轴力值，正值绘在 x 轴线上方，负值绘在 x 轴线下方。

绘制轴力图的方法与步骤如下：

第一，确定作用在杆件上的外载荷与约束力；

第二，根据杆件上作用的载荷以及约束力，确定轴力图的分段点，在有集中力作用处为轴力图的分段点；

第三，应用截面法，用假想截面从控制面处将杆件截开，在截开的截面上，画出未知轴力，并假设为正方向；对截开的部分杆件建立平衡方程，确定轴力的大小与正负；产生拉伸变形的轴力为正，产生压缩变形的轴力为负；

第四，建立 $F_N - x$ 坐标系，用平行于杆轴线的直线表示基线，垂直于基线的直线表示该截面的内力值，将正的轴力绘在基

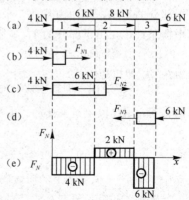

图 4-8 轴力图

线的上方，负值绘在基线的下方，并在图中标出正负号+或-。

【例 4-1】 试求图 4-8(a)所示杆件各段内横截面上的轴力，并画出轴力图。

【解】 此杆需分三段求轴力及画轴力图。在第 1 段范围内的任一横截面处将杆截断，取左段为分离体，如图 4-8(b)所示，由平衡条件

$$\sum F_x = 0, 4 + F_{N1} = 0$$

得到 $F_{N1} = -4 \text{ kN}(压)$

在第 2 段范围内的任一横截面处将杆截断，取左段为分离体，如图 4-8(c)所示，由平衡条件

$$\sum F_x = 0, 4 - 6 + F_{N2} = 0$$

得到 $F_{N2} = 2 \text{ kN}(拉)$

在第 3 段范围内的任一横截面处将杆截断，取右段为分离体，如图 4-8(d)所示，由平衡条件

$$\sum F_x = 0, F_{N3} + 6 = 0$$

得到 $F_{N3} = -6 \text{ kN}(压)$

各段内的轴力均为常数，故轴力图为三条水平线。由各横截面上 F_N 的大小及正负号绘出轴力图，如图 4-8(e)所示。

二、扭转轴的内力——扭矩

在研究扭转变形的内力之前，首先要确定作用在轴上的外力矩和功率及转速之间关系，即

$$M_e = 9\ 549 \frac{P_k}{n} (\text{N} \cdot \text{m}) \tag{4-6}$$

式中 P_k——功率，单位为千瓦(k·W)；

n——转速，单位为每分钟的转数(r/min)；

M_e——外力矩，单位为牛·米(N·m)。

图 4-9(a)所示的扭转轴 AB，在求杆件某横截面上的内力时可按以下的步骤进行：

(1)假想切开。即用 1—1 截面将杆件假想地截为两段，如图 4-9(b)、(c)所示，弃去其中的任一段，取另一段为研究对象。

(2)内力代替。即把弃去的部分对留下部分的作用，用内力代替。根据力矩的平衡条件，在留下部分的 1—1 截面上[图 4-9(b)]，只能画出与外力矩 m 反向的内力矩 M_n 即扭矩。

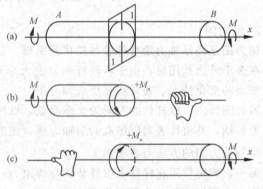

图 4-9 扭转轴的内力-扭矩

(3)平衡定值。即根据研究对象的平衡条件，求出扭矩的大小和转向。由于整个杆件是平衡的，所以 AC 段也是平衡的。由平衡方程 $\sum M_x = 0$ 可得

$$M_n - m = 0$$

所以 $M_n = m$

式中 M_n——横截面上的内力偶矩，称为扭矩。

若取 CB 段为研究对象，同理，可得 $M'_n = m$。显然，M_n 和 M'_n 构成作用

生活中的扭转例子

和反作用的关系,故求得 M_n 之后,M'_n 即可直接写出。为了明确表示杆件扭转变形的转向,通常将扭矩规定正负号,按**右手螺旋法则**将扭矩用矢量表示,当矩矢方向与截面外法线方向一致时扭矩为正,反之为负。对简单受力的扭转杆来说,由平衡条件所求的结果可知,某截面上的扭矩在数值上等于截面任意一侧的外力偶矩,其外力偶矩矢的方向以背离截面为正,指向截面为负。用截面法同理可求扭转轴在复杂外力矩作用下的扭矩,即某截面上的扭矩在数值上等于截面任意一侧的外力偶矩的代数和,正负号规定同简单扭转相同。表达式如下:

$$M_n = (左或右侧)\sum m_i \tag{4-7}$$

式中 M_n——所求的扭矩。

当杆件受到多个绕轴线转动的外力偶矩作用而处于平衡时,杆件各横截面上扭矩的大小、转向将有差异。为直观地表示各横截面扭矩的变化情况,可画出扭矩沿轴线变化的图形,即扭矩图。作图步骤同上,如何使用屏蔽法作扭矩图见例题。

【**例 4-2**】 如图 4-10 所示的传动轴,$n=300$ r/min,主动轮 A 输入功率 $P_{kA}=300$ kW,其他各轮的功率分别为 $P_{kB}=P_{kC}=90$ kW、$P_{kD}=120$ kW,试画出扭矩图。

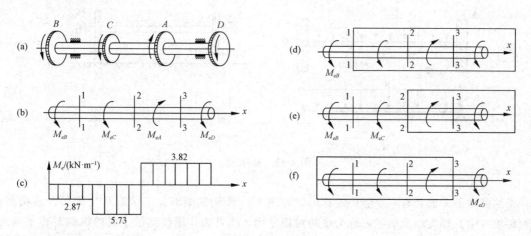

图 4-10 例 4-2 图

【**解**】 (1)外力矩的计算,由式(4-6)得

$$M_{eA} = 9\,549\,\frac{P_{kA}}{n}(\text{N}\cdot\text{m}) = 9\,549\times\frac{300}{300} = 9.50(\text{kN}\cdot\text{m})$$

$$M_{eB} = M_{eC} 9\,549\,\frac{P_{kB}}{n}(\text{N}\cdot\text{m}) = 9\,549\times\frac{90}{300} = 2.87(\text{kN}\cdot\text{m})$$

$$M_{eD} = 9\,549\,\frac{P_{kD}}{n}(\text{N}\cdot\text{m}) = 9\,549\times\frac{120}{300} = 3.82(\text{kN}\cdot\text{m})$$

(2)截面上的扭矩计算。1—1 截面上的扭矩:用一个假想刚性屏蔽面将 1—1 截面以右(或以左)的杆件屏蔽起来[图 4-10(d)]:

$$M_{n1} = (左或右侧)\sum m_i = M_{eB} = -2.87 \text{ kN}\cdot\text{m}$$

此值表示 BC 段各截面上的扭矩。

同理,可得:CA 段 2—2 截面上的扭矩[图 4-10(e)]:

$$M_{n2} = M_{eB} + M_{eC} = -5.73(\text{kN}\cdot\text{m})$$

同理,可得:AD 段 3—3 截面上的扭矩[图 4-10(f)]:

$$M_{n3}=M_{ed}=3.82(\text{kN}\cdot\text{m})$$

根据 1—1 截面、2—2 截面、3—3 截面上的扭矩值，即可作扭矩图[图 4-10(c)]。

第三节 平面弯曲

一、平面弯曲的概念

弯曲是工程实际中最常见的一种基本变形。如图 4-11(a)所示的楼板梁，如图 4-11(b)所示，在车厢荷载作用下的火车轮轴等都是受弯构件。这些构件的共同受力特点是：在通过杆轴线的平面内，受到力偶或垂直于轴线的外力作用时，杆件由直线变成曲线，这种变形称为**弯曲变形**。

在外力作用下产生弯曲变形或以弯曲变形为主的杆件，习惯上称为**梁**。

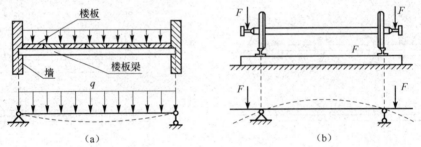

图 4-11 楼板梁

梁的横截面一般具有一个竖向对称轴，如图 4-12 所示的矩形、工字形及 T 形等。由横截面的对称轴与梁的轴线组成的平面称为**纵向对称平面**。当外力作用线都位于梁的纵向对称平面内，如图 4-13(a)所示，梁的轴线弯成曲线仍保持在该纵向对称平面内，即梁的轴线为一平面曲线，这种弯曲变形称为**平面弯曲**，如图 4-13(b)所示。下面讨论的内容将限于直梁的平面弯曲。

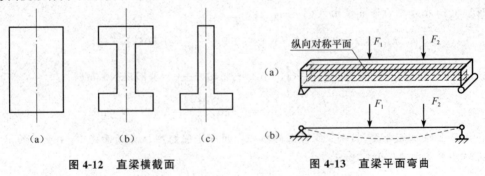

图 4-12 直梁横截面　　图 4-13 直梁平面弯曲

二、梁的内力——剪力和弯矩

梁在横向外力作用下发生平面弯曲时，横截面上会产生两种内力，即**剪力和弯矩**。

为了计算梁的强度和刚度，首先应确定梁在外力作用下任一横截面上的内力，求解梁内力的基本方法是截面法。现以图 4-14(a)所示简支梁为例，用截面法求梁任一横截面上的内力。

由梁的平衡条件，求出梁在荷载作用下的支座反力 F_{Ay} 和 F_{By}，再用截面法计算其内力。由图 4-14(b)可见，为使左段梁平衡，在横截面 $n-n$ 上必然存在一个平行于横截面方向的内力 F_s，由平衡方程

$$\sum F_y = 0, F_{Ay} - F_s = 0$$

得
$$F_s = F_{Ay} \tag{4-8}$$

F_s 是横截面上切向分布内力分量的合力，称为剪力。因剪力 F_s 与支座反力 F_{Ay} 组成一个力偶，故在横截面 $n-n$ 上必然存在一个内力偶与之平衡，如图 4-14(b)所示中 M。设此内力偶矩为 M，由平衡方程

$$\sum M_O = 0, M - F_{Ay}x = 0$$

得
$$M = F_{Ay}x \tag{4-9}$$

这里的矩心 O 是横截面 $n-n$ 的形心。M 是横截面上法向分布内力分量的合力偶，称为弯矩。横截面上的内力也可以通过取右段梁为分离体，如图 4-14(c)所示，求得其结果与取左段梁为分离体求得的结果大小相等、方向相反。

与横截面相切的内力，叫作剪力。单位是牛顿或千牛顿。

外力作用平面（纵向对称平面）内的力偶，叫作弯矩。单位是牛顿·米（N·m）或千牛顿·米（kN·m）。

对内力符号做如下规定。

(1)剪力：当横截面上的剪力对所取的分离体内部任一点产生顺时针转向的力矩时，为正剪力；反之为负剪力，如图 4-15(a)所示。

(2)弯矩：当横截面上的弯矩使所取梁段下边受拉、上边受压时，为正弯矩；反之为负弯矩，如图 4-15(b)所示。

上述结论可归结为一个口诀"左上右下，剪力为正；左顺右逆，弯矩为正"。

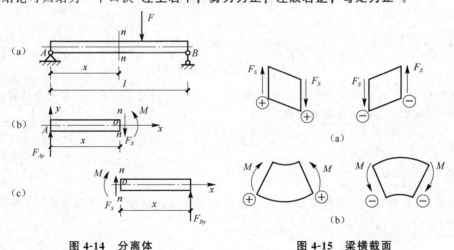

图 4-14 分离体　　图 4-15 梁横截面

三、剪力和弯矩的计算

通过用截面法求梁的任一横截面上的内力是以梁一侧分离体平衡求得，可得出下列结论：

(1)梁的任一横截面上的剪力，在数值上等于该横截面左侧或右侧梁段上所有竖向外力（包

括支座反力)的代数和。如果外力对该横截面形心产生顺时针转向的力矩，则引起正剪力；反之引起负剪力。

(2)梁的任一横截面上的弯矩，在数值上等于该横截面左侧或右侧梁段上所有外力(包括外力偶)对该横截面形心的力矩的代数和。如果外力使得梁段下边受拉，则引起正弯矩；反之引起负弯矩。

利用以上结论可计算梁上某指定横截面的内力，只要梁上的外力已知，任意横截面上的内力值都可根据梁上的外力逐项直接写出，然后求其代数和。下面举例说明。

【例 4-3】 求图 4-16(a)所示简支梁横截面 1—1 上的剪力和弯矩。

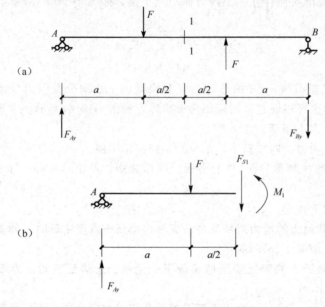

图 4-16 梁分离体

【解】 首先求出支座反力。考虑梁的整体平衡，可求得

$$F_{Ay} = \frac{1}{3}F, \quad F_{By} = \frac{1}{3}F$$

在横截面 1—1 处将梁截开，取左段梁为分离体，未知内力 F_{S1} 和 M_1 的方向均按正向标出，如图 4-16(b)所示。由分离体平衡方程

$$\sum F_y = 0, F_{S1} + F - \frac{1}{3}F = 0$$

得 $F_{S1} = \frac{1}{3}F - F = -\frac{2}{3}F$

求得的 F_{S1} 为负值，表示横截面 1—1 上剪力的实际方向与假定的方向相反。

由 $\sum M_C = 0, M_1 + F \times \frac{a}{2} - \frac{1}{3}F \times \frac{3a}{2} = 0$

得 $M_1 = 0$

【例 4-4】 一悬臂梁，其尺寸及梁上荷载，如图 4-17(a)所示。试求横截面 1—1 上的剪力和弯矩。

【解】 取右段梁为分离体，受力图如图 4-17(b)所示，列平衡方程

$$\sum F_y = 0, F_{S1} - F - qa = 0$$

得 $F_{S1} = F + qa$
$\phantom{得 F_{S1}} = 5 + 4 \times 2$
$\phantom{得 F_{S1}} = 13 \text{(kN)}$

对被截开截面形心 C 列力矩方程，由

$$\sum M_C = 0, M_e - Fa - qa \cdot \frac{a}{2} - M_1 = 0$$

得 $M_1 = M_e - Fa - \frac{1}{2}qa^2 = \left(10 - 5 \times 2 - \frac{1}{2} \times 4 \times 2^2\right) = -8 \text{(kN·m)}$

求得的 M_1 为负值，表明 M_1 的实际方向与假定方向相反。按弯矩的符号规定，M_1 也是负的。此例题若取左段梁为分离体时，应先求出固定端支座处的反力。

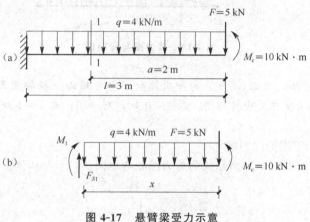

图 4-17 悬臂梁受力示意

四、梁的内力图

1. 集中力作用下梁的内力图

一般情况下，剪力和弯矩的值随着横截面的位置不同而改变。如以梁轴线为 x 轴，以坐标 x 表示横截面的位置，则剪力和弯矩可表示为 x 的函数，即

$$F_S = F_S(x), \quad M = M(x) \tag{4-10}$$

以上两函数表达了剪力和弯矩沿梁轴线变化的规律，分别称为梁的**剪力方程**和**弯矩方程**。

为了直观地表示剪力和弯矩沿梁轴线的变化规律，可将剪力方程与弯矩方程用图形表示，得到剪力图与弯矩图。作剪力图和弯矩图的方法与作轴力图及扭矩图类似。

将正的剪力图画在 x 轴上方，负的剪力图画在 x 轴下方。通常是把弯矩图画在梁的受拉一侧，即正弯矩画在坐标轴的下方，负弯矩画在横坐标轴的上方。

【例 4-5】 试列出图 4-18(a)所示梁的剪力方程与弯矩方程，并作剪力图与弯矩图。

【解】（1）建立剪力方程与弯矩方程。以梁的左端为坐标原点，沿横截面 n—n 将梁截开，取左段梁为分离体，如图 4-18(a)所示。应用求内力的直接计算法得

$$F_S(x) = -F \quad (0 < x < l) \tag{a}$$

$$M(x) = -Fx \quad (0 \leqslant x \leqslant l) \tag{b}$$

式(a)与式(b)分别为剪力方程与弯矩方程。

（2）作剪力图与弯矩图。由剪力方程(a)可知，不论 x 为何值，剪力均为 $-F$，各横截面的剪力为一常数，所以，剪力图是一条水平线，剪力图如图 4-18(b)所示。

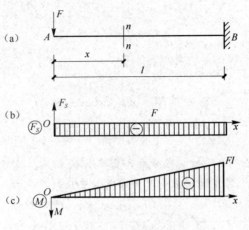

图 4-18 剪力图与弯矩图

由弯矩方程(b)可知，弯矩 M 为 x 的一次函数，即弯矩沿 x 轴按直线规律变化，只需确定两个横截面上的弯矩值便可做出弯矩图。在 $x=0$ 处，$M_A=0$；在 $x=1$ 处；$M_B=-Fl$，弯矩图如图 3-17(c)所示。

2. 均布荷载作用下梁的内力图

【例 4-6】 试画出图 4-19(a)所示梁的剪力图和弯矩图。

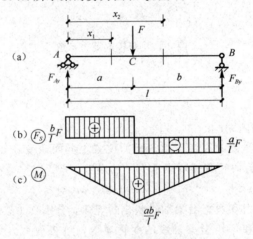

图 4-19 剪力图与弯矩图

【解】 (1)求支座反力。

由 $\sum M_A=0$ 和 $\sum M_B=0$，得

$$F_{Ay}=\frac{b}{l}F, \quad F_{By}=\frac{a}{l}F$$

(2)分段建立剪力和弯矩的函数表达式，因横截面 C 处力 F 的存在，AC 段和 CB 段的内力表达式不能再用一个函数表达式，必须以 F 的作用点 C 为界分段列出。

用 x_1 表示左段(AC 段)任一横截面到左端的距离，用 x_2 表示右段(CB 段)任一横截面到左端的距离，用求内力的直接计算法得两段内的剪力和弯矩的表达式分别为 AC 段：

$$F_S(x_1)=F_{Ay}=\frac{b}{l}F(0<x_1<a)$$

$$M(x_1)=F_{Ay}x_1=\frac{b}{l}Fx_1(0\leqslant x_1\leqslant a)$$

CB 段：

$$F_S(x_2)=-F_{By}=-\frac{a}{l}F(a<x_2<l)$$

$$M(x_2)=F_{By}(l-x_2)=\frac{a}{l}F_1(l-x_2)(a\leqslant x_2\leqslant l)$$

（3）画剪力图和弯矩图。两段的剪力 F_S 均为常数，所以，剪力图为平行于横坐标轴的两段水平直线，如图 4-19(b) 所示。

两段的弯矩 M 均为 x 的一次函数，所以，弯矩图为两段斜直线。当 $x_1=0$ 时，$M_A=0$；$x_1=a$ 时，$M_C=\frac{ab}{l}F$；$x_2=a$ 时，$M_C=\frac{ab}{l}F$；$x_2=l$ 时，$M_B=0$。由此画出如图 4-19(c) 所示的弯矩图。

从图 4-19(b) 可以看出，在集中力 F 作用的横截面 C 处，剪力图是不连续的，发生了"突变"。该突变的绝对值为 $\frac{b}{l}F+\frac{a}{l}F=F$，即等于梁上该横截面处作用的集中力值。当梁上作用有集中力偶时，集中力偶作用的横截面处弯矩图也发生突变。由此可得如下结论：

（1）在集中力作用的横截面处，剪力图发生突变，突变值等于该集中力值；
（2）在集中力偶作用处，弯矩图发生突变，突变值等于该集中力偶的力偶矩值。

突变情况的发生是由于假定集中力或集中力偶是作用在一个"点"上造成的。在工程实际中，集中力或集中力偶不可能作用在一个"点"上，而是分布在梁的一小段长度上。以集中力 F 为例，若将力 F 按作用在梁上的一小段长度上的均布荷载来考虑，如图 4-20(a) 所示，剪力图就不会发生突变了，如图 4-20(b) 所示。

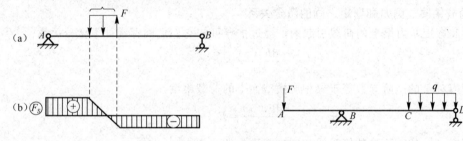

图 4-20 简支梁受力图

【例 4-7】 用列方程法作图 4-21(a) 所示梁的剪力图与弯矩图。

【解】 由对称性可知，支座反力 $F_{Ay}=F_{By}=\frac{ql}{2}$，取距左端为 x 的任一横截面 $n-n$，此横截面的剪力方程与弯矩方程分别为

$$F_S(x)=F_{Ay}-qx=q\left(\frac{l}{2}-x\right) \qquad (0<x<l)$$

$$M(x)=F_{Ay}x-qx\cdot\frac{x}{2}=\frac{q}{2}x(l-x) \qquad (0<x\leqslant l)$$

剪力 F_S 是 x 的一次函数，通过 $x=0$ 时 $F_{SA}=\frac{ql}{2}$、$x=l$ 时 $F_{SB}=-\frac{1}{2}ql$ 画出剪力图，如图 4-21(b) 所示。从图中可以看出，梁两端的剪力最大（绝对值），跨中剪力为零。

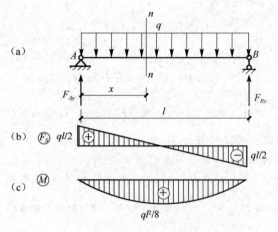

图 4-21 剪力图与弯矩图

弯矩 M 是 x 的二次函数，通过 $x=0$ 时，$M_A=0$、$x=l/2$ 时 $M_{l/2}=\dfrac{1}{8}ql^2$、$x=l$ 时 $M_B=0$ 可画出弯矩图的大致图形。弯矩图如图 4-21(c)所示，梁的跨中（$x=l/2$ 处）弯矩最大，其值为 $\dfrac{1}{8}ql^2$。

画剪力图和弯矩图时，一般可不画 F_S 与 M 的坐标方向，其正负用＋或一来表示，而剪力图、弯矩图上的各特征值则必须标明。

以上两个例题的特点是剪力 F_S 与弯矩 M 在全梁范围内都可用一个函数式来表达。若 F_S 与 M 必须分段表达时，就需要分段画出内力图。

3. 荷载集度、剪力和弯矩之间的微分关系

剪力和弯矩是由梁上的荷载引起的，经过推导可知它们之间存在如下微分关系

$$\dfrac{\mathrm{d}F_S(x)}{\mathrm{d}x}=q(x) \tag{4-11}$$

即剪力对 x 的一阶导数等于梁相应横截面上的荷载集度。

$$\dfrac{\mathrm{d}F_S(x)}{\mathrm{d}x}=F_S(x) \tag{4-12}$$

即弯矩对 x 的一阶导数等于梁相应横截面上的剪力。

$$\dfrac{\mathrm{d}^2 M(x)}{\mathrm{d}x^2}=\dfrac{\mathrm{d}F_S(x)}{\mathrm{d}x}=q(x) \tag{4-13}$$

即弯矩对 x 的二阶导数等于梁相应横截面上的荷载集度。

以上三式就是弯矩 $M(x)$、剪力 $F_S(x)$ 和分布荷载集度 $q(x)$ 之间的微分关系式。

4. 绘制剪力图和弯矩图的规律

利用微分关系画内力图规律如下：

(1)梁的某段无分布荷载，即 $q=0$ 时，该段梁的剪力图为水平线，弯矩图为斜直线。因此，已知该段梁上任意一个横截面的剪力值，就可以画出这条水平线；已知该段梁上任意两个横截面的弯矩值，就可以画出这条斜直线。

(2)梁的某段有均布荷载，即 $q(x)=$ 常数时，剪力图为斜直线，弯矩图为二次曲线。因此，已知该段梁上任意两个横截面的剪力值，就可以画出这条斜直线。利用式(3-9)还可推知：

1)当 $q<0$（即分布荷载向下）时，弯矩图为上凹曲线($\cup$)；

2) 当 $q>0$（即分布荷载向上）时，弯矩图为下凹曲线（∩）。

在 $F_S(x)=0$ 的横截面，$M(x)$ 具有极值。

将上述剪力图和弯矩图的规律以及上节中对有集中力和集中力偶作用横截面处剪力图和弯矩图的两个结论归纳列于表 4-1 中。表 4-1 中只给出剪力图和弯矩图的大致形状，具体数值、正负号及是否存在极值等还要根据具体数值而定。

表 4-1　常用剪力图和弯矩图

梁上外力情况	$q=0$	$q<0$	$q>0$	F	M_e
剪力图	⊕ ⊖	⊕ ⊖	⊖ ⊕	F	──
弯矩图	折线	下凹曲线	上凸曲线	尖角	M_c 跳跃

由表 4-1 可见，当梁上的外力已知时，梁在各段内的剪力图和弯矩图的形状及变化规律均已确定。因此，画内力图时只要根据梁上外力情况将梁分为几段，每段只需计算出几个控制截面的内力值，然后根据表 4-1 荷载对应的剪力图和弯矩图连线，就可画出内力图。例如，水平线只需要一个控制截面的内力值，斜直线只需要两个控制截面的内力值，抛物线只需要两端控制截面的内力值和极值所在截面的内力值。这样，绘制剪力图和弯矩图就变成求几个截面的剪力和弯矩的问题，而不需要列剪力方程和弯矩方程。下面结合例题进行说明。

【**例 4-8**】　画出图 4-22(a)所示梁的剪力图和弯矩图。

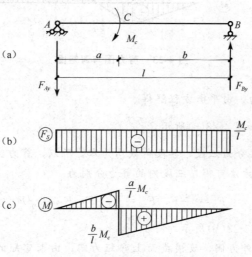

图 4-22　剪力图与弯矩图

【**解**】　(1) 求支座反力。由平衡方程解得

$$F_{Ay}=F_{By}=\frac{M_e}{l}$$

(2)以集中力偶的作用点 C 为界,将 AB 梁分为 AC 段和 CB 段两段。两段的各截面剪力相等,即 $F_{SA}=F_{SB}=-\dfrac{M_e}{l}$

所以,梁的剪力图为一条水平直线,如图 4-22(b)所示。

横截面 C 左侧弯矩为

$$M_{C左}=-F_{Ay}\times a=-\dfrac{a}{l}M_e(使梁上侧受拉)$$

横截面 C 右侧弯矩为

$$M_{C右}=F_{By}\times b=\dfrac{b}{l}M_e(使梁下侧受拉)$$

弯矩图如图 4-22(c)所示。

【例 4-9】 用简便方法画出图 4-23(a)所示梁的剪力图和弯矩图。

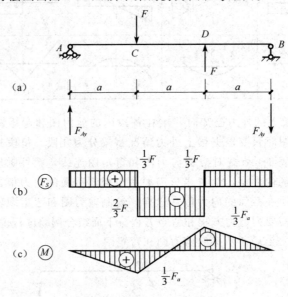

图 4-23 剪力图与弯矩图

【解】 (1)求支座反力。由平衡方程解得

$F_{Ay}=F_{By}\dfrac{1}{3}F$,方向如图 4-23(a)所示。

(2)画内力图。将此梁分为三段,各段荷载均为零,所以,剪力图都是水平线,弯矩图都是斜直线。由求剪力的简便方法可得,三段内的剪力分别为

$$F_{S1}=\dfrac{1}{3}F,\ F_{S2}=-\dfrac{2}{3}F,\ F_{S3}=\dfrac{1}{3}F$$

由此画出剪力图如图 4-23(b)所示。

两端铰支座处无集中外力偶,故横截面上弯矩为零;由求弯矩的简便方法可得 C、D 两横截面的弯矩值分别为

$$M_C=\dfrac{1}{3}Fa,\ M_D=-\dfrac{1}{3}Fa$$

梁上无集中力偶,所以,弯矩图无突变,各段连成直线后得弯矩图,如图 4-23(c)所示。

【例 4-10】 画出图 4-24(a)所示梁的剪力图和弯矩图。

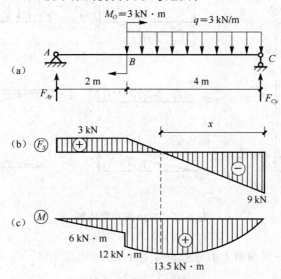

图 4-24 剪力图与弯矩图

【解】 (1)计算支座反力
$$F_{Ay}=3 \text{ kN}, F_{Cy}=9 \text{ kN}$$

(2)作剪力图，将梁分为 AB、BC 两段。AB 段为无荷载段，剪力图为水平线，可通过 $F_{SA右}=F_{Ay}=3$ kN 画出。

BC 段为均布荷载段，剪力图为斜直线，可通过 $F_{SB}=3$ kN、$F_{SC左}=-F_{Cy}=-9$ kN 画出。剪力图如图 4-24(b)所示。

(3)作弯矩图。AB 段为无荷载段，弯矩图为斜直线，可通过 $M_A=0$，$M_{B左}=F_{Ay}\times 2=6$ kN·m 画出。

BC 段为均布荷载段，方向向下，弯矩图为上凹的二次抛物线，有
$$M_{B右}=M_{B左}+M_e=12 \text{ kN}\cdot\text{m}, M_C=0$$

从剪力图上可知，此段弯矩图中存在着极值。因此，应该找出极值所在位置并算出极值的具体值。设弯矩具有极值的横截面距右端的距离为 x，由该横截面上剪力等于零的条件可求得 x 值，即
$$F_S=F_{Cy}+qx=0, x=F_{Cy}/q=3 \text{ m}$$

极值为 $M_{max}=F_{Cy}x-0.5qx^2=13.5$ kN·m

通过以上三点可以画出该段的弯矩图。最后的弯矩图如图 4-24(c)所示。

5. 用叠加法作剪力图和弯矩图

当梁上有几项荷载共同作用时，梁的反力和内力可以这样计算：先分别计算每项荷载单独作用时的反力和内力，然后把这些相应计算结果代数相加，即得到几项荷载共同作用时的反力和内力。例如，一悬臂梁上作用有均布荷载 q 和集中力 F，如图 4-25(a)所示，梁的固定端处的反力为
$$F_{By}=F+ql$$
$$M_B=Fl+\frac{1}{2}ql^2$$

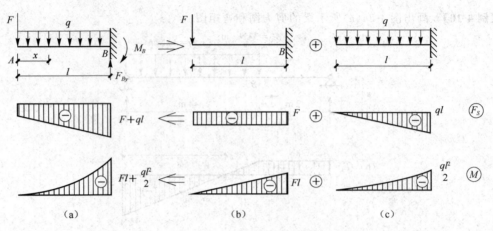

图 4-25 剪力图和弯矩图

在距左端为 x 处任一横截面上的剪力和弯矩分别为

$$F_S(x) = -F - qx$$
$$M(x) = -Fx - \frac{1}{2}qx^2$$

由上述各式可以看出，梁的反力和内力都是由两部分组成的。各式中第一项与集中力 F 有关，是由集中力 F 单独作用在梁上所引起的反力和内力，如图 4-25(b) 所示；各式中第二项与均布荷载 q 有关，是由均布荷载 q 单独作用在梁上所引起的反力和内力，如图 4-25(c) 所示。两种情况的内力值代数相加，即为两项荷载共同作用的内力值。这种方法即为**叠加法**。

采用叠加法作内力图方便，例如，在图 3-24 中可将集中力 F 和均布荷载 q 单独作用下的剪力图和弯矩图分别画出，然后再叠加，就可得到两项荷载共同作用的剪力图和弯矩图，如图 4-25(a) 所示。

值得注意的是，内力图的叠加是指内力图的纵坐标代数相加，而不是内力图图形的简单合并。

【例 4-11】 试用叠加法作出图 4-26(a) 所示简支梁的弯矩图。

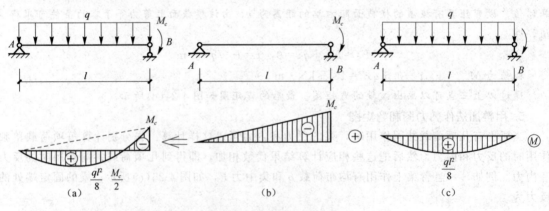

图 4-26 剪力图和弯矩图

【解】 先分别画出力偶 M_e 和均布荷载 q 单独作用时的弯矩图，如图 4-26(b)、(c)所示。其中，力偶 M_e 作用下弯矩图是使梁的上侧受拉，均布荷载 q 作用下的弯矩图是使梁的下侧受拉。弯矩图叠加应是这两个弯矩图的纵坐标相减。

两个弯矩图叠加的作法是：以弯矩图 4-26(b)的斜直线为基线，向下作铅直线，其长度等于图 4-26(c)中相应的纵坐标，即以图 4-26(b)上的斜直线为基线作弯矩图，如图 4-26(c)所示。两图的重叠部分相互抵消，不重叠部分为叠加后的弯矩图，如图 4-26(a)所示。

为给平面刚架的内力计算提供预备知识，下面讨论梁中任意杆段弯矩图的一种绘制方法。

图 4-27(a)所示为一简支梁，欲求杆段 AB 的弯矩图。取杆段 AB 为分离体，受力图如图 4-27(b)所示。显然，杆段上任意横截面的弯矩是由杆段上的荷载 q 及杆段端面的内力共同作用所引起的。但是，轴力 F_{NA} 和 F_{NB} 不产生弯矩。

现取一简支梁 AB，令其跨度等于杆段 AB 的长度，并将杆段 AB 上的荷载以及杆端弯矩 M_A、M_B 作用在简支梁 AB 上，如图 4-27(c)所示。由平衡力方程可知，该简支梁的反力 F_{Ay} 和 F_{By} 分别等于杆段端面的剪力 F_{SA} 和 F_{SB}。于是可断定，简支梁 AB 的弯矩图与杆段 AB 的弯矩图相同。简支梁 AB 的弯矩图可按叠加法做出，如图 4-27(d)所示，其中，M_A 图、M_B 图、M_q 图分别是杆端弯矩 M_A、M_B 及均布荷载 q 所引起的弯矩图。三者均使简支梁 AB 下侧受拉，纵坐标叠加后即为简支梁 AB 的弯矩图。

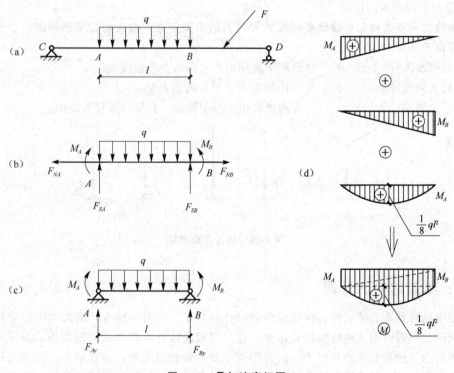

图 4-27 叠加法弯矩图

综上所述，作某杆段的弯矩图时，只需求出该杆段的杆端弯矩，并将杆端弯矩作为荷载，用叠加法作相应的简支梁的弯矩图即可。应用这一方法可以简便地绘制出平面刚架的弯矩图。

第四节 静定平面刚架

一、刚架与平面刚架

由直杆组成具有刚结点的结构称为**刚架**。当组成刚架的各杆的轴线和外力都在同一平面内时，称为**平面刚架**。

视频：静定平面刚架

1. 刚架的特点

(1)刚架整体刚度大，在荷载作用下变形较小。

(2)刚架在受力后，刚结点所连的各杆件间的角度保持不变，即结点对各个端点的转动有约束作用，因此刚结点可以承受和传递弯矩，刚架中各杆内力分布较均匀，且比一般铰结点的梁柱体系小，故可以节省材料。

(3)由于刚架中杆件数量较少，内部空间较大，所以刚架结构便于利用。

2. 静定平面刚架的形式

凡由静力平衡条件即可确定全部反力和内力的平面刚架，称为静定平面刚架。静定平面刚架通常有以下几种形式：

(1)悬臂刚架[图 4-28(a)]。悬臂刚架常用于火车站站台、雨篷等。

(2)简支刚架[图 4-28(b)]。简支刚架常用于吊车的钢支架。

(3)三铰刚架[图 4-28(c)]。三铰刚架常用于小型厂房、仓库、食堂等结构。

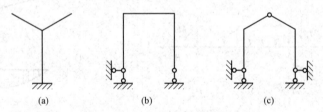

图 4-28 静定平面刚架

二、刚架的内力计算

刚架中的杆件多为梁式杆，杆截面内同时存在弯矩、剪力和轴力。刚架的内力计算方法与梁完全相同。只需将刚架的每根杆看作梁，逐杆用截面法计算控制截面的内力，便可做出内力图。梁中内力一般只有弯矩和剪力，而在刚架中除弯矩和剪力外，尚有轴力。其剪力和轴力正负号规定与梁相同，剪力图和轴力图可绘在杆件的任意一边，但需注明正负号。刚架中常将弯矩图画在杆件的受拉一侧，不注正负号。

(1)静定刚架计算时，一般先求出支座反力，然后求各控制截面的内力，再将各杆内力画竖标、连线即得最后内力图。

(2)悬臂式刚架可先不求支座反力，从悬臂端开始依次截取至控制截面的杆段为脱离体，求控制截面内力。

(3) 简支式刚架可由整体平衡条件求出支座反力,从支座开始依次截取至控制截面的杆段为脱离体,求控制截面内力。

(4) 三铰刚架有四个未知支座反力,由整体平衡条件可求出两个竖向反力,再取半跨刚架,对中间铰结点处列出弯矩平衡方程,即可求出水平支座反力,然后求解各控制截面的内力。现通过例题说明刚架内力的绘制步骤。

【例 4-12】 试作图 4-29(a)所示刚架的内力图。

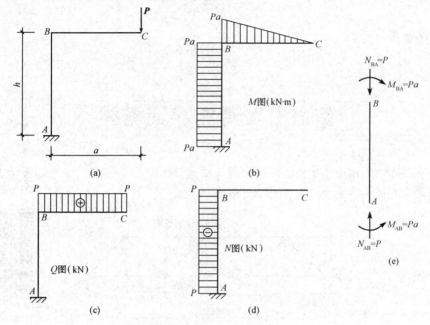

图 4-12 例 4-12 示意图

【解】 (1)画弯矩图。逐杆分段用截面法计算各控制截面弯矩,作弯矩图。

BC 杆: $$M_{CB}=0$$
$$M_{BC}=Pa(上侧受拉)$$

AB 杆: $$M_{BA}=Pa(左侧受拉)$$
$$M_{AB}=Pa(左侧受拉)$$

由于 BC 杆无荷载,其弯矩图为斜直线,AB 杆中间无荷载,其弯矩图为直线,可画弯矩图,如图 4-29(b)所示。

(2) 画剪力图。

逐杆分段用截面法计算各控制截面剪力,作剪力图。

BC 杆: $$Q_{BC}=P$$
AB 杆: $$Q_{AB}=0$$

由于 BC 杆中间无荷载,所以在 BC 段剪力是常数,剪力图是平行于 BC 的直线;AB 杆中间无荷载,可见全杆剪力均为零,可画剪力图,如图 4-29(c)所示。

(3) 画轴力图。

由 $\sum X=0$ 得 $$N_{BC}=Q_{BA}=0$$

由 $\sum Y=0$ 得 $$N_{BA}=-Q_{BC}=-P$$

由于 BC 杆、BA 杆中间均无荷载，故各杆轴力均为常量，可画轴力图，如图 4-29(d)所示。

(4)校核。由于 B 结点的平衡条件已经用以计算杆端轴力，不可再用以校核。现取 AB 杆为脱离体画受力图，如图 4-29(e)所示，即

$$\sum X = 0$$
$$\sum Y = 0$$
$$\sum M = 0$$

故可知，计算无误。

第五节　静定平面桁架

由若干直杆在两端用铰连接而成的结构称为**桁架**，如图 4-30 所示。如果桁架中各杆的轴线和作用的荷载都在同一平面内，则称为**平面桁架**。

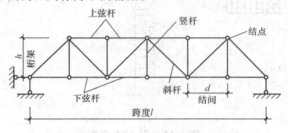

视频：静定平面桁架

图 4-30　平面桁架

实际桁架的受力情况比较复杂，在分析桁架时应选取既能反映桁架本质又便于计算的计算简图。通常对平面桁架的计算简图作如下规定：
(1)连接杆件的各结点是无任何摩擦的理想铰。
(2)各杆件的轴线都是直线，都在同一平面内，并且都通过铰的中心。
(3)荷载和支座反力都作用在结点上，并位于桁架平面内。

符合上述假定所做的桁架计算简图各杆均可用轴线表示，且各杆均为只受轴向力的二力杆。这种桁架称为**理想桁架**。理想桁架中各杆只受轴力，应力分布均匀，材料可得到充分利用。

必须强调的是，实际桁架与上述理想桁架存在着一定的差距。例如，桁架结点可能具有一定的刚性，有些杆件在结点处是连续不断的，杆的轴线也不完全为直线，结点上各杆轴线也不交于一点，存在着类似于杆件自重、风荷载、雪荷载等非结点荷载等。因此，通常把按理想桁架算得的内力称为主内力(轴力)，而把上述一些原因所产生的内力称为次内力(弯矩、剪力)。此外，工程中通常是将几片桁架联合组成一个空间结构来共同承受荷载，计算时，一般是将空间结构简化为平面桁架进行计算，而不考虑各片桁架间的相互影响。

一、静定平面桁架的分类

按几何组成方式，静定平面桁架分为简单桁架、联合桁架和复杂桁架等。

(一)简单桁架

简单桁架是由一个基本铰接三角形开始,逐次增加二元体所组成的几何不变且无多余联系的静定结构,如图 4-31(a)、(b)所示。

(二)联合桁架

联合桁架是由几个简单桁架按两刚片或三刚片所组成的几何不变且无多余联系的静定结构,如图 4-32 所示。

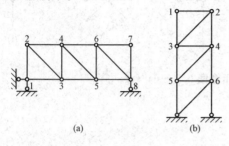

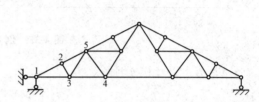

图 4-31 简单桁架

图 4-32 联合桁架

(三)复杂桁架

复杂桁架指的是凡不是按上述两种方式组成的,几何不变且无多余联系的静定结构,如图 4-33 所示。

二、桁架内力分析方法

桁架内力分析方法主要有**结点法**、**截面法**和**联合法**。

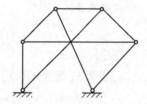

图 4-33 复杂桁架

1. 结点法

结点法是指截取桁架的一个结点为脱离体计算杆件内力的方法,每一个平面桁架的结点受平面汇交力系的作用,可以并且只能列两个独立的平衡方程。因此,在所取结点上,未知内力的个数不能超过两个。在求解时,应先截取只有两个未知力的结点,依次逐点计算,即可求得所有杆件的内力。计算时通常先假设未知杆件内力为拉力(拉力的指向是离开结点),若计算结果为正即为拉力;反之,则表示压力。

桁架中某杆的轴力为零时,此杆称为**零杆**。在计算时,宜先判断出零杆,使计算得以简化。常见的零杆有以下几种情况:

(1)不共线的两杆结点,当无荷载作用时,两杆内力均为零,如图 4-34(a)所示。

(2)不共线的两杆结点,若外力与其中一杆共线,则另一杆轴力必为零,如图 4-34(b)所示。

(3)三杆结点,无外力作用,若其中两杆共线,则另一杆轴力必为零,如图 4-34(c)所示。

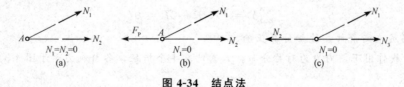

图 4-34 结点法

【**例 4-13**】 试用结点法求图 4-35(a)所示桁架的各杆内力。

【**解**】(1)求支座反力。由于无水平外力作用,故水平反力 $H_A=0$。可由对称性判断 $R_A=R_B=2P(\uparrow)$。

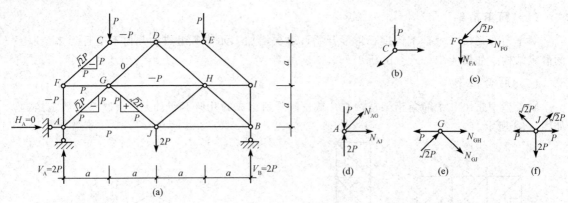

图 4-35 例 4-13 示意图

(2) 求内力。由对称性判断

$$N_{DG} = N_{DH} = 0$$

结点 C [图 4-35(b)]

$$\sum Y = 0, Y_{CF} = -P$$

由比例关系

$$N_{CF} = \sqrt{2} Y_{CF} = -\sqrt{2} P (压力)$$

$$X_{CF} = Y_{CF} = -P$$

$$\sum X = 0, N_{CD} = X_{CF} = -P (压力)$$

结点 F [图 4-35(c)]

$$\sum X = 0, N_{FG} = P$$

$$\sum Y = 0, N_{FA} = -P (压力)$$

结点 A [图 4-35(d)]

$$\sum Y = 0, Y_{AG} = P - 2P = -P$$

由比例关系

$$N_{AG} = \sqrt{2} Y_{AG} = -2\sqrt{2} P (压力)$$

$$X_{AG} = Y_{AG} = -P$$

$$\sum X = 0, N_{AJ} = -X_{AG} = P$$

结点 G [图 4-35(e)]

$$\sum Y = 0, Y_{GJ} = P$$

由比例关系

$$N_{GJ} = \sqrt{2} Y_{GJ} = \sqrt{2} P$$

$$X_{GJ} = Y_{GJ} = P$$

$$\sum X = 0, N_{GH} = P - P - X_{GJ} = -P (压力)$$

(3) 校核。

结点 J [图 4-35(f)]

$$\sum X = P + P - P - P = 0$$

$$\sum Y = P + P - 2P = 0$$

结点 J 满足平衡条件，故知计算正确。

在图示荷载作用下，内力为对称分布，只需计算半个桁架，各杆轴力示于图 4-35(a) 中。

2. 截面法

截取两个结点以上部分作为脱离体计算杆件内力的方法称为截面法。此时，脱离体上的荷载、反力及杆件内力组成一个平面一般力系，可以建立三个平衡方程，解算三个未知力。为避免解联立方程，使用截面法时，脱离体上的未知力个数最好不多于三个。

【例 4-14】 试用截面法求图 4-36(a) 所示桁架中 1、2、3 各杆的内力 N_1、N_2、N_3。

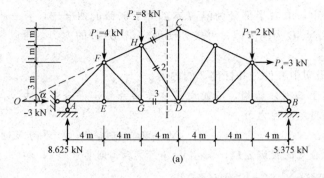
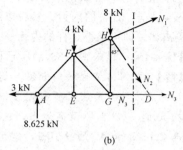

图 4-14 例 4-14 示意图

【解】(1)求支座反力。

$$\sum X = 0, X_A = -3 \text{ kN}(\leftarrow)$$

$$\sum M_B = 0, Y_A = \frac{1}{24} \times (4 \times 20 + 8 \times 16 + 2 \times 4 - 3 \times 3) = 8.625 \text{(kN)}(\uparrow)$$

$$\sum M_A = 0, Y_B = \frac{1}{24} \times (4 \times 4 + 8 \times 8 + 2 \times 20 + 3 \times 3) = 5.375 \text{(kN)}(\uparrow)$$

(2)求内力。利用Ⅰ—Ⅰ截面将桁架截断,以左段为研究对象,受力图如图 4-36(b)所示,则由 $\sum M_D = 0$ 得

$$-8.625 \times 12 + 4 \times 8 + 8 \times 4 - 5N_1 \cos\alpha = 0$$

$$\cos\alpha = \frac{4}{\sqrt{4^2+1^2}} = \frac{4}{\sqrt{17}}$$

$$\sin\alpha = \left(1 - \frac{4}{\sqrt{17}}\right)^2 = \frac{\sqrt{17}}{17}$$

故 $\quad N_1 = -8.143 \text{(kN)}(压力)$

由 $\sum Y = 0$ 得 $\quad 8.625 - 4 - 8 + N_1 \sin\alpha - N_2 \cos 45° = 0$

故 $\quad N_2 = -\frac{1}{0.707} \times 5.350 = -7.567 \text{(kN)}(压力)$

求 N_3 仍利用图 4-36(b)所示的受力图。由 $\sum X = 0$ 得

$$-3 + N_1 \cos\alpha + N_2 \sin 45° + N_3 = 0$$

$$-3 - 7.900 - 5.350 + N_3 = 0$$

故 $\quad N_3 = 16.25 \text{(kN)}(拉力)$

(3)校核。用图 4-36(b)中未用过的力矩方程 $\sum M_H = 0$ 进行校核。

$$\sum M_H = -3 \times 4 - 8.625 \times 8 + 4 \times 4 + 16.250 \times 4 = 0$$

故知,计算无误。

3. 联合法

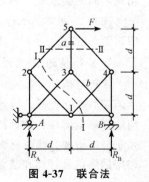

图 4-37 联合法

对于简单桁架来说,无论使用结点法还是截面法计算都很方便。对于某些复杂桁架,就需要联合使用结点法和截面法才能求出杆件内力。例如,图 4-37 所示工程结构中常用的联合桁架,欲求图中 a 杆的内力,如果只用结点法计算,不论取哪个结点为隔离体,都有三个以上的未知力,无法直接求解;如果只用截面法计算,则需要解联立方

67

程。为简化计算,可以先作截面Ⅰ—Ⅰ,取右半部分为隔离体,由于被截的四杆中,有三杆平行,故可先求1B杆的内力,然后以结点B为隔离体,可较方便地求出3B杆的内力,再以结点3为隔离体,即可求得a杆的内力。

【例 4-15】 试求图4-38(a)所示桁架中杆件1和杆件2的内力。

【解】 本例桁架为联合桁架,属于三刚片结构,不能由整体平衡条件求得全部反力。宜联合应用结点法和截面法求所需反力和指定杆件内力。

在截面Ⅰ—Ⅰ以左的隔离体上,包含三个未知力 V_A、N_1、N_2。其中,N_1 和 N_2 为两平行力。选择垂直于 N_1 和 N_2 的投影轴,建立独立的投影方程,求得 Y_A 和 V_A 后,则易求解 N_1 和 N_2。

(1)求水平反力。由整体平衡条件得 $\sum X = 0$,则 $H_B = P$。

(2)求内力。

结点 B $\qquad\qquad\qquad\qquad \sum X = 0, N_{BF} = P$

Ⅰ—Ⅰ左[图4-38(b)] $\qquad\quad \sum Y' = 0, Y'_A = 0$

故 $\qquad\qquad\qquad\qquad\qquad V_A = 0$

$$\sum M_F = 0, N_1 = \frac{\sqrt{2}}{2}P$$

$$\sum M_D = 0, N_2 = -\frac{\sqrt{2}}{2}P(压力)$$

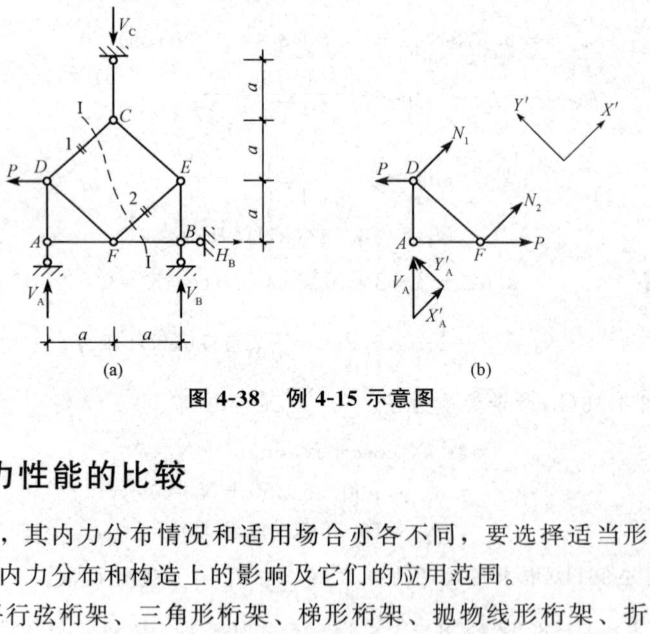

图 4-38 例 4-15 示意图

三、桁架受力性能的比较

不同形式的桁架,其内力分布情况和适用场合亦各不同,要选择适当形式的桁架,就应该明确不同桁架形式对内力分布和构造上的影响及它们的应用范围。

图4-39列举了平行弦桁架、三角形桁架、梯形桁架、抛物线形桁架、折线形桁架等几种常用桁架。

1. 平行弦桁架

平行弦桁架[图4-39(a)]的内力分布不均匀。弦杆的轴力由两端向中间递增,腹杆的轴力则由两端向中间递减。因此,为节省材料,各结点间的杆件应该采用与其轴力相应的不同截面,但这样将会增加各结点拼接的困难。在实际应用中,平行弦桁架通常仍采用相同的截面,并常用于轻型桁架,此时材料的浪费不致太大,如厂房中跨度在12 m以上的吊车梁。另外,平行弦桁架的优点是杆件和结点的构造统一,有利于标准化制作和施工,在铁路桥梁中常被采用。

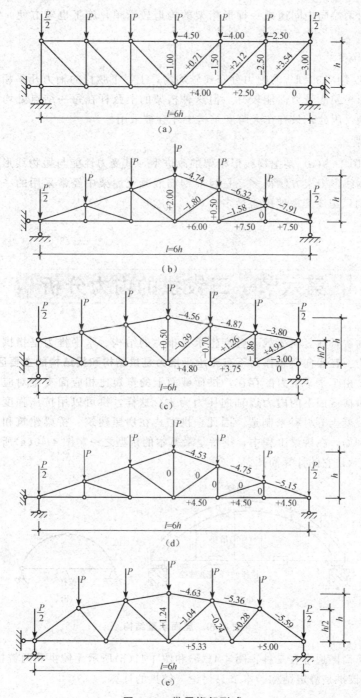

图 4-39　常用桁架形式

2. 三角形桁架

三角形桁架[图 4-39(b)]的内力分布不均匀，弦杆内力在两端最大，且支座结点处上下弦夹角较小，构造布置较为复杂，在跨度较小、坡度较大的屋盖结构中多采用三角形桁架。

3. 梯形桁架

梯形桁架[图 4-39(c)]的受力性能介于平行弦桁架和三角形桁架之间，弦杆的轴力变化不大,腹杆的轴力由两端向中间递减。梯形桁架的构造较简单,施工也较方便,常用于钢结构厂房的屋盖。

4. 抛物线形桁架

抛物线形桁架[图 4-39(d)]的内力分布比较均匀,上、下弦杆的轴力几乎相等,腹杆的轴力等于零。抛物线形桁架的受力性能较好,但这种桁架的上弦杆在每一结点处均需转折,结点构造复杂,施工复杂。因此,只有在大跨度结构中才会被采用。

5. 折线形桁架

折线形桁架[图 4-39(e)]是抛物线形桁架的改进型,其受力性能与抛物线形桁架相类似,而制作、施工比抛物线形桁架方便得多,是目前钢筋混凝土屋架中经常采用的一种形式,在中等跨度(18~24 m)的厂房屋架中使用得最多。

第六节　三铰拱的内力分析

拱是杆轴为曲线且在竖向荷载下会产生水平推力的结构。水平推力是指拱两个支座处指向拱内部的水平反力。**在竖向荷载作用下有无水平推力是拱结构和梁结构的主要区别。**

在拱结构中,由于水平推力的存在,拱横截面上的弯矩比相应简支梁对应截面上的弯矩小得多,并且可使拱横截面上的内力以轴向压力为主。这样,拱可以用抗压强度较高而抗拉强度较低的砖、石和混凝土等材料来制造。因此,拱结构在房屋建筑、桥梁建筑和水利建筑工程中得到广泛应用。例如,在桥梁工程中,拱桥是最基本的桥型之一。图 4-40(a)所示为屋面承重结构,图 4-40(b)所示是它的计算简图。

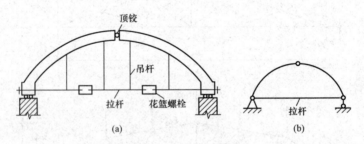

图 4-40　屋面承重结构

拱结构的计算简图通常有三种:图 4-41(a)和图 4-41(b)所示无铰拱和两铰拱是超静定结构,图 4-41(c)所示三铰拱是静定结构。本节只讨论三铰拱的计算。

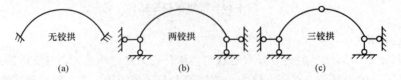

图 4-41　拱结构计算简图

一、三铰拱支座反力的计算

三铰拱为静定结构，其全部反力和内力可以由平衡方程算出。计算三铰拱支座反力的方法与三铰刚架支座反力的计算方法相同。

如图 4-42(a)所示，三铰拱有四个支座反力 R_{Ax}、R_{Ay}、R_{Bx}、R_{By}。同时有四个平衡方程，即三个整体平衡方程和半个拱（AC 和 CB）的一个平衡方程。图 4-42(b)为跨度和荷载与三铰拱相同的简支梁，称为三铰拱的"代梁"。

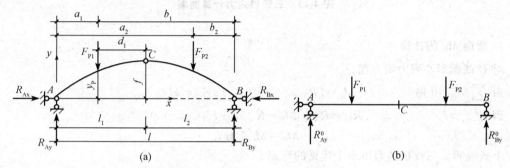

图 4-42　三铰拱支座反力计算简图

分别取三铰拱和"代梁"的整体为研究对象。

由平衡方程 $\sum M_A = 0$，得 $R_{By} = R_{By}^0$。

同理，由 $\sum M_B = 0$，得 $R_{Ay} = R_{Ay}^0$，即三铰拱的竖向支座反力与代梁的竖向支座反力相同。

由拱整体平衡方程 $\sum X = 0$，得 $R_{Ax} = R_{Bx} = H$（H 为水平推力）。

由 AC 曲杆的平衡方程 $M_C = 0$，考虑铰 C 左边所有外力对 C 点力矩的代数和为零，即

$$\sum M_C = 0, \quad (R_{Ay}l_1 - F_{P1}d_1) - Hf = 0$$

由于代梁相应截面的弯矩为 $M_C^0 = R_{Ay}^0 l_1 - F_{P1}d_1 = R_{Ay}l_1 - F_{P1}d_1$

所以 $\qquad\qquad\qquad M_C^0 - Hf = 0$

$$H = \frac{M_C^0}{f} \tag{4-14}$$

在竖向荷载作用下，梁中弯矩 M_C^0 总是正的（下边受拉），所以 H 总是正的，即三铰拱的水平推力永远指向内（受拉）。由式(4-2)可知：拱越扁平（f 越小），水平推力越大。如果 f 趋于 0，则推力趋于无穷大，这时，A、B、C 三个铰在一条直线上，结构为瞬变体系。

二、三铰拱的内力计算

支座反力求出后，用截面法即可求出拱轴上任一截面处的内力。因拱常受压，故规定拱轴力以压力（指向截面）为正。

为了方便表达，采用 xy 坐标系。在图 4-43(a)中任取一截面 D，其坐标为 (x_D, y_D)，拱轴在此处的切线与水平线的倾角为 φ_D。取 D 左边部分为隔离体，其受力分析如图 4-43(a)所示。图 4-43(b)为相应代梁的受力图。

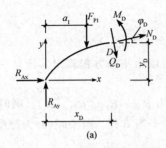
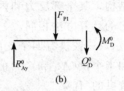

图 4-43 三铰拱内力计算简图

1. 弯矩 M_D 的计算

对 D 截面形心列力矩方程。

由 $\sum M_D = 0$ 得　　　　$M_D = [R_{Ay} x_D - F_{P1}(x_D - a_1)] - H y_D$

因为　　　　$R_{Ay} = R_{Ay}^0$，$M_D^0 = R_{Ay} x_D - F_{P1}(x_D - a_1)$

所以　　　　$M_D = M_D^0 - H y_D$

上式表明，三铰拱的弯矩小于代梁的弯矩。

2. 剪力 Q_D 的计算

列 t 方向（Q_D 方向）的投影方程。

由 $\sum t = 0$ 得　　　　$-R_{Ax} \sin\varphi_D - F_{P1}\cos\varphi_D + R_{Ay}\cos\varphi_D - Q_D = 0$

因为　　　　$R_{Ay} = R_{Ay}^0$，$R_{Ay}^0 - F_{P1} = Q_D^0$

所以　　　　$Q_D = Q_D^0 \cos\varphi_D - H \sin\varphi_D$　　　　(4-15)

3. 轴力 N_D 的计算

列 n 方向（D 截面法线方向）的投影方程。

由 $\sum n = 0$ 得　　　　$R_{Ax}\cos\varphi_D + R_{Ay}\sin\varphi_D - F_{P1}\sin\varphi_D + N_D = 0$

因为　　　　$R_{Ay} = R_{Ay}^0$，$R_{Ay}^0 - F_{P1} = Q_D^0$

所以　　　　$N_D = -(Q_D^0 \sin\varphi_D + H\cos\varphi_D)$　　　　(4-16)

4. 曲杆中弯矩与剪力间的微分关系

x 截面弯矩的表达式为　　　　$M_x = M_x^0 - H y$

对 x 求导得

$$\frac{dM_x}{dx} = \frac{dM_x^0}{dx} + H \frac{dy}{dx}$$

而　　　　$\dfrac{dM_x^0}{dx} = Q_x^0$，$\dfrac{dy}{dx} = \tan\varphi$

因此　　　　$\dfrac{dM_x}{dx} = Q_x^0 + H\tan\varphi$

两端乘以 $\cos\varphi$ 得

$$\frac{dM_x}{dx}\cos\varphi = Q_x^0 \cos\varphi + H\sin\varphi$$

而　　　　$Q_x^0 \cos\varphi + H\sin\varphi = Q_x$

故得　　　　$\dfrac{dM_x}{dx}\cos\varphi = Q_x$　　　　(4-17)

而弧坐标的微分

$$ds = \frac{dx}{\cos\varphi}$$

于是有

$$\frac{dM_x}{ds} = Q_x \qquad (4-18)$$

式(4-18)即三铰拱中弯矩与剪力的微分关系。

注意：M_D、Q_D 和 N_D 的表达式是由拱的左边部分任一截面导出的，它们也适用于右部截面，只是左侧 φ_D 取正号，右侧 φ_D 取负号。

由于拱轴坐标 y 及 $\sin\varphi$、$\cos\varphi$ 都是 x 的非线性函数，所以三铰拱的弯矩图、剪力图、轴力图都是曲线图形。计算时，通常将拱沿跨度分为若干等份，求出各分点处截面的内力值，然后连一曲线得到内力图。

【例 4-16】 图 4-44(a)所示三铰拱，跨度 $l=16$ m，拱高 $f=4$ m，拱轴方程为 $y=\frac{4f}{l^2}x\cdot(l-x)$，坐标系如图 4-44(a)所示。求 K 截面($x_K=4$ m)中的弯矩、剪力和轴力。

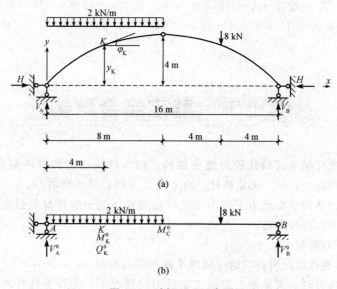

图 4-44　例 4-16 示意图

【解】（1）求支座反力。

由 $\sum M_B = 0$ 得

$$V_A^0 \times 16 - 2 \times 8 \times 12 - 8 \times 4 = 0$$
$$V_A^0 = 14 \text{ kN}$$

由 $\sum Y = 0$ 得

$$14 - 2 \times 8 - 8 + V_B^0 = 0$$

由此得

$$V_B^0 = 10 \text{ kN}$$
$$M_C^0 = 14 \times 8 - 2 \times 8 \times 4 = 48 (\text{kN} \cdot \text{m})$$
$$M_K^0 = 14 \times 4 - 2 \times 4 \times 2 = 40 (\text{kN} \cdot \text{m})$$
$$Q_K^0 = 14 - 2 \times 4 = 6 (\text{kN} \cdot \text{m})$$

（2）求三铰拱的支座反力。

$$V_A = V_A^0 = 14 \text{ kN}, V_B = V_B^0 = 10 \text{ kN}$$

$$H = \frac{M_C^0}{f} = \frac{48}{4} = 12(\text{kN})$$

(3) 求 y_K、φ_K、$\cos\varphi_K$、$\sin\varphi_K$。

$$y = \frac{4f}{l^2}x(l-x)$$

$$y_K = \frac{4 \times 4}{16^2} \times 4 \times (16-4) = 3(\text{m})$$

$$\tan\varphi = \frac{dy}{dx} = \left[\frac{4f}{l^2}x(l-x)\right]'_x = \frac{4f}{l^2}(l-2x)$$

将 $x = 4$ m 代入,得 $\tan\varphi_K = 0.5$。由此可查得 $\varphi_K = 26.565°$,$\cos\varphi_K = 0.894$,$\sin\varphi_K = 0.447$。

(4) 求三铰拱 K 截面的内力。

$$M_K = M_K^0 - Hy_K = 40 - 12 \times 3 = 4(\text{kN} \cdot \text{m})$$

可见拱中弯矩(4 kN·m)远小于梁中弯矩(40 kN·m)。

$$Q_K = Q_K^0 \cos\varphi_K - H\sin\varphi_K = 6 \times 0.894 - 12 \times 0.447 = 0$$

$$N_K = -(Q_K \sin\varphi_K + H\cos\varphi_K) = -(6 \times 0.447 + 12 \times 0.894) = -13.41(\text{kN})(\text{压力})$$

第七节 静定组合结构

由轴力杆和受弯杆组成的结构称为**组合结构**。组合结构由两类杆件组成:一类是梁式杆,其承受弯矩、剪力和轴力;另一类是链杆,由于是二力杆,只承受轴力。

工程中采用组合结构主要是为了减小梁式杆的弯矩,充分发挥材料强度,节省材料。梁式杆的弯矩主要采取下面两项措施:

(1)减小梁式杆的跨长;

(2)使梁式杆某些截面产生负弯矩,以减小跨中正弯矩值。

计算组合结构内力时,通常是在求出支座反力的情况下,先计算链杆的轴力,其计算方法与桁架内力计算相似,可用截面法和结点法;然后再计算梁式杆的内力,最后绘制结构的内力图。

【例 4-17】 试对图 4-45(a)所示组合结构进行内力分析。

【解】 (1)求支座反力。由整体平衡条件知 $X_A=0$, $R_A=R_B=75$ kN($\uparrow$)。

(2)通过铰 C 作 $\text{I}-\text{I}$ 截面,由该截面左边隔离体的平衡条件 $\sum M_C = 0$,得 $N_{DE} = 135$ kN(拉力);由 $\sum Y = 0$,得 $V_C = -15$ kN;由 $\sum X = 0$,得 $N_C = -135$ kN(压力)。

(3)分别由结点 D、E 的平衡条件得 $N_{DA} = N_{EB} = 151$ kN(拉力),$N_{DF} = N_{EG} = 67.5$ kN(压力)。

(4)作杆件的内力图。根据铰 C 处的剪力 Q_C 及轴力 N_C,并按直杆弯矩图的叠加法便可绘出受弯杆件 AFC、BGC 的弯矩图。

根据隔离体(一般力系)的平衡条件,杆件 AFC 和 BGC 的 M 图、Q 图、N 图分别如图 4-45(b)、(c)、(d)所示。

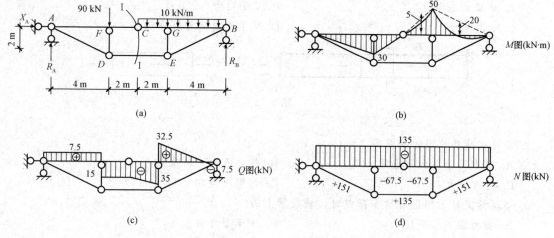

图 4-45 例 4-17 示意图

本章小结

本章讨论静定结构的内力计算与绘制内力图的方法。在本章的学习中,一方面要掌握静定结构的计算原理、计算技能等知识,以便解决实际工程中大量的静定结构计算问题;另一方面,要为今后继续学习比较复杂的超静定结构打下必要的理论基础。为此,对本章讨论的计算原理和计算技巧必须深刻理解和熟练掌握,并能正确计算出截面上的内力,绘制内力图。

思考与练习

一、填空题

1. 杆件在外力作用下产生变形,从而杆件内部各部分之间产生相互作用力,这种由外力引起的杆件内部之间的相互作用力称为_____。

2. 研究杆件内力常用的方法是_____。

3. 将内力在一点处的分布集度称为_____。

4. 由于杆件外形的突然变化而引起局部应力急剧增大的现象,称为_____。

5. 杆件变形的大小用_____和_____来度量。

6. 轴向拉伸、压缩时的内力沿杆的轴线方向,称为_____。

7. 在通过杆轴线的平面内,受到力偶或垂直于轴线的外力作用时,杆件由直线变成曲线,这种变形称为_____。

8. 梁在横向外力作用下发生平面弯曲时,横截面上会产生两种内力,即_____和_____。

二、选择题

1. 用截面法可求出图1所示轴向拉压杆 $a-a$ 截面的内力 $N=P_1-P_2$,下列说法正确的是(   )。

A. N 其实是应力 B. N 是拉力
C. N 是压力 D. N 是作用线与杆件轴线重合

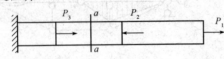
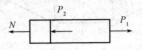

图 1

2. 在没有荷载作用的一段梁上，(　　)。
   A. 剪力图为一水平直线 B. 剪力图为一斜直线
   C. 没有内力 D. 内部不确定
3. 当梁的某段上作用有均布荷载时，该段梁上的(　　)。
   A. 剪力图为水平线 B. 弯矩图为斜直线
   C. 剪力图为斜直线 D. 弯矩图为水平线
4. 在集中力偶作用处，(　　)。
   A. 剪力图发生突变 B. 剪力图发生转折
   C. 弯矩图发生转折 D. 剪力图无变化

三、简答题

1. 杆件变形的基本形式有哪几种？
2. 简述应力集中对构件强度的影响。
3. 简述绘制轴力图的方法与步骤。
4. 按几何组成方式，静定平面桁架分为哪几种？

四、计算题

1. 试求图 2 所示各杆 1—1 和 2—2 截面上的轴力。
2. 如图 3 所示杆件，其横截面为正方形，边长为 a，试计算该杆件横截面上的最大正应力。

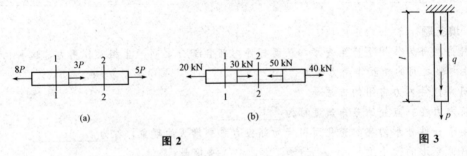

图 2　　　　　　　　　　　　　　　图 3

3. 试用截面法求图 4 所示各梁中 $n-n$ 截面上的剪力和弯矩。

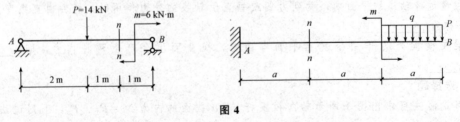

图 4

4. 试列出如图 5 所示中各梁的剪力方程和弯矩方程，并画出剪力图和弯矩图。

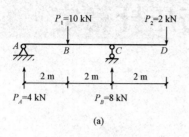
(a)

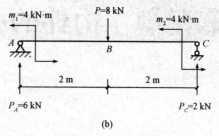
(b)

图 5

第五章　构件的强度与压杆稳定

学习目标

　　了解轴向拉、压杆的变形，压杆稳定的基本概念；熟悉材料在拉伸和压缩时的力学性能、常见构件失稳、提高压杆稳定性的措施；掌握轴向拉(压)杆横截面上的应力，斜弯曲变形的应力和强度计算，临界压力的计算。

能力目标

　　能够熟练计算指定截面应力及进行校核拉压强度。
　　能根据已知条件计算临界压力。

素养目标

1. 具有分析问题、解决问题的能力；会查阅、整理相关资料。
2. 热爱本职工作，不断提高自己的技能。
3. 传达正确的信息，工作有条理、细致。

第一节　轴向拉(压)杆的应力、应变及强度条件

一、轴向拉(压)杆横截面上的应力

　　为了求得横截面上任意一点的应力，必须了解内力在横截面上的分布规律，为此需通过变形试验来研究。
　　取一等截面直杆，在杆上画出与杆轴线垂直的横向线 ab 和 cd，再画上与杆轴线平行的纵向线[图 5-1(a)]，然后沿杆的轴线作用拉力 F，使杆件产生拉伸变形。此时可以观察到：横向线在变形前后均为直线，且都垂直于杆的轴线，只是间距增大；纵向线在变形前后亦是直线但间距减小，所有正方形的网格均变成大小相同的长方形。

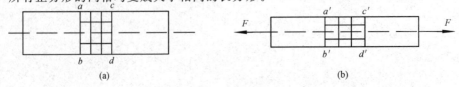

图 5-1　杆件的变形

根据上述现象，通过由表及里的分析，可做如下假设：变形前的横截面，变形后仍为平面，仅沿轴线产生相对平移，仍与杆的轴线垂直，这个假设称为**平面假设**。平面假设意味着拉杆的任意两个截面之间所有纵向线段的变形相同。由材料的均匀连续性假设，可以推断出拉压杆的内力在横截面上是均匀分布的，即横截面上各点处的应力大小相等，其方向与 F_N 一致，垂直于横截面，因此，拉压杆横截面上只有均匀分布的正应力，没有剪应力（图 5-2），其计算公式为

$$\sigma = \frac{F_N}{A} \tag{5-1}$$

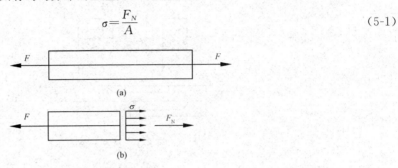

图 5-2 杆件上的正应力

σ 的符号以拉应力为正，压应力为负。当杆件的轴力沿杆轴线变化时，最大正应力为

$$\sigma_{max} = \frac{F_{Nmax}}{A} \tag{5-2}$$

最大正应力所在截面称为**危险截面**。杆件若发生破坏首先应从危险截面开始。由轴力被横截面面积相除而得到的正应力称为**工作应力**，只有当工作应力不超过某一特定数值时构件才是安全的。所以，为了保证构件能正常工作，必须使构件的最大工作应力不超过材料的容许应力。故轴向拉（压）的强度条件为

$$\sigma_{max} = \frac{F_{Nmax}}{A} \leqslant [\sigma] \tag{5-3}$$

式中 F_N——危险截面上的轴力；

A——危险截面面积；

$[\sigma]$——容许应力，即构件在工作时所允许产生的最大工作应力，可查相关手册。

运用强度条件可进行以下三类计算：

(1)强度校核：已知以下构件所受的荷载、构件的截面尺寸和材料的容许应力，判断构件的强度是否足够。

(2)设计截面尺寸：已知构件所受的荷载和容许应力，计算构件的横截面面积，确定横截面尺寸。

(3)确定许可荷载：已知构件的截面尺寸和容许应力，求出构件所能承受的最大轴力，确定所能承受的最大荷载。

【**例 5-1**】 中间开槽的直杆[图 5-3(a)]，承受轴向载荷 $F = 10$ kN 的作用力，已知 $h = 25$ mm，$h_0 = 10$ mm，$b = 20$ mm。试求杆内的最大正应力。

【**解**】 (1)计算轴力。用截面法求得杆中各处的轴力

$$F_N = -F = -10 \text{ kN}$$

(2)求横截面面积。由[图 5-3(b)]可得，A_2 较小，故中段正应力较大：

$$A_2 = (h - h_0)b = (25 - 10) \times 20 = 300 \text{ (mm}^2\text{)}$$

(3)计算最大正应力：

$$\sigma_{max} = \frac{F_N}{A_2} = -\frac{10 \times 10^3}{300} \text{ (N/mm}^2\text{)} = -33.3 \text{ MPa}$$

负号表示其应力为压应力。

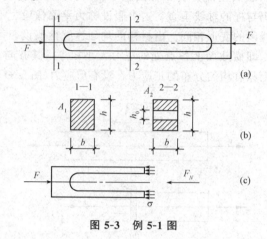

图 5-3　例 5-1 图

【例 5-2】　阶梯杆如图 5-4 所示。设 AC 段的横截面面积为 $A_1=800 \text{ mm}^2$，CD 段的横截面面积为 $A_2=500 \text{ mm}^2$，试求各段横截面上的应力。

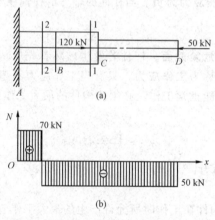

图 5-4　例 5-2 图

【解】　(1) 求轴力应用屏蔽法将 1—1 截面左侧部分去掉，根据右侧部分上的轴向外力直接可得

$$N_1=-50 \text{ kN}$$

同理，可得

$$N_2=70 \text{ kN}$$

据此，可作出全杆的轴力图，如图 5-4(b) 所示。

(2) 求应力：注意到由于 BD 段杆的横截面面积有变化，所以，虽然轴力相等，但应力不等。

$$\sigma_{AB}=\frac{N_{AB}}{A_1}=\frac{70\times 10^3}{800}=87.5(\text{MPa})$$

$$\sigma_{BC}=\frac{N_{BD}}{A_1}=\frac{-50\times 10^3}{800}=-62.5(\text{MPa})$$

$$\sigma_{CD}=\frac{N_{BD}}{A_2}=\frac{-50\times 10^3}{500}=-100(\text{MPa})$$

除了等直杆以外，小锥度直杆横截面上的应力也可以用式(5-1)计算。

以上拉压杆横截面上正应力的计算公式是在平面假设的基础上推导的。实际上，在外力作用点附近的区域，由于加载方式的不同，横截面上应力的分布并非均匀，也不一定只有正应力。试验和理论的研究指出：外力作用于杆端的方式不同，只会使杆端的距离不大于横向尺寸的范围内的应力分布受到影响。但可以通过加大端部横截面等方法来解决。

二、斜弯曲变形的应力和强度计算

上面已分析了拉压横截面上的正应力。但是，横截面只是一个特殊方位的截面。为了全面了解拉压杆各点处的应力情况，现研究任一斜截面上的应力。

设有一等直杆，在两端分别受到一个大小相等的轴向外力 F 的作用[图 5-5(a)]，现分析任意斜截面 $m-n$ 上的应力，截面 $m-n$ 的方位用它的外法线 on 与 x 轴的夹角 α 表示，并规定 α 从 x 轴算起，逆时针转向为正。

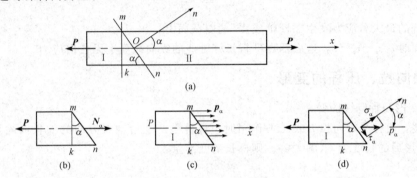

图 5-5 斜截面上的应力

将杆件在 $m-n$ 截面处截开，取左段为研究对象[图 5-5(b)]，由静力平衡方程 $\sum F_x = 0$，可求得 α 截面上的内力：

$$N_\alpha = F = N$$

式中　N——横截面 $m-k$ 上的轴力。

若以 p_α 表示 α 截面上任一点的总应力，按照上面所述横截面上正应力变化规律的分析过程，同样可得到斜截面上各点处的总应力相等的结论[图 5-5(c)]，于是可得

$$p_\alpha = \frac{N_\alpha}{A_\alpha} = \frac{N}{A_\alpha} \tag{5-4}$$

式中　A_α——斜截面面积，从几何关系可知 $A_\alpha = \dfrac{A}{\cos\alpha}$，将其代入式(5-4)得

$$p_\alpha = \frac{N}{A}\cos\alpha \tag{5-5}$$

式中　$\dfrac{N}{A}$——横截面上的正应力 σ，故得

$$p_\alpha = \sigma\cos\alpha$$

p_α 是斜截面任一点处的总应力，为研究方便，通常将 p_α 分解为垂直于斜截面的正直力 σ_α 和相切于斜截面的剪应力 τ_α[图 5-5(d)]，则

$$\sigma_\alpha = p_\alpha \cdot \cos\alpha = \sigma\cos^2\alpha \tag{5-6}$$

$$\tau_\alpha = p_\alpha \sin\alpha = \sigma\cos\alpha\sin\alpha = \frac{1}{2}\sigma\sin 2\alpha \tag{5-7}$$

式(5-6)、式(5-7)表示出轴向受拉杆斜截面上任一点的 σ_α 和 τ_α 的数值随斜截面位置 α 角而变化的规律。同样它们也适用于轴向受压杆。

σ_α 和 τ_α 的正负号规定如下：**正应力 σ_α 以拉应力为正，压应力为负；剪应力 τ_α 以它使研究对象绕其中任意一点有顺时针转动趋势时为正，反之为负。**

由式(5-6)、式(5-7)可见，轴向拉压杆在斜截面上有正应力和剪应力，它们的大小随截面的方位 α 角的变化而变化。

当 $\alpha=0°$ 时，正应力达到最大值：

$$\sigma_{max}=\sigma$$

由此可见，拉压杆的最大正应力发生在横截面上。

当 $\alpha=45°$ 时，剪应力达到最大值：

$$\tau_{max}=\frac{\sigma}{2} \tag{5-8}$$

即拉压杆的最大剪应力发生在杆轴成 $45°$ 的斜截面上。

当 $\alpha=90°$ 时，$\sigma_\alpha=\tau_\alpha=0$，这表示在平行于杆轴线的纵向截面上无任何应力。

三、轴向拉、压杆的变形

1. 轴向变形及轴向线应变

如前所述，直杆受轴向拉力或压力作用时，杆件会产生沿轴线方向的伸长或缩短。设杆的原长为 l，变形后的长度为 l_1（图 5-6）。则杆长的变形量：

$$\Delta l=l_1-l$$

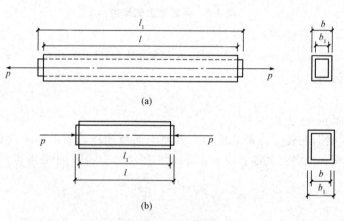

图 5-6 杆件受力

Δl 称为该杆的**轴向绝对变形**。杆件受拉时，Δl 为正值；杆件受压时，Δl 为负值。轴向变形 Δl 与杆的原长 l 之比，即单位长度的变形称为**轴向相对变形**，亦称**横向线应变**，用符号 ε 表示，即

$$\varepsilon=\frac{\Delta l}{l} \tag{5-9}$$

式中，ε 是一个无量纲的量，其正负号与 Δl 一致。

2. 横向变形及横向变形系数

$$\Delta b=b_1-b$$

轴向拉(压)杆在轴向伸长(缩短)的同时,也要发生横向尺寸的减小(增大)。设杆件原横向尺寸为 b,则其相应地发生横向绝对变形,则杆件的横向线应变为

$$\varepsilon' = \frac{\Delta b}{b} \tag{5-10}$$

式中,ε' 的正负与 Δb 一致。

试验表明,在弹性范围内 ε' 与 ε 之比的绝对值 μ 为一个常数,这是一个无量纲的数,称为**横向变形系数**或**泊松比**:

$$\mu = \left| \frac{\varepsilon'}{\varepsilon} \right| \tag{5-11}$$

考虑到 ε' 与 ε 的正负号总是相反的,故有

$$\varepsilon' = -\mu\varepsilon \tag{5-12}$$

一些常用材料的 μ 值见表 5-1。

表 5-1　常用材料的 E、μ 值

材　料	$E/(\times 10^5 \text{MPa})$	μ
低碳钢	1.96～2.16	0.24～0.28
16 Mn 钢	1.96～2.16	0.25～0.30
合金钢	1.86～2.06	0.25～0.30
灰铸铁	0.785～1.57	0.23～0.27
球墨铸铁	1.5～1.8	0.25～0.29
铜及其合金	0.725～1.27	0.31～0.42
铝及硬铝合金	0.71	0.32～0.36

3. 胡克定律

试验证明,在线弹性范围内,轴向拉(压)杆的伸长(缩短)与轴力 F_N 及杆长 l 成正比,而与杆的横截面面积成反比,即

$$\Delta l \propto \frac{F_N l}{A}$$

引进比例常数 E,得

$$\Delta l = \frac{F_N l}{EA} \tag{5-13}$$

式中　E——材料的拉压弹性模量,其量纲及单位均与应力相同。常用材料的 E 值参见表 5-1。

弹性模量 E 和横向变形系数 μ 是材料两个最基本的弹性常数。

式(5-13)表明,F_N、l 不变的情况下,EA 的乘积越大,Δl 越小。因此,EA 的乘积反映了杆件抵抗弹性变形能力的大小,故称为杆件的**抗拉(压)刚度**。

将式(5-13)的两端同时除以 l,并由式(5-1)和式(5-9)可知 $\frac{\Delta l}{l} = \varepsilon$ 和 $\frac{F_N}{A} = \sigma$,即可得

$$\varepsilon = \frac{\sigma}{E} \tag{5-14}$$

式(5-13)、式(5-14)是胡克定律的两种不同表达形式。**在线弹性范围内,应力与应变成正比。**

【例 5-3】 如图 5-7 所示，等直圆横截面杆 AC，已知 $d=10$ mm，$l_1=l_2=100$ mm，$P=5$ kN，材料为 45 号钢，其拉压弹性模量为 $E=2.1\times10^5$ MPa，试求杆的总伸长。

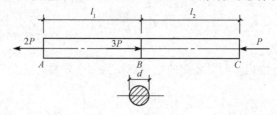

图 5-7　例 5-3 图

【解】（1）求轴力。利用截面法可求得 AB 和 BC 段的轴力为

$$F_{N1}=2P=10 \text{ kN} \quad (拉)$$

$$F_{N2}=-P=-5 \text{ kN} \quad (压)$$

（2）分别求 AB 和 BC 段的轴向变形：

$$\Delta l_1=\frac{F_{N1}l_1}{EA}=\frac{10\times10^3\times100}{2.1\times10^5\times\dfrac{\pi\times10^2}{4}}\approx 0.06(\text{mm})$$

$$\Delta l_2=\frac{F_{N2}l_2}{EA}=\frac{-5\times10^3\times100}{2.1\times10^5\times\dfrac{\pi\times10^2}{4}}\approx -0.03(\text{mm})$$

（3）求 AC 杆的总伸长：

$$\Delta l=\Delta l_1+\Delta l_2=0.06-0.03=0.03(\text{mm})$$

即 AC 杆伸长了 0.03 mm。

第二节　材料在拉伸和压缩时的力学性能

前面所讨论的拉（压）杆的计算中，曾涉及材料在轴向拉（压）时的一些物理量，如弹性模量和比例极限等。材料在受力过程中所反映的各种物理性质的量称为材料的力学性能。它们都是通过材料试验来测定的。实验证明，材料的力学性能不仅与材料自身的性质有关，还与荷载的类别（静荷载、动荷载），温度条件（高温、常温、低温）等因素有关。本节只讨论材料在常温、静载下的力学性能。

工程中使用的材料种类很多，可根据试件在拉断时塑性变形的大小，区分为塑性材料和塑性材料。塑性材料在拉断时具有较大的塑性变形，如低碳钢、合金钢、铅、铝等；脆性材料在拉断时，塑性变形很小，如铸铁、砖、混凝土等。这两类材料的力学性能有明显的不同。在试验研究中，常把工程上用途较广泛的低碳钢和铸铁作为两类材料的典型代表来进行试验。

一、材料在拉压时的力学性能

构件的承载能力与材料的力学性能分不开，在对杆件进行强度、刚度和稳定性的计算中，必须了解材料在外力作用下，其强度和变形方面的性能，即材料的力学性能。前面已提到过的

拉压弹性模量 E、泊松系数 μ 和剪切弹性模量 G 等，都是材料的力学性能指标。

本节讨论在常温缓慢加载条件下受拉和受压时材料的力学性能。这些力学性能，必须通过材料的拉伸和压缩试验来测定。

为使试验结果有可比性，试样必须按照国家标准制作。常用的标准比例有两种（图 5-8），即

$$l=10d \qquad l=5d \qquad \text{（对圆截面试样）}$$

或

$$l=11.3\sqrt{A} \qquad l=5.65\sqrt{A} \qquad \text{（对矩形截面试样）}$$

压缩试样通常用圆截面或正方形截面的短柱体（图 5-9），其长度 l 与横截面直径 d 或边长 b 的比值一般规定 1～3，这样，才能避免试样在试验过程中被压弯。

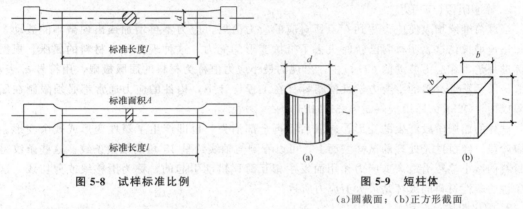

图 5-8　试样标准比例　　　　图 5-9　短柱体
(a) 圆截面；(b) 正方形截面

（一）低碳钢的拉伸试验

低碳钢（含碳量不超过 0.3%）是一种工程中广泛应用的塑料材料。将加工好的试样两端夹牢在试验机的夹头中，然后开动试验机，缓慢地增大拉力，使试样发生伸长变形直至最后被拉断。试验过程中，载荷和变形可以从试验机上读出。记下一系列拉力值 P 和对应的变形 Δl 值，然后以横坐标表示变形，以纵坐标表示拉力，按比例即可绘出 $P - \Delta l$ 曲线，称为试样的拉伸图。图 5-10 所示为低碳钢试样的拉伸图。

为消除试样尺寸的影响，分别用变形前的标距长 l 和横截面面积 A_0 去除 Δl 和 P，拉伸图就被改绘成以 ε 为横坐标，以 σ 为纵坐标的 $\sigma - \varepsilon$ 曲线，称为应力－应变图（图 5-11）。只要比例选得适当，$P-\Delta l$ 图和 $\sigma-\varepsilon$ 图的形状是相似的。

如图 5-11 所示，低碳钢试样在拉伸过程中的变形大致可分为以下四个阶段。

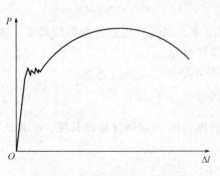
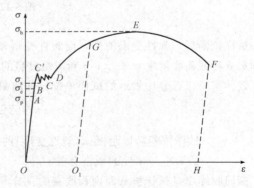

图 5-10　低碳钢试样的拉伸图　　　　图 5-11　应力 G 应变图

1. 弹性阶段(OB 段)

该段的特点是试样的变形只有弹性变形，即在 OB 段上任一点卸载，$\sigma-\varepsilon$ 曲线会严格循着 BO 线返回到 O 点，试样的变形全部消失，初始段 OA 为直线，这表明 σ 与 ε 成正比例的关系，符合胡克定律。不难看出，直线段 OA 对横坐标轴的倾角 α 的正切值，就等于材料的拉压弹性模量 E。这种在弹性阶段内，应力-应变保持正比例关系的特性称为**线弹性**。OA 段的最高点 A 为线弹性阶段的极限点，其对应的应力值 σ_p 称为**比例极限**。Q235 钢的比例极限 $\sigma_p \approx 200$ MPa。$\sigma-\varepsilon$ 曲线过了 A 点进入 AB 段以后，不再保持直线形状。这说明 σ、ε 之间的正比例关系已不复存在，但材料在此阶段产生的变形仍为弹性变形。AB 段的最高点 B 所对应的应力值 σ_e 称为**弹性极限**。由于 A、B 两点相距很近，工程常取 $\sigma_p = \sigma_e$。

2. 屈服阶段(CD 段)

当载荷继续增大使应力达到 C 点所对应的应力值后，应力不再增加或出现微小的波动，应变却迅速增长，这表明材料已暂时失去了抵抗变形的能力。这种现象称为**材料的屈服**。根据国家标准规定，在应力波动的 CD 段中，出现的最小应力值称为材料的**屈服极限**，用符号 σ_s 表示。屈服极限是塑性材料的重要力学性能指标。在工程设计中，构件的应力通常都必须限制在屈服极限以内。Q235 的屈服极限 $\sigma_s \approx 235$ MPa。

试样的屈服阶段产生的变形，卸载后不再全部消失，也即产生了塑性变形或残余变形。在屈服阶段，经过抛光处理的试样表面上，可以看到与轴线约呈 45°角的细微条纹。这些条纹是因为材料的微小晶粒沿最大剪应力作用面发生相互滑移错动引起的，称为滑移线或剪切线。这一现象说明塑性材料的破坏是最大剪应力所致。

3. 强化阶段(DE 段)

屈服阶段过后，材料由于塑性变形使内部的晶体结构得到了调整，其抵抗变形的能力又有所恢复。要使应变增加，就必须加大载荷使应力增大，这一变形阶段称为材料的强化阶段。E 点的纵坐标表示试样开始被拉断的应力值，称为材料的**抗拉强度极限**。用符号 σ_b 表示。σ_b 也是衡量材料强度的一个重要指标。Q235 的抗拉强度极限 $\sigma_b \approx 390$ MPa。

4. 颈缩阶段(EF 段)

应力达到 σ_b 后，试样的变形集中于某一局部，使这个局部的横截面面积急剧缩小，形成图 5-12 所示的瓶颈状，称为颈缩。此后，试样在颈缩部分迅速被拉断。

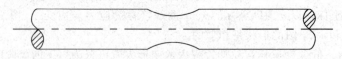

图 5-12　颈缩

试样拉断后，弹性变形消失，而塑性变形却残留下来。试样产生塑性变形的程度，通常以**延伸率 δ** 和**截面收缩率 ψ** 表示，δ 和 ψ 是材料的两个塑性指标。

延伸率是以百分比表示的试样单位长度的塑性变形，即

$$\delta = \frac{l_1 - l_0}{l_0} \times 100\% \tag{5-15}$$

式中　l_1——试样拉断后标距段(含塑性变形)的拼合长度，l_0 为试样原标距长度。试验证明，δ 的大小与试件的规格有关。

断面收缩率是试样横截面面积改变的百分率，即

$$\psi = \frac{A_0 - A_1}{A_0} \times 100\% \tag{5-16}$$

式中　A_0——试样的原横截面面积；

　　　A_1——试样断裂处的最小横截面面积；ψ 的值越大，材料的塑性越好。Q235 的 ψ 值为 60%～70%。

试验过程中，如果将试样拉伸到超过屈服阶段的任一点，如图 5-11 的 G 点，然后卸载，试样的 $\sigma-\varepsilon$ 曲线会沿着与 AO 平行的直线 GO_1 返回到 O_1 点。此时如果再重新加载，其 $\sigma-\varepsilon$ 曲线则大致沿卸载线 O_1G 上行，到 G 点后，开始出现塑性变形。以后，$\sigma-\varepsilon$ 曲线仍沿曲线 GEF 变化，直至 F 点试样被拉断。

将卸载后重新加载出现的直线段 O_1G 与初加载时的直线段 OA 相比，G 点的应力值显然比 A 点高。这说明材料的比例极限得到了提高。但另一方面，试样断裂后留下的塑性应变(图 5-11 中的 O_1H 段)却大为降低。由此可见，经重复加载处理，材料的比例极限增大而塑性变形减小，这种现象称为材料的**冷作硬化现象**。在工程中，常利用冷作硬化来提高某些构件在弹性范围内的承载能力。例如，起重机钢缆、建筑钢筋等，一般都要作预拉处理。但冷作硬化使材料变硬变脆，不易加工，而且降低了材料抗冲击和抗振动的能力。

（二）其他塑性材料拉伸时的力学性能

图 5-13 绘出了其他几种塑性材料拉伸时的 $\sigma-\varepsilon$ 曲线。与 Q235 钢相比较，它们都有线弹性阶段(黄铜 H62 的线弹性段极短)，有些材料有明显的屈服阶段(如 16Mn 钢)，有些没有。对于没有明显屈服阶段的材料，因为不能求得其真实的屈服极限 σ_s，根据国家标准的规定，为便于工程上的应用，可以将试样产生的塑性应变为 0.2% 时所对应的应力值作为这些材料的**名义屈服极限**，并用符号 $\sigma_{0.2}$ 表示(图 5-14)。

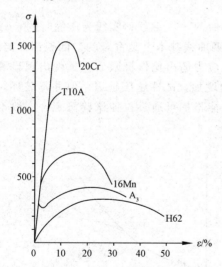

图 5-13　塑性材料拉伸时的 $\sigma-\varepsilon$ 曲线

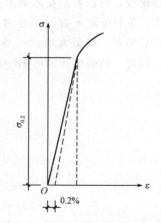

图 5-14　名义屈服极限

（三）铸铁拉伸时的力学性能

铸铁是一种典型的脆性材料，由图 5-15 所示铸铁试样拉伸的 $\sigma-\varepsilon$ 曲线可以看出，铸铁拉伸时，有如下几个显著的力学特性。

(1) $\sigma-\varepsilon$ 曲线无明显直线部分。因此，严格地说，铸铁不具有线弹性阶段。工程应用时，一般在应力较小的区段作一条割线(图 5-15 所示虚线)近似代替原来的曲线，从而确定其弹性模量,并将此弹性模量称为**割线弹性模量**。

(2)拉伸过程中无屈服阶段,也没有缩颈现象。

(3)在整个试验过程中只能测出强度极限 σ_b^+。

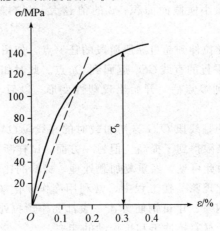

图 5-15 无明显直线部分的 $\sigma-\varepsilon$ 曲线

二、材料在压缩时的力学性能

金属材料(如低碳钢、铸铁等)压缩试验的试件为圆柱形,高为直径的 1.5~3 倍,高度不宜过高,否则在受压后容易发生弯曲变形;非金属材料(如混凝土、石料等)试件为立方块(图 5-16)。

(一)低碳钢的压缩试验

如图 5-17 所示,图中虚线表示低碳钢拉伸时的 $\sigma-\varepsilon$ 曲线;实线为压缩时的 $\sigma-\varepsilon$ 曲线。将两曲线进行比较,可以看出在屈服阶段以前,两曲线基本上是重合的。低碳钢的比例极限 σ_p,弹性模量 E,屈服极限 σ_s 都与拉伸时相同。当应力超出比例极限后,试件出现显著的塑性变形,试件明显缩短,横截面增大,随着荷载的增加,试件越压越扁,但并不破坏,无法测出强度极限。因此,低碳钢压缩时的一些力学性能指标可通过拉伸试验测定,一般不须做压缩试验。

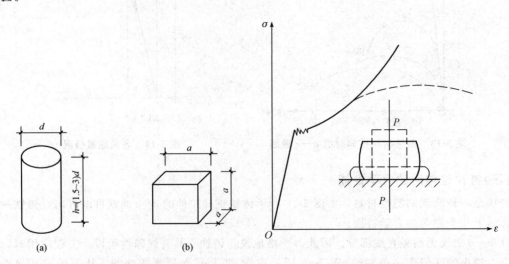

图 5-16 压缩构件   图 5-17 低碳钢压缩时的应力应变曲线

一般塑性材料都存在上述情况。但有些塑性材料压缩与拉伸时的屈服点的应力不同。如铬钢、硅合金钢，因此对这些材料还要测定其压缩时的屈服应力。

(二) 铸铁等脆性材料的压缩试验

如图 5-18 所示，图中虚线表示铸铁受拉时的曲线；实线表示受压缩时的 $\sigma-\varepsilon$ 曲线，由图可见，铸铁压缩时的强度极限为受拉时的 2～4 倍，延伸率也比拉伸时大。

铸铁试件将沿与轴线呈 45°的斜截面上发生破坏，即在最大剪应力所在斜截面上破坏。说明铸铁的抗剪强度低于抗拉压强度。

其他脆性材料如混凝土、石料及非金属材料的抗压强度也远高于抗拉强度。

木材是各向异性材料，其力学性能具有方向性，顺纹方向的强度要比横纹方向高得多，而且其抗拉强度高于抗压强度，图 5-19 所示为松木的 $\sigma-\varepsilon$ 曲线。

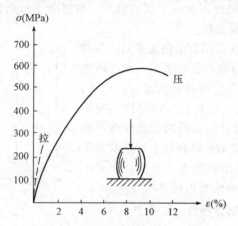

图 5-18 铸铁压缩时的应力应变曲线

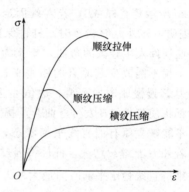

图 5-19 松木的应力应变曲线

三、两类材料力学性能的比较

通过以上试验分析，塑性材料和脆性材料在力学性能上的主要差别如下。

(一) 强度方面

塑性材料拉伸和压缩时的弹性极限、屈服极限基本相同。脆性材料压缩时的强度极限远比拉伸时大，因此，一般适用于受压构件。塑性材料在应力超过弹性极限后有屈服现象；而脆性材料没有屈服现象，破坏是突然的。

(二) 变形方面

塑性材料的 δ 和 φ 值都比较大，构件破坏前会有较大的塑性变形，材料的可塑性大，便于加工和安装时的矫正。脆性材料的 δ 和 φ 较小，难以加工，在安装时的矫正中易产生裂纹和损坏。

必须指出的是，上述关于塑性材料和脆性材料的概念是指常温、静载时的情况。实际上，材料是塑性的还是脆性的并非一成不变，它将随条件而变化，如加载速度、温度高低、受力状态都能使其发生变化。低碳钢在低温时也会变得很脆。

第三节 压杆平衡状态的稳定性

一、压杆稳定的基本概念

工程中经常见到中心受压的杆件，如桁架中的压杆、中心受压的柱等。

构件的承载力包括强度、刚度和稳定性三个方面。工程中有些构件具有足够的强度和刚度，却不一定能安全、可靠地工作。构件除强度和刚度不足而引起失效外，有时由于不能保持其原有的平衡状态而失效，这种失效形式称为**丧失稳定性**。

图 5-20 所示等直杆 AB，若 A 端固定，B 端作用有沿轴线方向的载荷 P。实验表明，若外力 P 较小时，杆件保持在直线形状的平衡，微小的外界扰动将使杆件发生轻微的弯曲，干扰力解除后，杆件仍恢复直线形状，即外界的干扰不能改变其原有的铅垂平衡状态，压杆的直线平衡是稳定的；若外力 P 慢慢地增加到某一数值并且超过这一数值时，任何微小的外界扰动都将使杆件 AB 发生弯曲。干扰力解除后，杆件处于弯曲状态下的平衡，不能恢复原有的直线平衡状态，杆件原有的直线平衡状态是不稳定的。若外力 P 继续增大，杆件将因过大的弯曲变形而突然折断。

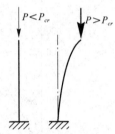

图 5-20 压杆稳定

杆件维持直线稳定平衡时的最大外力称为**临界压力**，记为 P_{cr}。

二、常见构件失稳

除压杆的失稳形式外，一些细长或薄壁的构件也存在静力平衡的稳定性问题。细长圆杆的纯扭转、薄壁矩形截面梁的横力弯曲以及承受均布压力的薄壁圆壳等，都有可能丧失原有的平衡状态而失效。图 5-21 给出了几种构件失稳的示意图，图中虚线分别表示其丧失原有平衡形式后新的平衡状态。

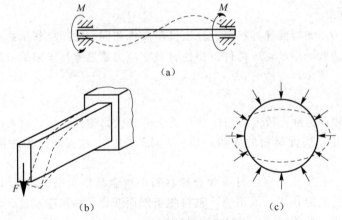

图 5-21 常见构件失稳

(a)细长圆杆的纯扭转；(b)狭长矩形截面梁侧向整体失稳；(c)薄壁圆壳的失稳

承受轴向压力的细长压杆,当丧失其直线形状的平衡而过渡为曲线时,称为**丧失稳定**,简称"失稳"。把这一类细长压杆所发生的问题称为"稳定问题"。

稳定问题与强度和刚度问题一样,在结构和构件的设计中占有重要的地位。本章将主要讨论细长压杆的稳定性计算,其他构件的稳定性问题可参阅有关专著。

三、临界力

压杆失稳是由直线平衡形式转为弯曲平衡形式。临界力是压杆在临界状态下的轴向压力,是压杆在原有的直线状态下保持平衡的最大荷载,也是压杆在微弯状态下保持平衡的最小压力。

1. 两端铰支压杆的临界力

设细长压杆的两端为球铰支座,如图 5-22 所示,轴线为直线,压力 P 与轴线重合。当压力达到临界值时,杆件将由直线平衡状态转变为微弯的曲线平衡状态。因此,临界压力 P_σ 也可以理解为压杆保持微小弯曲平衡的最小压力。

选取坐标系如图 5-22 所示,取距原点为 x 的任意截面,偏离直线位置的侧向位移为 y,即杆件的挠度为 v,弯矩为 M,则

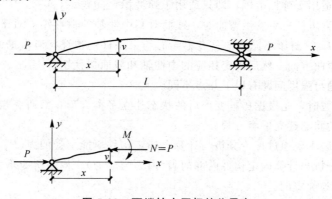

图 5-22 两端铰支压杆的临界力

$$M = -Pv \tag{5-17}$$

式中 P——绝对值,M、v 为带符号的量,于是对于微小的弯曲变形,挠曲线的近似微分方程为

$$\frac{d^2 v}{dx^2} = \frac{M}{EI} \tag{5-18}$$

由于两端是球铰,允许杆件在任意纵向平面内发生弯曲变形,因而杆件的微小弯曲变形一定发生于抗弯能力最小的纵向平面内。上式中的 I 应是最小的横截面惯性矩。

$$EI \frac{d^2 v}{dt^2} = -Pv \tag{5-19}$$

$$v'' + \frac{P}{EI}v = 0 \quad 令 \quad k^2 = \frac{P}{EI},则$$

$$v'' + k^2 v = 0 \quad 或 \quad y'' + k^2 y = 0$$

此方程的通解为:$y = A\cos kx + B\sin kx$

边界条件为:$\begin{cases} x=0, & y=0 \\ x=l, & y=0 \end{cases}$

得到 $\begin{cases} B=0 \\ A\sin kl + B\cos kl = 0 \end{cases}$

上式表明，$A=0$ 或者 $\sin kl=0$。但因 B 已经等于 0，A 不可能再等于 0，则由边界条件知 $\sin kl=0$，$kl=n\pi(n=0、1、2、3\cdots)$。

$$k=\frac{n\pi}{l}(n=0、1、2、3\cdots) \tag{5-20}$$

$$P=\frac{n^2\pi^2 EI}{l^2}(n=0、1、2、3\cdots) \tag{5-21}$$

在上式中，使杆件保持为曲线平衡的压力，理论上是多值的。在这些压力值中，使杆件保持微小弯曲的最小压力，才是临界压力 P_σ。于是临界压力为

$$P_\sigma=\frac{\pi^2 EI}{l^2} \tag{5-22}$$

这是两端铰支的细长压杆临界压力的计算公式，也称为**欧拉公式**。此式表明细长压杆的临界压力与抗弯刚度（EI）成正比，与杆长的平方（l^2）成反比。

应用上述公式时，需注意以下两点。

(1) 欧拉公式只适用于弹性范围，即只适用于弹性稳定问题。

(2) 公式中的 I 为压杆失稳发生弯曲时，截面对其中性轴的惯性矩。对于各方向具有相同约束条件的情况，$I=I_{\min}$；对于不同方向具有不同的约束条件的情况，应根据惯性矩和约束条件，首先判断失稳时的弯曲方向，然后确定相应的中性轴和截面惯性矩。

此外，稳定问题与强度问题有以下几点不同。

(1) 研究稳定问题时，是根据压杆变形后的状态建立平衡方程；而研究强度问题时，是忽略小变形，以变形前的状态建立平衡方程。

(2) 研究稳定问题主要通过理论分析与计算，确定构件所能承受的力（P_σ）；而研究强度问题中，则是通过理论分析与计算确定构件内部的力（内力与应力），构件所能承受的力（如屈服极限和强度极限）是由实验确定的。

【例 5-4】 柴油机的挺杆是钢制空心圆管，内、外径分别为 10 mm 和 12 mm，杆长 $l=383$ mm，钢材 $E=210$ GPa，可简化为两端铰支的细长压杆，试计算该挺杆的临界压力 P_σ。

【解】 挺杆横截面的惯性矩

$$I=\frac{\pi}{64}(D^4-d^4)=\frac{\pi}{64}\times[(12\times10^{-3})^4-(10\times10^{-3})^4]=5.27\times10^{-10}(\text{m}^4)$$

由式 (5-22) 即可计算出该挺杆的临界压力为

$$P_\sigma=\frac{\pi^2 EI}{l^2}=\frac{\pi^2\times210\times10^9\times5.27\times10^{-10}}{(383\times10^{-3})^2}=7\,446(\text{N})$$

2. 其他约束条件下压杆的临界力

由于失稳过程伴随着由直线平衡到弯曲平衡的突然转变，因此，影响弯曲变形的因素也必然会影响压杆的临界压力的大小，支座条件便是其中之一。因此，不同的支座条件，压杆的临界压力的公式相应不同。

(1) 一端固定、一端自由的压杆。设杆在微弯的形状下保持平衡，见表 5-2 中图 (b)。现把变形曲线延伸一倍，如图 5-22 所示，假想线与表 5-2 中图 (a) 比较，可见一端固定、另一端自由且长为 l 的压杆的挠曲线与两端铰支、长为 $2l$ 的压杆的挠曲线的上半部分相同。因此，对于一端固定、一端自由且长为 l 的压杆，其临界压力应等于两端铰支长为 $2l$ 的压杆的临界压力。即

$$P_{cr} = \frac{\pi^2 EI}{(2l)^2} \tag{5-23}$$

同样,依据表 5-2 中图(a)的变形情况,可得到其他支座情况下的临界压力公式。

(2)两端固定的压杆。

$$P_{cr} = \frac{\pi^2 EI}{(0.5l)^2} \tag{5-24}$$

(3)一端固定、一端铰支的压杆。

$$P_{cr} = \frac{\pi^2 EI}{(0.7l)^2} \tag{5-25}$$

表 5-2　几种常见约束方式的细长压杆的长度因数

约束方式	两端铰支	一端固定 另一端自由	两端固定	一端铰支 另一端固定
挠曲线形状	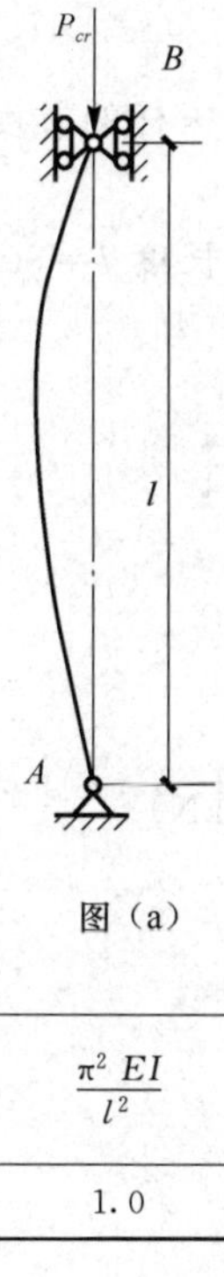 图(a)	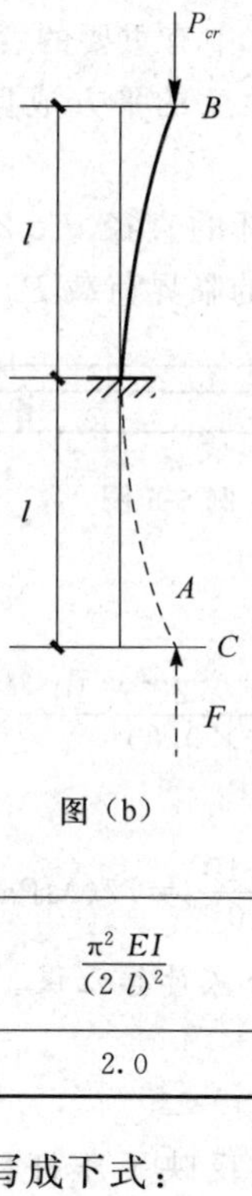 图(b)	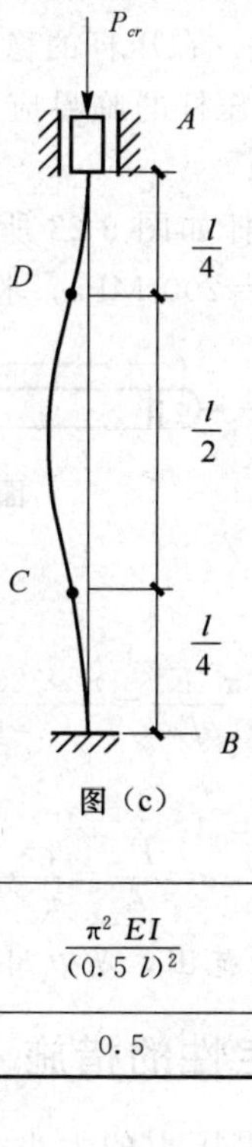 图(c)	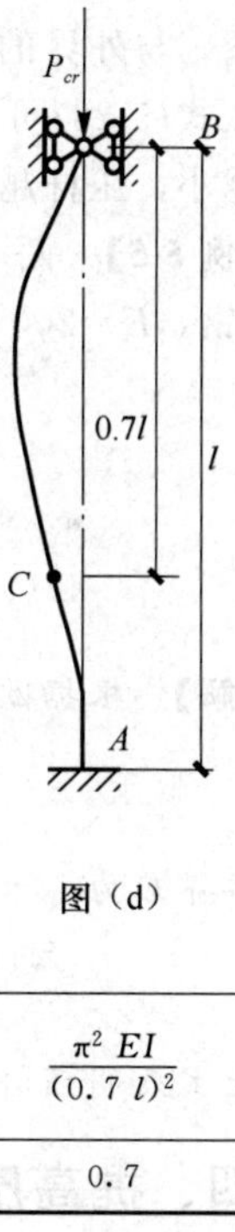 图(d)
P_{cr}	$\dfrac{\pi^2 EI}{l^2}$	$\dfrac{\pi^2 EI}{(2l)^2}$	$\dfrac{\pi^2 EI}{(0.5l)^2}$	$\dfrac{\pi^2 EI}{(0.7l)^2}$
μ	1.0	2.0	0.5	0.7

式(5-22)~式(5-25)可以统一写成下式:

$$P_{cr} = \frac{\pi^2 EI}{(\mu l)^2} \tag{5-26}$$

这是欧拉公式的普遍形式。式中 μl 表示把压杆折算成两端铰支压杆的长度,称为**相当长度**,μ 称为**长度系数**。

欧拉临界公式表明,细长压杆的临界压力与杆件的形状、大小、约束条件及所使用的材料有关。

3. 压杆临界应力的欧拉公式

欧拉公式是在线弹性条件下建立的,为了判断压杆失稳时是否处于弹性范围,必须引入临界应力和柔度的概念。当压杆承受压力为临界值 P_σ 时，杆件横截面上的应力称为**临界应力**，此时，由于杆件仍可处于直线平衡状态，可以认为，杆件横截面上的应力与轴向压缩时一样是均匀分布的，则对于细长压杆，临界应力为

$$\sigma_\sigma = \frac{P_\sigma}{A} = \frac{\pi^2 EI}{(\mu l)^2 A} \tag{5-27}$$

令 $\lambda = \frac{\mu l}{i}$，$i = \sqrt{\frac{I}{A}}$，则上式化简为

$$\sigma_\sigma = \frac{\pi^2 E}{\lambda^2} \tag{5-28}$$

这是欧拉临界应力公式普遍表达式。

式中 $i = \sqrt{\frac{I}{A}}$ ——称为**惯性半径**，表示了杆件横截面的性质；

$\lambda = \frac{\mu l}{i}$ ——称为**杆件的柔度**。

这是一个无量纲，它集中反映了杆件的端约束、长度、形状及横截面性质等诸多因素之间的关系，与外界的因素无关。在压杆的稳定计算中有重要的意义。

从式(5-28)可以看出，压杆的临界应力与柔度的平方成反比，即压杆的柔度越大，其临界应力越小，压杆越容易失稳。

【**例 5-5**】 两端铰支压杆如图 5-23 所示，杆的直径 $d = 20$ mm，长度 $l = 800$ mm，材料为 Q235 钢，$E = 200$ GPa，$\sigma_p = 200$ MPa。求压杆的临界荷载 P_σ 和临界应力。

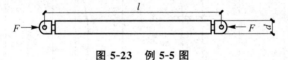

图 5-23　例 5-5 图

【**解**】　根据欧拉公式

$$P_\sigma = \frac{\pi^2 EI}{(\mu l)^2} = \frac{\pi^3 \times 200 \times 10^9 \times 20^4 \times 10^{-12}}{64 \times (1 \times 0.8)^2} = 24.2 \text{(kN)}$$

临界应力

$$\sigma = \frac{P_\sigma}{A} = \frac{4 \times 24.2 \times 10^3}{\pi \times 20^2 \times 10^{-6}} = 77 \text{(MPa)} \leqslant \sigma_p$$

上式表明压杆处于弹性范围，所以用欧拉公式计算无误。

四、提高压杆稳定性的措施

压杆的临界应力或临界压力的大小，直接反映了压杆稳定性的高低。提高压杆稳定性，就是提高压杆的临界压力或临界应力，而影响压杆临界应力或临界压力的因素有：压杆的截面形状、长度和约束条件、材料的性质等。因而，当讨论如何提高压杆的稳定性时，应从以下几方面入手。

1. 改变压杆的约束条件或者增加中间支座

在结构允许的条件下应尽量减少压杆的长度，可以通过减少杆长、改善杆端约束或适当增加约束予以实现。

从 $\lambda = \frac{\mu l}{i}$ 可以看出，改变压杆的支座情况及压杆的有效长度 l，都直接影响临界压力的大小。

两端约束加强，长度系数 μ 增大。此外，减小长度 l，如使用中间支座等，也可大大增大杆件的临界压力 P_{α}。如图 5-24 所示，杆件的临界压力变为

$$P_{\alpha}=\frac{\pi^2 EI}{\left(\frac{l}{2}\right)^2}=\frac{4\pi^2 EI}{l^2}$$

即临界压力为原来的四倍。

2. 合理选择截面形状

压杆的柔度与横截面的惯性半径成反比。在一定的截面面积下应设法增大惯性矩，以增大惯性半径从而减小柔度，提高临界应力，增加压杆的稳定性。

空心圆环截面比实心圆截面合理；四根角钢组成的起重臂，其四根角钢分开放置在截面的四个角比集中放置在截面形心附近合理；由槽钢组成的桥梁桁架或建筑物中的柱中，把槽型钢分开放置，槽口相对比槽口相反合理，如图 5-25 所示。

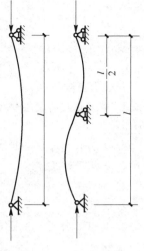

图 5-24　增加中间支座

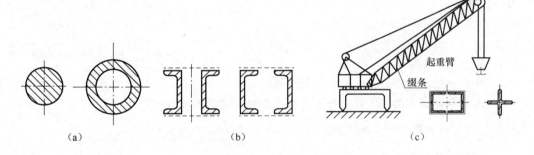

图 5-25　合理选择截面形状

(a)实心圆改成空心圆；(b)四根角钢成方形布置；(c)槽钢口相对布置

3. 合理选择材料

由细长杆的欧拉公式可知，临界载荷或临界应力与材料的弹性模量有关。因此，应选用弹性模量大的材料，以提高压杆的稳定性。

对于细长杆，选用优质钢材和普通钢材在强度方面虽有差异，但在稳定性方面无多大差异；对于中长杆，选用高强度材料，有助于提高压杆的稳定性；对于短粗杆，本身就是强度问题，选择优质钢可以提高承载能力。

本章小结

计算杆件横截面上各点的应力是为杆件的强度计算做准备的，杆件横截面上的轴力与截面的性质和尺寸有关，只依据轴力不能判断杆件是否具有足够的强度。杆件的强度不仅与轴力的大小有关，与横截面的形状和尺寸有关，也杆件的材料也有关。本章主要介绍轴向拉（压）杆的应力、应变及强度条件，材料在拉压和压缩时的力学性能，压杆平衡状态的稳定性。

思考与练习

一、填空题

1. 最大正应力所在截面称为_____,由轴力被构件横截面面积相除而得到的正应力称为_____。

2. 外力作用于杆端的方式不同,会使杆端的距离不大于横向尺寸的范围内的应力分布受到影响,所以可以通过_____等方法来解决。

3. 在线弹性范围内,轴向拉(压)杆的伸长(缩短)与轴力 F_N 及杆长 l 成_____,而与杆的横截面面积成_____。

4. 压缩试样通常用圆截面或正方形截面的短柱体,其长度 l 与横截面直径 d 或边长 b 的比值一般规定_____,这样,才能避免试样在试验过程中被压弯。

5. 杆件维持直线稳定平衡时的最大外力称为_____。

6. _____是压杆在临界状态下的轴向压力。

二、选择题

1. 关于应力,下列说法正确的是(　　)。
   A. 应力是内力的平均值
   B. 应力是内力的集度
   C. 杆件横截面上的正应力比斜截面上的正应力大
   D. 轴向横截面上在任何横截面上的正应力都是均布分布的

2. 轴线拉压杆在横截面上正应力的计算公式为 $\sigma = \dfrac{N}{A}$,此公式(　　)。
   A. 在弹性范围内才成立
   B. 在外力作用点附近的截面不成立
   C. 说明正应力与外力无关
   D. 说明如果杆件的两个横截面面积相等,则这两个横截面上的正应力也相等

3. 对于图1所示低碳钢的 $\sigma-\varepsilon$ 曲线,下列说法正确的是(　　)。
   A. 应力 σ 随着应变 ε 的增大而增大
   B. 应力 σ 与应变 ε 成正比
   C. 材料的弹性模量 $E = \mathrm{tg}\alpha$
   D. 低碳钢的强度极限是其断裂时的应力

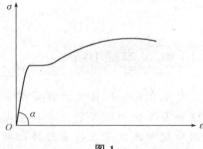

图1

4. 从拉压杆轴向伸长(缩短)量的计算公式 $\Delta l = \dfrac{F_N l}{EA}$ 可以看出，E 或 A 值越大，Δl 值越小，故（　　）。

A. E 称为杆件的抗拉(压)刚度

B. 乘积 EA 表示材料抵抗拉伸(压缩)变形的能力

C. 乘积 EA 称为杆件的拉(压)刚度

D. 以上说法都不正确

三、简答题

1. 运用强度条件可进行哪三类计算？
2. 钢试样在拉伸过程中的变形大致可分为哪几个阶段？
3. 塑性材料和脆性材料在力学性能上的主要差别有哪些？
4. 试述压杆稳定的含义。
5. 提高压杆稳定性的措施有哪些？

四、计算题

1. 如图 2 所示杆件，其横截面为正方形，边长为 a，试计算该杆件横截面上的最大正应力。

2. 如图 3 所示结构中，AB 为刚性杆，CD 为圆形截面钢杆，其直径为 $d = 16$ mm。已知 $P = 2$ kN，试求 CD 杆横截面上的正应力。

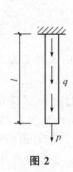

图 2

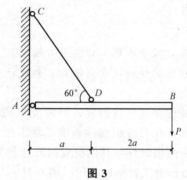

图 3

3. 如图 4 所示压杆，杆两端均为铰支(球形铰)。已知 $l = 5$ m，$d = 160$ mm，材料的比例极限 $\sigma_p = 200$ MPa，弹性模量 $E = 2 \times 10^5$ MPa，试求该压杆的临界力。

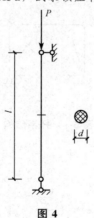

图 4

第六章 平面体系几何组成分析

学习目标

了解几何不变体系和几何可变体系的概念,自由度、约束的概念;熟悉静定结构与超静定结构的区别;掌握二元体规则、两刚片规则、三刚片规则。

能力目标

能熟练运用几何不变体系的简单组成规则进行体系的几何组成分析。

素养目标

1. 做事有干劲,对于本职工作能用心投入。
2. 具有与时俱进的精神及爱岗敬业、奉献社会的道德风尚,做好本职工作。

杆系结构由杆件相互连接而成,用来支承荷载。因此,设计时必须保持结构本身的几何形状和位置。由此,在杆件组成体系中,并不是无论怎样组成都能作为工程结构使用。例如,图 6-1(a)是一个由两根链杆与基础组成的铰接三角形,在荷载的作用下,可以保持其几何形状和位置不变,可以作为工程结构使用。图 6-1(b)是一个铰接四边形,受荷载作用后容易倾斜(图中虚线),则不能作为工程结构使用。如果在铰接四边形中加一根斜杆,构成图 6-1(c)所示的铰接三角形体系,就可以保持其几何形状和位置,从而可以作为工程结构使用。

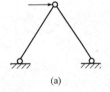
(a)
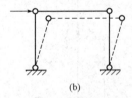
(b)
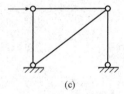
(c)

图 6-1　杆系结构

第一节　几何不变体系与几何可变体系

一、几何不变体系

在不考虑材料应变的条件下，任意荷载作用后体系的位置和形状均能保持不变，这样的体系称为**几何不变体系**，如图 6-2 所示。

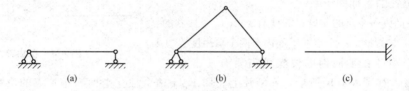

图 6-2　几何不变体系

二、几何可变体系

在不考虑材料应变的条件下，即使在微小的荷载作用下，也会产生机械运动而不能保持其原有形状和位置的体系称为**几何可变体系**，如图 6-3 所示。

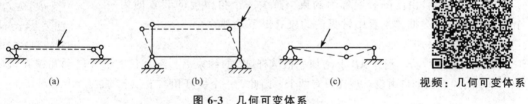

图 6-3　几何可变体系

视频：几何可变体系

三、几何组成分析的目的

结构必须是几何不变体系。在设计结构和选取其计算简图时，首先必须判别它是不是几何可变的。这种判别工作称为体系的几何组成分析。对体系进行几何组成分析可达到的目的如下：

（1）判别某体系是否为几何不变体系，以决定其能否作为工程结构使用；

（2）研究并掌握几何不变体系的组成规则，以便合理布置构件，使所设计的结构在荷载作用下能够维持平衡；

（3）确定结构是否有多余联系，即判断结构是静定结构还是超静定结构，以选择分析计算方法。

在进行几何组成分析时，由于不考虑材料的应变，因而组成结构的某一杆件或者已经判明几何不变的部分，均可视为刚体，平面的刚体又称刚片。

第二节　平面体系的自由度和约束

一、自由度

自由度是指确定体系位置所需要的独立坐标(参数)的数目。自由度也可以说是一个体系运动时，可以独立改变其位置的坐标的个数。

要确定平面内一个点的位置，需要有 x、y 两个独立的坐标[图 6-4(a)]，因此，一个点在平面内有两个自由度。

确定一个刚片在平面内的位置则需要有三个独立

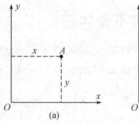

图 6-4　自由度

的几何参变量。如图 6-4(b)所示，在刚片上先用 x、y 两个独立坐标确定 A 点的位置，再用倾角 φ 确定通过 A 点的任一直线 AB 的位置，这样，刚片的位置便完全确定了。因此，一个刚片在平面内有三个自由度。地基也可以看作一个刚片，但这种刚片是不动刚片，它的自由度为零。

由此可知，**体系几何不变的必要条件是自由度等于或小于零。**

二、约束

能减少体系自由度的装置称为**约束**。减少一个自由度的装置即为一个约束，并以此类推。工程中常见的约束有以下几种。

视频：刚片的自由度

1. 链杆

如图 6-5(a)所示，刚片 AB 上增加一根链杆 AC 的约束后，刚片只能绕 A 转动和铰 A 绕 C 点转动。原来刚片有三个自由度，现在只有两个。因此，一个链杆相当于一个约束。

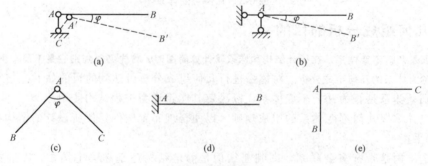

图 6-5　约束

2. 铰支座

如图 6-5(b)所示，铰支座 A 可阻止刚片 AB 上、下和左、右移动，只能产生转角 φ，因此铰支座可使刚片减少两个自由度，相当于两个约束，亦即相当于两根链杆。

3. 简单铰

凡连接两个刚片的铰称简单铰，简称单铰。如图 6-5(c)所示，连接刚片 AB 和 AC 的铰 A。原来刚片 AB 和 AC 各有三个自由度，共六个自由度。用铰连接后，如果认为 AB 仍为三个自由度，AC 则只能绕 AB 转动，即 AC 只有一个自由度，所以自由度减少为四个。因此，简单铰可使自由度减少两个，即一个简单铰相当于两个约束，或者说相当于两根链杆。

4. 固定端支座

图 6-5（d）所示固定端，不仅阻止刚片 *AB* 上、下和左、右移动，也阻止其转动。因此，固定端支座可使刚片减少三个自由度，相当于三个约束。

5. 刚性连接

如图 6-5（e）所示，*AB* 和 *AC* 之间为刚性连接。原来刚片 *AB* 与 *AC* 各有三个自由度，共六个自由度。刚性连接后，如果认为 *AB* 仍有三个自由度，*AC* 则既不能上、下和左、右移动，也不能转动，可见，刚性连接可使自由度减少三个。因此，刚性连接相当于三个约束。

第三节 几何不变体系的基本组成规则

规则一：二元体规则

一个点与一个刚片用两根不共线的链杆相连，则组成无多余约束的几何不变体系。

几何不变体系判定规则的缺陷探讨

由两根不共线的链杆连接一个结点的构造，称为二元体。

二元体规则是分析一个点与一个刚片之间应当怎样连接才能组成无多余约束的几何不变体系。如图 6-6（a）所示，在铰接三角形中，将 *BC* 看作刚片Ⅰ，*AB*、*AC* 看作连接 *A* 点和刚片Ⅰ的两根链杆，体系仍然是几何不变体系。由此得出规律：一个点和一个刚片用两根不共线的链杆相连，组成几何不变体系，且无多余约束。

图 6-6（b）中，*A* 点通过两根不共线的链杆与刚片Ⅰ相连，组成几何不变体系，其中第三根链杆是多余约束。图 6-6（c）中①、②两根链杆共线，体系为瞬变体系，它是可变体系中的一种特殊情况。

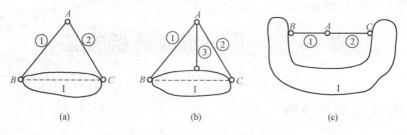

图 6-6 二元体规则

推论：在一个平面杆件体系上增加或减少若干个二元体，都不会改变原体系的几何组成性质。

规则二：两刚片规则

两刚片用不在一条直线上的一个铰（*B* 铰）和一根链杆（*AC* 链杆）连接，则组成无多余约束的几何不变体系。

两刚片规则是分析两个刚片如何连接才能组成几何不变体系，且没有多余约束。此规则也可由铰接三角形推得。如图 6-7（a）所示，将 *AB*、*BC* 分别看作刚片Ⅰ、Ⅱ，将 *AC* 看作链杆①，体系仍然为几何不变体系。由此可见：两刚片用一个铰和一根链杆相连，且链杆与此铰不共线，组成几何不变体系，且无多余约束。

推论：两刚片用既不完全平行也不交于一点的三根链杆连接，则组成无多余约束的几何不变体系。

一个单铰相当于两根链杆约束，所以两根链杆可以代替一个铰，因此得出图 6-7(b)所示的图形是几何不变的。

在图 6-7(c)中，链杆①、②、③平行，体系为几何可变体系。在图 6-7(d)、(e)中，连接两刚片的三根链杆相交于一点，也是几何可变体系。

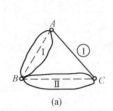 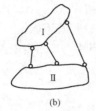 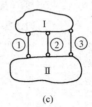 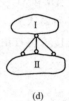 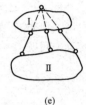
  (a)   (b)   (c)   (d)   (e)

图 6-7 两刚片规则

规则三：三刚片规则

三刚片用不在一条直线上的三个铰两两连接，则组成无多余约束的几何不变体系。

三刚片规则是分析三个刚片的连接方式。图 6-8(a)中，铰接三角形中的 AB、BC、AC 可分别看作刚片 Ⅰ、Ⅱ、Ⅲ，由此得三刚片规则。

图 6-8(b)所示的体系中，两根链杆中的交点称为实铰，两链杆延长线的交点称为虚铰。虚铰和实铰的作用是一样的。因此，图 6-8(b)中的体系是几何不变体系，且无多余约束。

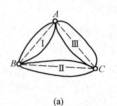 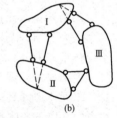
      (a)   (b)

图 6-8 三刚片规则

推论：三刚片分别用不完全平行也不共线的两根链杆两两连接，且所形成的三个虚铰不在同一条直线上，则组成无多余约束的几何不变体系。

第四节 几何组成分析方法

一、几何组成分析步骤

几何组成分析的依据是本章前述的几个简单组成规则，只要能正确和灵活地运用它们，便可分析各种各样的体系。几何组成分析的步骤如下：

(1)首先直接观察出几何不变部分，把它当作刚片处理，再逐步运用规则。

(2)拆除二元体，使结构简化，便于分析。

(3)对于折线形链杆或曲杆，可用直杆等效代换。

二、几何组成分析举例说明

(一)能直接观察出的几何不变部分的几何组成分析

1. 与基础相连的二元体

图 6-9(a)所示的三角桁架，是用不在同一直线上的两链杆将一点和基础相连，构成几何不变的

二元体。对图6-9(b)所示桁架作几何组成分析,可知其中ABC部分是由链杆①、②固定于C点而形成的几何不变二元体。在此基础上,分别用链杆(③、④)、(⑤、⑥)、(⑦、⑧)组成二元体,依次固定于D、E、F各点。其中每对链杆均不共线,由此组成的桁架属无多余约束的几何不变体系。

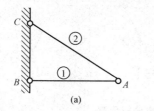
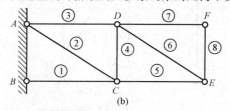

图6-9 与基础相连的二元体

2. 与基础相连的一刚片

试对图6-10所示的体系进行几何组成分析。

AB杆与基础之间用铰A和链杆1相连,组成几何不变体系,可看作一个扩大了的刚片。将BC杆看作链杆,则CD杆用不交于一点的三根链杆BC、2、3和扩大刚片相连,组成无多余约束的几何不变体系。

图6-10 与基础相连的一刚片

3. 与基础相连的两刚片

图6-11所示的三铰刚架,是用不在一条直线上的三个铰,将两刚片和基础三者之间两两相连构成几何不变体系。

(二)拆除二元体进行几何组成分析

图6-12所示的体系,假如BB'以下部分是几何不变的,则①、②两杆为二元体,可先将二元体部分去掉,只分析BB'以下部分。当去掉由①、②链杆组成的二元体后,由于体系左、右完全对称,因此可只分析半边体系的几何组成。现取左半边进行分析,将AB当作刚片,由③、④链杆固定于D点组成刚片Ⅰ。将CD当作刚片Ⅱ,则刚片Ⅰ、Ⅱ和基础由不在一条直线上的三个铰A、C、D两两相连构成几何不变体系。由此整个体系为无多余约束的几何不变体系。

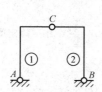
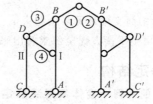

图6-11 与基础相连的两刚片　　图6-12 拆除二元体进行几何组成分析示意图

(三)利用等效代换方法进行几何组成分析

图6-13所示的体系,设BDE可作为刚片Ⅰ。折杆AD也是一个刚片,但由于它只用两个铰A、D分别与地基和刚片Ⅰ相连,其约束作用与通过A、D两铰的一根链杆完全等效,如图6-13(a)中虚线所示,所以可用链杆AD等效代换折杆AD。同理可用链杆CE等效代换折杆CE。于是图6-13(a)所示体系可由图6-13(b)所示体系等效代换。

103

因此，刚片Ⅰ与地基用不交于同一点的三根链杆①、②、③相连，组成无多余约束的几何不变体系。

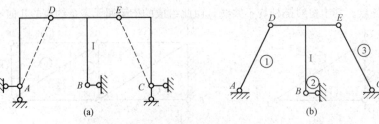

图 6-13 等效代换进行几何组成分析示意

下面对图 6-14 所示的体系进行几何组成分析。

分别将图 6-14 中的 AC、BD、基础分别视为刚片Ⅰ、Ⅱ、Ⅲ，刚片Ⅰ和刚片Ⅲ以铰 A 相连，刚片Ⅱ和刚片Ⅲ用铰 B 连接，刚片Ⅰ和刚片Ⅱ是用 CD、EF 两链杆相连，相当于一个虚铰 O，则连接三刚片的三个铰 A、B、O 不在一直线上，符合三刚片规则，由此可以判定图 6-14 所示的体系为无多余约束的几何不变体系。

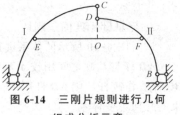

图 6-14 三刚片规则进行几何组成分析示意

第五节 静定结构与超静定结构

用来作为结构的杆件体系，必须是几何不变的，而几何不变体系又可分为无多余约束的和有多余约束的。因此，结构也可分为无多余约束的结构和有多余约束的结构两类。

一、静定结构

无多余约束的几何不变体系是静定结构。其静力特性为：在任一荷载作用下，支座反力和所有内力均可由平衡条件求出，且其值是唯一和有限的。

图 6-15 所示的简支梁是无多余约束的几何不变体系，其支座反力和杆件内力均可由平衡方程全部求解出来，因此简支梁是静定的。

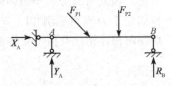

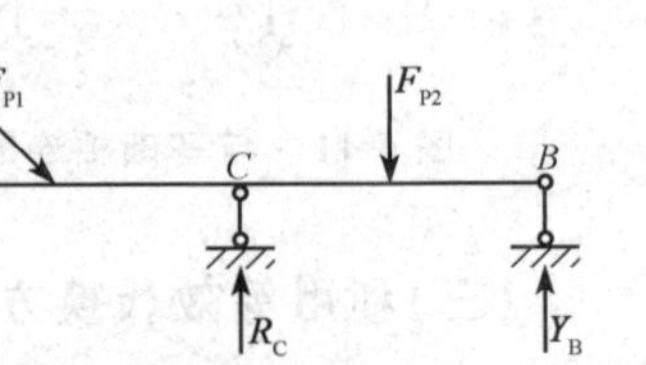

图 6-15 静定简支梁结构

二、超静定结构

有多余约束的几何不变体系是超静定结构，结构的超静定次数等于几何不变体系的多余约束个数。其静力特性是：仅由平衡条件不能求出其全部内力及支座反力，即部分支座反力或内力可由平衡条件求出，但仅由平衡条件求不出全部。

图 6-16 所示的连续梁是一个有多余约束的几何不变体系，其四个支座反力不能利用三个平衡方程全部求解出来，更无法计算全部内力，所以是超静定结构。

图 6-16 超静定连续梁结构

本章小结

本章的主要内容有几何不变体系与几何可变体系，平面体系的自由度和约束、几何不变体系的基本组成规则，几何组成分析方法，静定结构与超静定结构。本章的重点是应用基本规则对平面体系进行几何组成分析，应用这一方法虽然不能解决任意平面体系的几何组成分析问题，但是可以解决土木工程中常见的大量结构的几何组成分析问题。

思考与练习

一、填空题

1. 在不考虑材料应变的条件下，任意荷载作用后体系的位置和形状均能保持不变，这样的体系称为_____。
2. _____是指确定体系位置所需要的独立坐标（参数）的数目。
3. 能减少体系自由度的装置称为_____。
4. 由两根不共线的链杆连接一个结点的构造，称为_____。
5. 用来作为结构的杆件体系，必须是几何不变的，而几何不变体系又可分为_____和_____。

二、简答题

1. 对体系进行几何组成分析可达到哪些目的？
2. 简述几何不变体系的基本组成规则有哪些？
3. 如图 1 所示中哪些体系是无多余约束的几何不变体系？哪些是有多余约束的几何不变体系？哪些是可变体系？

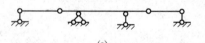
(a)

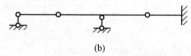
(b)

图 1

4. 试对如图 2 所示体系进行几何组成分析。
5. 试对如图 3 所示体系进行几何组成分析。

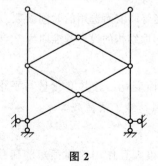

图 2

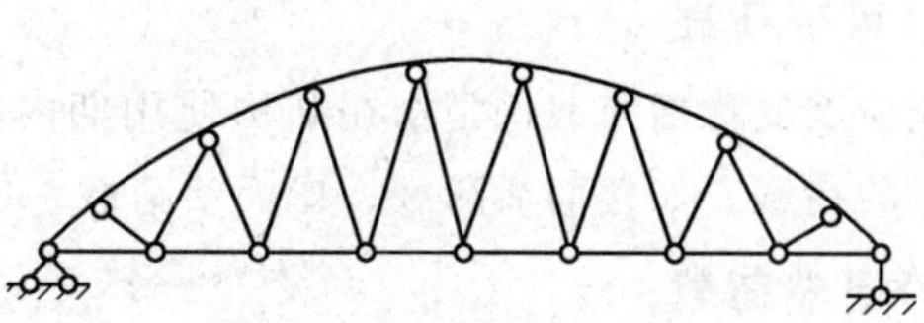

图 3

下篇　建筑结构

第七章　建筑结构计算概述

学习目标

了解荷载效应；熟悉荷载的分类；掌握荷载代表值及极限状态的设计方法。

能力目标

能阐述建筑结构荷载的分类及其代表值。

素养目标

1. 在任何困难、压力和挑战面前都要相信自己一定会胜利。
2. 能有效沟通，传达准确无误的信息，表达令人信服的见解。

第一节　建筑结构荷载

一、荷载的分类

（一）永久荷载

永久荷载又称恒荷载、不变荷载，是指在结构使用期内其值不随时间变化或变化很小的荷载，如结构自重等。

结构使用期是指为确定荷载代表值及与时间有关的材料性能等取值而选用的时间参数。《建筑结构可靠度设计统一标准》(GB 50068—2018)(以下简称《统一标准》)取结构的设计基准期为50年。

（二）可变荷载

可变荷载又称活荷载，是指在结构使用期内其值随时间而变化，且其变化量与平均值相比不可忽略的荷载，如楼面活荷载、屋面活荷载、吊车荷载、风荷载、雪荷载等。

（三）偶然荷载

偶然荷载是指在使用期内不一定出现，但一旦出现其值很大且作用时间很短的荷载，如爆炸力、撞击力等。

二、荷载代表值

荷载代表值是指在进行结构或构件设计时,针对不同设计目的对荷载应赋予一个规定的量值。荷载是随机变量,在进行结构设计时,对于不同荷载和不同情况,应采取不同的代表值。

(一)永久荷载代表值

荷载的标准值是该荷载在结构设计基准期内在正常情况下可能达到的最大量值。永久荷载标准值 G_k 可按结构构件的设计尺寸和材料重力密度计算确定,《建筑结构荷载规范》(GB 50009—2012)(以下简称《荷载规范》)给出了常用材料和构件的自重,对永久荷载应采用标准值作为代表值。如钢筋混凝土为 $24\sim25\ kN/m^3$,水泥砂浆为 $20\ kN/m^3$,石灰砂浆、混合砂浆为 $17\ kN/m^3$。

(二)可变荷载代表值(Q_k)

1. 可变荷载组合值

当两种或两种以上可变荷载同时作用在结构上时,考虑到它们同时达到其标准值的可能性较小,除产生最大作用效应的主导荷载外,其他可变荷载标准值均乘以小于1.0 的组合值系数 φ_c 作为代表值,称为**可变荷载组合值**,φ_c 可根据《荷载规范》查得。

2. 可变荷载频遇值

对可变荷载,在设计基准期内在结构上偶尔出现的较大荷载,称为**可变荷载频遇值**,其具有持续时间较短或发生次数较少的特点,对结构的破坏性有所减缓。可变荷载频遇值由可变荷载标准值乘以小于1.0 的频遇值系数 φ_f 得到。

3. 可变荷载准永久值

对可变荷载,在设计基准期内经常作用的那部分可变荷载,称为**可变荷载准永久值**,其具有总持续时间较长的特点,对结构的影响类似于永久荷载。可变荷载准永久值由可变荷载标准值乘以小于1.0 的准永久值系数 φ_q 得到。

可变荷载的标准值是可变荷载的基准代表值,设计时可直接查用《荷载规范》,这里只列举民用建筑楼面均布活荷载标准值及其组合值、频遇值和准永久值系数(表 7-1)。

表 7-1　民用建筑楼面均布活荷载标准值及其组合值、频遇值和准永久值系数

项次	类别		标准值 /(kN·m⁻²)	组合值系数 φ_c	频遇值系数 φ_f	准永久值系数 φ_q
1	(1)住宅、宿舍、旅馆、办公楼、医院病房、托儿所、幼儿园		2	0.7	0.5	0.4
	(2)实验室、阅览室、会议室、医院门诊室		2	0.7	0.6	0.5
2	教室、食堂、餐厅、一般资料档案室		2.5	0.7	0.6	0.5
3	(1)礼堂、剧场、影院、有固定座位的看台		3	0.7	0.5	0.3
	(2)公共洗衣房		3	0.7	0.6	0.5
4	(1)商店、展览厅、车站、港口、机场大厅及旅客等候室		3.5	0.7	0.6	0.5
	(2)无固定座位的看台		3.5	0.7	0.5	0.3
5	(1)健身房、演出舞台		4	0.7	0.6	0.5
	(2)运动场、舞厅		4	0.7	0.6	0.3
6	(1)书库、档案库、储藏室		5	0.9	0.9	0.8
	(2)密集柜书库		12	0.9	0.9	0.8
7	通风机房、电梯机房		7	0.9	0.9	0.8
8	汽车通道及客车停车库	(1)单向板楼盖(板跨不小于2 m)和双向板楼盖(板跨不小于3 m×3 m) 客车	4	0.7	0.7	0.6
		消防车	35	0.7	0.5	0
		(2)双向板楼盖(板跨不小于6 m×6 m)和无梁楼盖(柱网不小于6 m×6 m) 客车	2.5	0.7	0.6	0.5
		消防车	20	0.7	0.5	0

续表

项次	类别		标准值 /(kN·m^{-2})	组合值系数 φ_c	频遇值系数 φ_f	准永久值系数 φ_q
9	厨房	(1)餐厅	4	0.7	0.7	0.7
		(2)其他	2	0.7	0.6	0.5
10	浴室、卫生间、盥洗室		2.5	0.7	0.6	0.5
11	走廊、门厅	(1)宿舍、旅馆、医院病房、托儿所、幼儿园、住宅	2	0.7	0.5	0.4
		(2)办公楼、餐厅、医院门诊部	2.5	0.7	0.6	0.5
		(3)教学楼及其他可能出现人员密集的情况	3.5	0.7	0.5	0.3
12	楼梯	(1)多层住宅	2	0.7	0.5	0.4
		(2)其他	3.5	0.7	0.5	0.3
13	阳台	(1)可能出现人员密集的情况	3.5	0.7	0.6	0.5
		(2)其他	2.5	0.7	0.6	0.5

注：1. 本表所给各项活荷载适用于一般使用条件，当使用荷载较大、情况特殊或有专门要求时，应按实际情况采用。
2. 第6项书库活荷载，当书架高度大于 2 m 时，书库活荷载尚应按每米书架高度不小于 2.5 kN/m² 确定。
3. 第8项中的客车活荷载仅适用于停放载人少于 9 人的客车；消防车活荷载适用于满载总重为 300 kN 的大型车辆；当不符合本表的要求时，应将车轮的局部荷载按结构效应的等效原则，换算为等效均布荷载。
4. 第8项消防车活荷载，当双向板楼盖板跨介于 3 m×3 m～6 m×6 m 时，应按跨度线性插值确定。
5. 第12项楼梯活荷载，对预制楼梯踏步平板，尚应按 1.5 kN 集中荷载验算。
6. 本表各项荷载不包括隔墙自重和二次装修荷载；对固定隔墙的自重，应按永久荷载考虑，当隔墙位置可灵活自由布置时，非固定隔墙的自重应取不小于 1/3 的每延米长墙重(kN/m)作为楼面活荷载的附加值(kN/m²)计入，且附加值不应小于 1.0 kN/m²。

(三)偶然荷载代表值

偶然荷载代表值应根据实际资料，结合工程经验确定。

第二节　建筑结构极限状态设计方法

一、结构的功能要求

通常情况下，结构应满足下列各项功能要求：

(1)安全性。要求结构能承受在正常施工和正常使用时可能出现的各种作用，以及在偶然事件发生时和发生后，仍能保持必需的整体稳定性。

(2)适用性。要求结构在正常使用时能保证其具有良好的工作性能，不出现过大的变形和裂缝。

(3)耐久性。要求结构在正常维护下具有良好的耐久性能。

上述功能要求概括起来称为结构的可靠性。结构的可靠性用可靠度来度量的。若建筑结构在规定的使用年限内，在正常设计、正常施工和正常使用的条件下，其安全性、适用性和耐久性均能满足要求,则该结构是可靠的。

二、结构的极限状态

整个结构或结构的一部分超过某一特定状态就不能满足设计规定的某一功能要求,此特定状态称为该功能的极限状态。结构的极限状态可分为以下几类。

建筑结构可靠度
设计统一标准

1. 承载能力极限状态

当结构或结构构件达到最大承载力,或达到不适合于继续承载的变形状态时,称该结构或结构构件达到承载能力极限状态。当结构或结构构件出现下列状态之一时,即认为超过了承载能力极限状态:

(1)结构构件或连接因超过材料强度而破坏,或因过度变形而不适于继续承载;
(2)整个结构或结构的一部分作为刚体失去平衡(如倾覆等);
(3)结构转变为机动体;
(4)结构或结构构件丧失稳定;
(5)结构因局部破坏而发生连续倒塌;
(6)地基丧失承载力而破坏;
(7)结构或结构构件的疲劳破坏。

2. 正常使用极限状态

当结构或结构构件达到正常使用或耐久性能的某项规定限值的状态,称为正常使用极限状态。当结构或结构构件出现下列状态之一时,即认为超过了正常使用极限状态:

(1)影响正常使用或外观产生过大的变形(如梁产生了超过挠度限值的过大的挠度)。
(2)影响正常使用或耐久性的局部破坏(裂缝)。
(3)影响正常使用的振动。
(4)影响正常使用的其他特定状态。

三、极限状态设计方法

建筑结构设计应根据使用过程中在结构上可能同时出现的荷载,按承载力极限状态和正常使用极限状态分别进行荷载组合,并应取各自最不利的组合进行设计。

1. 承载力极限状态设计表达式

对于持久设计状况、短暂设计状况和地震设计状况,当采用内力形式表达时,结构构件应采用的承载力极限状态设计表达式如下:

$$\gamma_0 S_d \leqslant R_d \tag{7-1}$$

式中 γ_0——结构构件重要性系数;
S_d——承载力极限状态下荷载组合的效应设计值;
R_d——结构构件抗力的设计值,应按《混凝土结构设计规范(2015年版)》(GB 50010—2010)的规定确定。

(1)结构构件重要性系数 γ_0。根据《统一标准》,在建筑结构设计时,根据破坏可能产生的后果(危及人的生命安全、造成经济损失、产生社会影响等)的严重性,采用不同的安全等级或设计使用年限取值。

1)对安全等级为一级或设计使用年限为100年及以上的结构构件,不应小于1.1。

2)对安全等级为二级或设计使用年限为 50 年的结构构件,不应小于 1.0。
3)对安全等级为三级或设计使用年限为 5 年及以下的结构构件,不应小于 0.9。
4)在抗震设计中,不考虑结构构件的重要性系数。

注:对设计使用年限为 25 年的结构构件,各类材料结构设计规范可根据各自情况确定结构重要性系数 γ_0 的取值。

同一建筑物中的各类构件的安全等级,宜与整个结构的安全等级相同,但应根据需要,对某些构件的安全等级提高一级或降低一级。

(2)荷载基本组合的效应设计值 S_d。

1)由可变荷载效应控制的效应设计值。

$$S_d = \sum_{j=1}^{m} \gamma_{G_j} S_{G_j k} + \gamma_{Q_1} \gamma_{L_1} S_{Q_1 k} + \sum_{i=2}^{n} \gamma_{Q_i} \gamma_{L_i} \varphi_{c_i} S_{Q_i k} \qquad (7-2)$$

2)由永久荷载效应控制的效应设计值。

$$S_d = \sum_{j=1}^{m} \gamma_{G_j} S_{G_j k} + \sum_{i=1}^{n} \gamma_{Q_i} \gamma_{L_i} \varphi_{c_i} S_{Q_i k} \qquad (7-3)$$

式中 γ_{G_j}——第 j 个永久荷载的分项系数;
γ_{Q_i}——第 i 个可变荷载的分项系数,其中 γ_{Q_1} 为主导可变荷载 Q_1 的分项系数;
γ_{L_i}——第 i 个可变荷载考虑设计使用年限的调整系数,其中 γ_{L_1} 为主导可变荷载 Q_1 考虑设计使用年限的调整系数;
$S_{G_j k}$——按第 j 个永久荷载标准值 G_{jk} 计算的荷载效应值;
$S_{Q_i k}$——按第 i 个可变荷载标准值 Q_{ik} 计算的荷载效应值,其中 $S_{Q_1 k}$ 为诸可变荷载效应中起控制作用者;
φ_{c_i}——第 i 个可变荷载 Q_i 的组合值系数;
m——参与组合的永久荷载数;
n——参与组合的可变荷载数。

注:①基本组合中的效应设计值仅适用于荷载与荷载效应为线性的情况;②当对 $S_{Q_1 k}$ 无法明显判断时,应依次以各可变荷载效应作为 $S_{Q_1 k}$,并选取其中最不利的荷载组合的效应设计值。

(3)基本组合的荷载分项系数,应按下列规定采用。

1)永久荷载的分项系数应符合下列规定:

①当永久荷载效应对结构不利时,对由可变荷载效应控制的组合,应取 1.2,对由永久荷载效应控制的组合,应取 1.35;

②当永久荷载效应对结构有利时,不应大于 1.0。

2)可变荷载的分项系数应符合下列规定:

①对标准值大于 4 kN/m² 的工业房屋楼面结构的活荷载,应取 1.3;

②其他情况,应取 1.4。

3)对结构的倾覆、滑移或漂浮验算,荷载的分项系数应满足有关的建筑结构设计规范的规定。

(4)楼面和屋面活荷载考虑设计使用年限的调整系数 γ_L 应按表 7-2 采用。

表 7-2 楼面和屋面活荷载考虑设计使用年限的调整系数 γ_L

结构设计使用年限/年	5	50	100
γ_L	0.9	1.0	1.1

2. 正常使用极限状态设计表达式

对于正常使用极限状态,应根据不同的设计要求,采用荷载的标准组合、频遇组合或准永

久组合,并应按下列设计表达式进行设计:

$$S_d \leq C \tag{7-4}$$

式中 C——结构或结构构件达到正常使用要求的规定限值,如变形、裂缝、振幅、加速度、应力等的限值,应按各有关建筑结构设计规范的规定采用。

按正常使用极限状态设计,主要是验算构件的变形和抗裂度或裂缝宽度。因为其危害程度不及承载力引起的结构破坏造成的损失那么大,所以适当降低对可靠度的要求,只取荷载标准值,不需乘分项系数,也不考虑结构重要性系数。

可变荷载的最大值并非长期作用在结构上,所以,应按其在设计基准期内作用时间的长短和可变荷载超越总时间或超越次数,取相应的荷载代表值计算效应设计值。

(1)荷载标准组合的效应设计值 S_d 应按下式进行计算:

$$S_d = \sum_{j=1}^{m} S_{G_j k} + S_{Q_1 k} + \sum_{i=2}^{n} \varphi_c S_{Q_i k} \tag{7-5}$$

注:组合中的设计值仅适用于荷载与荷载效应为线性的情况。

(2)荷载频遇组合的效应设计值 S_d 应按下式进行计算:

$$S_d = \sum_{j=1}^{m} S_{G_j k} + \varphi_f S_{Q_1 k} + \sum_{i=2}^{n} \varphi_q S_{Q_i k} \tag{7-6}$$

式中 φ_q——第 i 个可变荷载的准永久值系数。

注:组合中的设计值仅适用于荷载与荷载效应为线性的情况。

(3)荷载准永久组合的效应设计值 S_d 应按下式进行计算:

$$S_d = \sum_{j=1}^{m} S_{G_j k} + \sum_{i=1}^{n} \varphi_q S_{Q_i k} \tag{7-7}$$

注:组合中的设计值仅适用于荷载与荷载效应为线性的情况。

第三节 混凝土结构耐久性规定

一、混凝土结构的耐久性

材料的耐久性是指材料暴露在使用环境下,抵抗各种物理和化学作用的能力。对钢筋混凝土结构而言,钢筋被浇筑在混凝土内,混凝土起保护钢筋的作用。如果能够根据使用条件对钢筋混凝土结构进行正确的设计和施工,在使用过程中又能对混凝土认真地进行定期维护,可使其使用年限达百年以上。

钢筋混凝土结构长期暴露在使用环境中,材料的耐久性会降低。混凝土结构的环境类别见表7-3。

表 7-3 混凝土结构的环境类别

环境类别	条 件
一	室内干燥环境; 无侵蚀性静水浸没环境

续表

环境类别	条　件
二 a	室内潮湿环境； 非严寒和非寒冷地区的露天环境； 非严寒和非寒冷地区与无侵蚀性的水或土壤直接接触的环境； 严寒和寒冷地区的冰冻线以下与无侵蚀性的水或土壤直接接触的环境
二 b	干湿交替环境； 水位频繁变动环境； 严寒和寒冷地区的露天环境； 严寒和寒冷地区冰冻线以上与无侵蚀性的水或土壤直接接触的环境
三 a	严寒和寒冷地区冬季水位变动区环境； 受除冰盐影响环境； 海风环境
三 b	盐渍土环境； 受除冰盐作用环境； 海岸环境
四	海水环境
五	受人为或自然的侵蚀性物质影响的环境

注：1. 室内潮湿环境是指构件表面经常处于结露或湿润状态的环境；
　　2. 严寒和寒冷地区的划分应符合现行国家标准《民用建筑热工设计规范》(GB 50176—2016)的有关规定；
　　3. 海岸环境和海风环境宜根据当地情况，考虑主导风向及结构所处迎风、背风部位等因素的影响，由调查研究和工程经验确定；
　　4. 受除冰盐影响环境是指受到除冰盐盐雾影响的环境，受除冰盐作用环境是指被除冰盐溶液溅射的环境，以及使用除冰盐地区的洗车房、停车楼等建筑；
　　5. 暴露的环境是指混凝土结构表面所处的环境。

二、影响混凝土结构耐久性的因素

(1) 材料的质量。
(2) 钢筋的锈蚀。
(3) 混凝土的抗渗及抗冻性。
(4) 除冰盐对混凝土的破坏。

三、混凝土结构耐久性的基本要求

(1) 设计使用年限为 50 年的混凝土结构，其混凝土材料的耐久性宜符合表 7-4 的规定。

表 7-4　混凝土结构材料的耐久性的基本要求

环境等级	最大水胶比	最低强度等级	最大氯离子含量/%	最大碱含量/(kg·m^{-3})
一	0.60	C20	0.30	不限制

续表

环境等级	最大水胶比	最低强度等级	最大氯离子含量/%	最大碱含量/(kg·m⁻³)
二 a	0.55	C25	0.20	3.0
二 b	0.50(0.55)	C30(C25)	0.15	
三 a	0.45(0.50)	C35(C30)	0.15	
三 b	0.40	C40	0.10	

注：1. 氯离子含量是指其占胶凝材料总量的百分比；
2. 预应力构件混凝土中的最大氯离子含量为0.06%，最低混凝土强度等级应按表中的规定提高两个等级；
3. 素混凝土构件的水胶比及最低强度等级的要求可适当放松；
4. 有可靠工程经验时，二类环境中的最低混凝土强度等级可降低一个等级；
5. 处于严寒和寒冷地区二b、三a类环境中的混凝土，应使用引气剂，并可采用括号中的有关参数；
6. 当使用非碱活性集料时，对混凝土中的碱含量可不作限制。

(2)一类环境中，设计使用年限为100年的混凝土结构应符合下列规定：
1)钢筋混凝土结构的最低强度等级为C30，预应力混凝土结构的最低强度等级为C40；
2)混凝土中的最大氯离子含量为0.05%；
3)宜使用非碱活性集料，当使用碱活性集料时，混凝土中的最大碱含量为3.0 kg/m³；
4)混凝土保护层厚度应按《设计规范》第8.2.1条的规定增加40%，当采取有效的表面防护措施时，混凝土保护层厚度可适当减小；
5)在设计使用年限内，应建立定期检测、维修的制度。
(3)二、三类环境中，设计使用年限100年的混凝土结构应采取专门的有效措施。
(4)对下列混凝土结构及构件，还应采取加强耐久性的相应措施：
1)预应力混凝土结构中的预应力钢筋应根据具体情况采取表面防护、管道灌浆、加大混凝土保护层厚度等措施，外露的锚固端应采取封锚和混凝土表面处理等有效措施；
2)有抗渗要求的混凝土结构，混凝土的抗渗等级应符合有关标准的要求；
3)严寒及寒冷地区的潮湿环境中，结构混凝土应满足抗冻要求，混凝土抗冻等级应符合有关标准的要求；
4)处于二、三类环境中的悬臂构件，宜采用悬臂梁(板)的结构形式，或在其上表面增设防护层；
5)处于二、三环境中的结构构件，其表面的预埋件、吊钩、连接件等金属部件，应采取可靠的防锈措施；
6)处在三类环境中的混凝土结构构件，可采用阻锈剂、环氧树脂涂层钢筋或其他具有耐腐蚀性能的钢筋，采用阴极保护措施或采用可更换的构件等措施；
7)耐久性环境类别为四类和五类的混凝土结构，其耐久性要求应符合有关标准的规定。
(5)混凝土结构在设计使用年限内还应遵守下列规定：
1)建立定期检测、维修制度；
2)设计中的可更换混凝土构件应按规定定期更换；
3)构件表面的防护层，应按规定维护或更换；
4)结构出现可见的耐久性缺陷时，应及时进行处理。

本章小结

本章主要介绍极限状态设计方法的一些基本知识,这些知识是学习本课程及其他结构设计类课程的理论基础。涉及新的概念和名词术语较多,又牵涉数理统计和概率论方面的内容,有一定的难度,需要认真学习领会。关于荷载和材料强度的取值及计算,需要熟练掌握。

思考与练习

一、填空题

1. _____是指在结构使用期内其值不随时间变化或变化很小的荷载,如结构自重等。
2. _____是指在结构使用期内其值随时间而变化,且其变化量与平均值相比不可忽略的荷载,如楼面活荷载、屋面活荷载、吊车荷载、风荷载、雪荷载等。
3. _____是指在进行结构或构件设计时,针对不同设计目的对荷载应赋予一个规定的量值。
4. _____是指材料暴露在使用环境下,抵抗各种物理和化学作用的能力。
5. 钢筋混凝土结构的最低强度等级为_____,预应力混凝土结构的最低强度等级为_____。

二、简答题

1. 什么是偶然荷载?
2. 什么是荷载代表值?荷载代表值分为哪几种?
3. 通常情况下,结构应满足哪些功能要求?
4. 影响混凝土结构耐久性的因素有哪些?

第八章 钢筋混凝土结构基本构件

学习目标

了解钢筋的种类及性能、混凝土的力学性能、钢筋混凝土的概念及性能;熟悉轴心受拉构件承载力、偏心受拉构件承载力的计算方法;掌握单筋矩形截面受弯构件正截面承载力、双筋矩形截面受弯构件正截面承载力、T形截面受弯构件正截面承载力和受弯构件斜截面承载力的计算方法,掌握轴心受压构件承载力、偏心受压构件承载力的计算方法。

能力目标

能描述钢筋及混凝土的力学性能,能熟练进行钢筋混凝土受弯、受压、受拉构件承载力的计算,具备钢筋混凝土梁、柱等构件截面的设计能力。

素养目标

1. 有效地计划并实施各种活动。
2. 听取他人的意见,积极讨论各种观点。
3. 作风端正,勇于承担责任,宽容、细致、耐心。

第一节 钢筋和混凝土的力学性能

一、钢筋的种类、性能指标及性能要求

(一)钢筋的种类

我国用于混凝土结构的钢筋,按加工工艺不同,主要有热轧钢筋、中强度预应力钢丝、预应力螺纹钢筋、消除应力钢丝、钢绞线等几类;按在结构中是否施加预应力,可分为普通钢筋和预应力钢筋。

(1)普通钢筋。普通钢筋是指用于钢筋混凝土结构中的钢筋和预应力混凝土结构中的非预应力钢筋,主要采用热轧钢筋。

热轧光圆钢筋

热轧钢筋由低碳钢或低合金钢热轧而成。按屈服强度标准值的大小,用于钢筋混凝土结构的热轧钢筋分为 HPB300、HRB335、HRBF335、HRB400、HRBF400、RRB400、HRB500、HRBF500 几个级别,其符号和强度值范围见表8-1。其中,HPB300 级钢

筋为光圆钢筋，其余钢筋均为变形钢筋，钢筋的外形如图 8-1 所示。《混凝土结构设计规范(2015 年版)》(GB 50010—2010)(以下简称《混凝土规范》)规定，纵向受力普通钢筋可采用 HRB400、HRB500、HRBF400、HRBF500、HRB335、RRB400、HPB300 钢筋；梁、柱和斜撑构件的纵向受力普通钢筋宜采用 HRB400、HRB500、HRBF400、HRBF500 钢筋；箍筋宜采用 HRB400、HRBF400、HRB335、HPB300、HRB500、HRBF500 钢筋。

热轧带肋钢筋

表 8-1 普通钢筋强度标准值　　　　　　　　　　　　　N/mm²

牌号	符号	公称直径 d/mm	屈服强度标准值 f_{pyk}	极限强度标准值 f_{ptk}
HPB300	Φ	6～14	300	420
HRB335	Φ	6～14	335	455
HRB400 HRBF400 RRB400	Φ Φ^F Φ^R	6～50	400	540
HRB500 HRBF500	Φ Φ^F	6～50	500	630

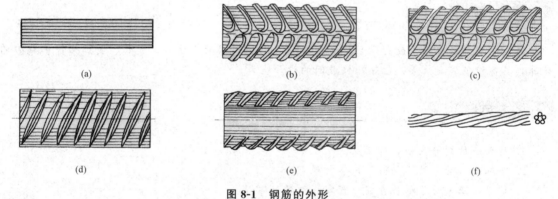

图 8-1 钢筋的外形
(a)光圆钢筋；(b)人纹钢筋；(c)螺纹钢筋
(d)月牙纹钢筋；(e)刻痕钢筋；(f)钢绞线

(2)预应力钢筋。预应力混凝土结构所用钢材一般为预应力钢丝、钢绞线和预应力螺纹钢筋，其符号和直径范围见附表1。钢绞线是由多根高强度钢丝绞合在一起形成的，有3股和7股两种，多用于后张法大型构件。预应力钢丝主要是消除应力钢丝，其外形有光面、螺旋肋、三面刻痕三种。

(二)钢筋的性能指标

1. 抗拉性能

钢筋抗拉性能的技术指标主要是屈服强度、抗拉强度和伸长率。钢筋的抗拉性能主要通过低碳钢的应力—应变曲线来表示，在拉伸时低碳钢的力学性能分为四个阶段，即弹性阶段、屈服阶段、强化阶段和颈缩阶段。

2. 冷弯性能

冷弯性能是指钢筋在常温[(20±3)℃]条件下承受弯曲变形的能力。冷弯是检验钢筋原材料质量和钢筋焊接接头质量的重要项目之一；通过冷弯试验、拉应力试验更容易暴露钢材内部存在的夹渣、气孔、裂纹等缺陷，特别是焊接接头有缺陷时，在进行冷弯试验过程中能够敏感地暴露出来。

冷弯性能指标通过冷弯试验确定，常用弯曲角度(α)和弯心直径(D)对试件的厚度或直径(d)的比值来表示。弯曲角度越大，弯心直径对试件厚度或直径的比值越小，表明钢筋的冷弯性能越好，如图 8-2 所示。

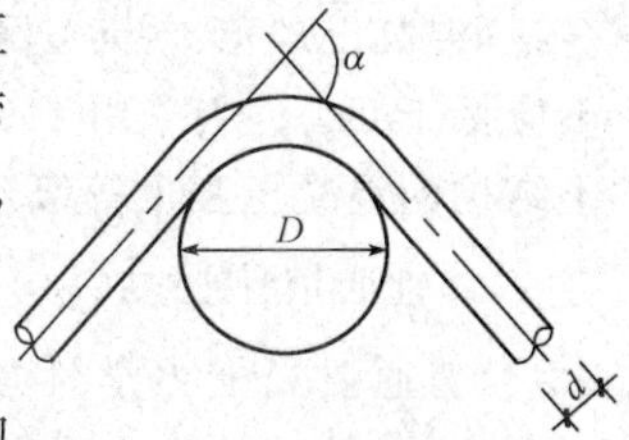

3. 冲击韧性

冲击韧性是指钢材抵抗冲击荷载的能力。其指标通过标准试件的弯曲冲击韧性试验确定。按规定，将带有 V 形缺口的试件进行冲击试验。试件在冲击荷载作用下折断时所吸收的功，称为冲击吸收功 A_{kV}(J)。钢材的化学成分、组织状态、内在缺陷及环境温度等都是影响冲击韧性的重要因素。

图 8-2　钢筋的冷弯

4. 硬度

钢材的硬度是指表层局部体积抵抗较硬物体压入产生塑性变形的能力，通常用布氏硬度值 HB 表示。

5. 耐疲劳性

在反复荷载作用下的结构构件，钢材往往在应力远小于抗拉强度时发生断裂，这种现象称为钢材的疲劳破坏。其危险应力可用疲劳极限来表示，它是指疲劳试验中试件在交变应力作用下，在规定的周期基数内不发生断裂所能承受的最大应力。

(三)钢筋的性能要求

混凝土结构对钢筋性能的要求主要有以下几点：

(1)有较高的强度和适宜的屈强比。钢筋的屈服强度高，可减少结构的含钢量，节约钢材，提高经济效益。屈强比小，结构可靠，但钢材强度的利用率低，不经济；屈强比太大，则结构不可靠。

(2)具有较好的塑性及焊接性。钢筋的塑性好，则在破坏前会产生较大的塑性变形，即构件会有明显的变形和裂缝，可避免突然的脆性破坏所带来的危害，所以应保证钢筋的伸长率和冷弯性能合格。钢筋焊接后应保证接头的受力性能良好，不产生裂纹和过大的变形。

(3)与混凝土间具有良好的粘结力。粘结力是保证钢筋和混凝土共同工作的基础，钢筋表面形状对粘结力有着重要影响。为了加强钢筋与混凝土的粘结力，除强度较低的 HPB300 级钢筋为光圆钢筋外，常用的 HRB335、HRB400 和 RRB400 级钢筋均为表面带肋钢筋。

二、混凝土的力学性能

(一)混凝土的强度

混凝土由水泥、砂、碎石和水按一定比例配合而成，其强度大小不仅与组成材料的质量和配合比有关，而且与混凝土的养护、龄期、受力情况等有着密切关系。在实际工程中，常用的混凝土强度有立方体抗压强度、轴心抗压强度、轴心抗拉强度等。

1. 立方体抗压强度(f_{cu})

按照标准的制作方法制成边长为 150 mm 的立方体试件，在标准养护条件[温度(20±2)℃，相对湿度 95% 以上或在氢氧化钙饱和溶液中]下，养护到 28 d，按照标准的测定方法测定的具有 95% 保证率的抗压强度值称为混凝土立方体试件抗压强度，简称立方体抗压强度，以 f_{cu} 表示。

《混凝土规范》规定混凝土强度等级分为 14 级，即 C15、C20、C25、C30、C35、C40、C45、C50、C55、C60、C65、C70、C75 和 C80。其中，符号 C 表示混凝土，C 后面的数值表示以 N/mm² 为单位的立方体抗压强度标准值。

《混凝土规范》规定，素混凝土结构的混凝土强度等级不应低于C15；钢筋混凝土强度等级不应低于C20；当采用400 MPa及以上的钢筋时，混凝土强度等级不应低于C25。预应力混凝土结构的混凝土强度等级不宜低于C40，且不应低于C30。

2. 轴心抗压强度(f_{ck})

《普通混凝土力学性能试验方法标准》(GB/T 50081—2019)规定以150 mm×150 mm×300 mm的棱柱体作为混凝土轴心抗压强度的标准试件，并规定以上述棱柱体试件试验测得的具有95%保证率的抗压强度为混凝土轴心抗压强度标准值，用符号f_{ck}表示。

测定混凝土的轴心抗压强度时，也可采用非标准试件，通常采用的棱柱体试件高宽比为$h/b=2\sim3$。如h/b过大，则在试块破坏时会出现附加偏心，从而降低轴心抗压强度；如h/b太小，则难以消除试件两端的摩擦阻力对强度的影响。

试验结果表明，混凝土的轴心抗压强度比立方体抗压强度小。

3. 轴心抗拉强度(f_{tk})

混凝土试件在轴向拉伸情况下的极限强度称为轴心抗拉强度，其标准值用符号f_{tk}表示。

混凝土的抗拉强度很低，与立方体抗压强度之间为非线性关系，一般只有其立方体抗压强度的1/17～1/8。中国建筑科学研究院等单位对混凝土的抗拉强度做了系统的测定，用直接测试法或间接测试法对试件进行试验测得其轴心抗拉强度，经修正后，得出轴心抗拉强度标准值与立方体抗压强度标准值之间的关系为

$$f_{tk}=0.88\times0.395f_{cu,k}^{0.55}(1-1.645\delta)^{0.45}\alpha_2 \tag{8-1}$$

式中 δ——混凝土立方体强度变异系数，对C60以上的混凝土，取$\delta=0.1$（系数0.395和系数0.55是根据试验数据统计分析所得的经验系数）；

α_2——混凝土的脆性系数。

混凝土的轴心抗压和轴心抗拉强度标准值见表8-2。

表8-2 混凝土强度标准值　　　　　　　　　　　　　　　　　N/mm²

强度种类	混凝土强度等级													
	C15	C20	C25	C30	C35	C40	C45	C50	C55	C60	C65	C70	C75	C80
f_{ck}	10.0	13.4	16.7	20.1	23.4	26.8	29.6	32.4	35.5	38.5	41.5	44.5	47.4	50.2
f_{tk}	1.27	1.54	1.78	2.01	2.20	2.39	2.51	2.64	2.74	2.85	2.93	2.99	3.05	3.11

4. 影响混凝土强度的因素

(1)水胶比和水泥强度等级。在配合比相同的条件下，所用的水泥强度等级越高，制成的混凝土强度越高。在水泥强度等级相同的情况下，水胶比越小，水泥强度越高，混凝土的强度也越高。

(2)龄期。混凝土在正常养护条件下，其强度随着龄期增加而提高。最初7～14 d内，强度增长很快，28 d以后增长缓慢。

(3)养护的温度与湿度。养护的温度越高，水泥水化速度越快，混凝土强度发展越快；养护的温度越低，水泥水化速度越低，混凝土强度发展越慢。混凝土养护的湿度应适当，湿度不够会使混凝土干燥而影响水泥水化，造成混凝土结构松散，或干缩形成裂缝，严重影响混凝土强度。

(二)混凝土的变形

混凝土的变形分为受力变形和体积变形两类。

1. 受力变形

受力变形包括一次短期荷载下的变形、多次重复加荷及荷载长期作用下的变形。

(1)混凝土在一次短期荷载作用下的变形。混凝土在一次短期荷载作用下的应力-应变曲线是研究钢筋混凝土结构构件的截面应力、建立强度计算和变形计算理论不可缺少的依据。图8-3所示为棱柱体试件在受压时的应力-应变曲线,其主要由上升段 Oc 和下降段 ce 两部分组成。

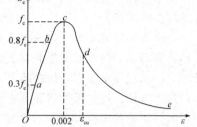

图 8-3　混凝土受压时的应力-应变曲线

1)上升段 Oc。上升段 Oc 大致可分为三段:

①Oa 段($\sigma_c \leqslant 0.3 f_c$)。此时混凝土压应力较小,混凝土基本处于弹性阶段工作,应力-应变关系呈直线,卸载后应变可恢复到零。

②ab 段($0.3 f_c < \sigma_c \leqslant 0.8 f_c$)。随着混凝土压应力继续增大,应变增加的速度比应力快,混凝土呈现出塑性性质,应力-应变关系偏离直线。此阶段混凝土内部微裂缝开始延伸、扩展。

③bc 段($0.8 f_c < \sigma_c \leqslant f_c$)。混凝土的塑性变形显著增大,$c$ 点达到峰值应力($\sigma_c = f_c$),相应的峰值压应变 $\varepsilon_0 \approx 0.002$。此阶段混凝土内部裂缝不断扩展,裂缝数量及宽度急剧增加,最后形成相互贯通并与压力方向平行的裂缝,试件即将破坏。

2)下降段 ce。当压应力达到 c 点峰值应力后,曲线开始下降,试件承载力逐渐降低,应变继续增大,并在 d 点出现拐点,d 点相应的应变称为混凝土的极限压应变 ε_{cu},一般为 0.003 3。ε_{cu} 值越大,说明混凝土的塑性变形能力越强,即材料的延性越好,抗震性能越好。

(2)混凝土的弹性模量。混凝土的弹性模量是一次短期加载应力-应变的原点切线斜率。工程中,采用重复加载卸载,使应力-应变曲线渐趋稳定并接近直线,该直线的斜率即为混凝土的弹性模量,用 E_c 表示。混凝土受拉弹性模量与受压弹性模量基本相同,计算时取相同的值,混凝土受压和受拉的弹性模量 E_c 宜按表8-3采用。

表 8-3　混凝土受压和受拉的弹性模量 E_c

混凝土强度等级	C15	C20	C25	C30	C35	C40	C45	C50	C55	C60	C65	C70	C75	C80
E_c	2.20	2.55	2.80	3.00	3.15	3.25	3.35	3.45	3.55	3.60	3.65	3.70	3.75	3.80

注:1. 当有可靠试验依据时,弹性模量可根据实测数据确定;
　　2. 当混凝土中掺有大量矿物掺合料时,弹性模量可按规定龄期根据实测数据确定。

(3)混凝土在多次重复加荷情况下的变形。混凝土在多次重复加荷情况下会产生"疲劳"现象,由于荷载重复作用而引起的破坏称为疲劳破坏。如工业厂房中的吊车梁,在其使用期限内要承受200万次以上的重复荷载作用,在多次重复荷载作用情况下,混凝土的强度和变形性能都会出现"疲劳"的现象。疲劳破坏的产生取决于加载时应力是否超过混凝土的疲劳强度 f_c^f。试验表明,混凝土的疲劳强度 f_c^f 低于轴心抗压强度 f_c,大致在 $(0.4 \sim 0.5) f_c$ 之间,此值的大小与荷载重复作用的次数、应力的变化幅度及混凝土的强度等级有关。

通常情况下,承受重复荷载作用并且荷载循环次数不少于200万次的构件必须进行疲劳验算。

(4)混凝土在长期荷载作用下的变形。在长期不变荷载作用下,混凝土的应变也会随着时间的增加而增长,这种现象称为混凝土的徐变。徐变产生的原因主要是混凝土中尚未形成水泥石结晶体的水泥石凝胶体的黏性流动,以及混凝土内部的微裂缝在长期荷载作用下不断发展和增长导致应变的增长。

影响徐变的因素很多,如内在因素、应力条件及环境因素等。

1)内在因素。内在因素指混凝土的组成成分和配合比。例如,集料越坚硬,徐变越小;水胶比越大,水泥用量越多,徐变越大。

2)应力条件。应力条件指混凝土初始加荷应力和加载时混凝土的龄期,这是影响徐变的最主要因素。初始加荷应力越大,徐变越大;加荷时混凝土的龄期越短,徐变越大。在实际工程中应加强养护,使混凝土尽早结硬,减小徐变。

3)环境因素。环境因素指养护和使用时的温湿度。受荷前养护的温度越高,湿度越大,水泥水化作用就越充分,徐变就越小;加荷期间温度越高,湿度越低,徐变就越大。

2. 体积变形

体积变形包括混凝土收缩变形和混凝土温度变形。

(1)混凝土收缩变形。混凝土在空气中结硬时,体积会缩小。混凝土的收缩由凝缩和干缩两部分组成。凝缩是由水泥水化反应引起的本身体积的收缩,它是不可恢复的;干缩则是由混凝土内自由水分的蒸发而引起的收缩,当干缩后的混凝土再次吸水时,部分干缩变形可以恢复。

影响混凝土收缩的因素很多,主要有内在因素和环境影响因素两类。

1)内在因素。水泥强度高、用量多、水胶比大,则收缩量大;集料粒径大、级配好、弹性模量高,则收缩量小;混凝土越密实,收缩量就越小。

2)环境影响因素。混凝土在养护和使用期间的环境湿度大,则收缩量小;采用高温蒸汽养护时,收缩量减小。

此外,混凝土构件的表面面积与其体积的比值越大,收缩量越大。

(2)混凝土温度变形。混凝土随温度的升降会产生胀缩,这种现象称为温度变形。混凝土温度的线膨胀系数为$(1.0\sim1.5)\times10^{-5}℃^{-1}$,《混凝土规范》取$1.0\times10^{-5}℃^{-1}$,它与钢筋的线膨胀系数$1.2\times10^{-5}℃^{-1}$相近,因此,当温度发生变化时,在混凝土和钢筋之间引起的内应力很小,不会影响到钢筋与混凝土之间的粘结。

三、钢筋混凝土的概念及性能

钢筋混凝土是由钢筋和混凝土两种物理与力学性能有很大不同的材料组成的复合材料。钢筋和混凝土这两种性质不同的材料之所以能有效地结合在一起共同工作,主要有以下性能:

(1)钢筋和混凝土之间有可靠的粘结力,能牢固地粘结成整体,共同抵抗外力。

(2)钢筋和混凝土的温度变形值基本相同,不会因热胀冷缩现象使两者产生相对位移而发生破坏。

(3)钢筋和混凝土受力变形后一致,不会因受力变形不协调使两者产生相对滑移而破坏整体性。

(4)混凝土包裹在钢筋外面,能有效地保护钢筋不受锈蚀,增强钢筋混凝土构件的耐久性。

第二节 受弯构件承载力计算

在荷载作用下,同时承受弯矩和剪力作用的构件称为受弯构件。其中,在截面受拉区配置纵向受力钢筋的构件,称为单筋受弯构件;在截面受拉区和受压区都配置有受力钢筋的构件,称为双筋受弯构件。

一、受弯构件的构造要求

(一)梁构造

1. 梁的截面尺寸

(1)截面高度:可根据跨度要求按高跨比 h/l 来估计(表8-4)。对于一般荷载作用下的梁,梁高不小于表8-4规定的最小截面高度,梁高 $h \leqslant 800$ mm 时,取 50 mm 的倍数;$h > 800$ mm 时,则取 100 mm 的倍数。

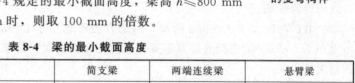

钢筋混凝土结构中的受弯构件

表 8-4 梁的最小截面高度

项次	构件种类		简支梁	两端连续梁	悬臂梁
1	整体肋形梁	次梁	$l/15$	$l/20$	$l/8$
		主梁	$l/12$	$l/15$	$l/6$
2	独立梁		$l/12$	$l/15$	$l/6$

(2)截面宽度:通常取梁宽 $b = (1/2 \sim 1/3)h$。常用的梁宽为 150 mm、200 mm、250 mm、300 mm,若 $b > 200$ mm,一般级差取 50 mm。砖砌体中梁的梁宽和梁高,如圈梁、过梁等,按砖砌体所采用的模数来确定,如 120 mm、180 mm、240 mm、300 mm 等。

2. 梁的配筋

梁中通常配置纵向受力钢筋、箍筋、架立钢筋等,构成钢筋骨架(图8-4),有时还配置纵向构造钢筋及相应的拉筋等。

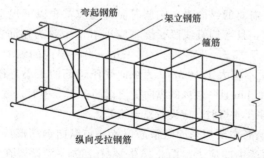

图 8-4 梁的配筋

(1)纵向受力钢筋。配置在受拉区的受力钢筋主要承受由弯矩在梁内产生的拉力,配置在受压区的纵向受力钢筋用来补充混凝土受压能力的不足。通常,梁的纵向受力钢筋应符合下列规定:

1)伸入梁支座范围内的钢筋不应少于两根。

2)当梁高 $h<300$ mm 时,$d \geqslant 8$ mm;当 $h \geqslant 300$ mm 时,$d \geqslant 10$ mm。

3)梁上部纵向钢筋水平方向的净间距不应小于 30 mm 和 $1.5d$;下部纵向钢筋水平方向的净间距不应小于 25 mm 和 d(d 为钢筋的最大直径);当下部钢筋多于两层时,两层以上钢筋水平方向的中距比下面两层的中距增大一倍;各层钢筋之间的净间距不应小于 25 mm 和 d。

4)在梁的配筋密集区域可采用并筋的配筋形式。

梁配筋构造基本规定

(2)弯起钢筋。钢筋在跨中下侧承受正弯矩产生的拉力,在靠近支座的位置利用弯起段承受弯矩和剪力共同产生的主拉应力的钢筋称为弯起钢筋,现在较少采用。当梁高 $h \leqslant 800$ mm 时,弯起角度采用 $45°$;当梁高 $h>800$ mm 时,弯起角度采用 $60°$。

(3)箍筋。箍筋的主要作用是承担梁中的剪力和固定纵筋的位置,和纵向钢筋一起形成钢筋骨架。梁中箍筋的配置应符合下列规定:

1)按承载力计算不需要箍筋的梁,当截面高度大于 300 mm 时,应沿梁全长设置构造箍筋;当截面高度 $h=150 \sim 300$ mm 时,可仅在构件端部 $l_0/4$ 范围内设置构造箍筋,l_0 为跨度。当在构件中部 $l_0/2$ 范围内有集中荷载作用时,应沿梁全长设置箍筋。当截面高度小于 150 mm 时,可以不设置箍筋。

2)截面高度大于 800 mm 的梁,箍筋直径不宜小于 8 mm;截面高度不大于 800 mm 的梁,不宜小于 6 mm。梁中配有计算需要的纵向受压钢筋时,箍筋直径尚不应小于 $d/4$,d 为受压钢筋最大直径。

3)梁中箍筋的最大间距宜符合表 8-5 的规定;当 V 大于 $0.7f_tbh_0+0.05N_{p0}$ 时,箍筋的配筋率 ρ_{sv}($\rho_{sv}=A_{sv}/b_s$)不应小于 $0.24f_t/f_{yv}$。

表 8-5 梁中箍筋的最大间距   mm

梁高 h	$V>0.7f_tbh_0$	$V \leqslant 0.7f_tbh_0$
$150<h \leqslant 300$	150	200
$300<h \leqslant 500$	200	300
$500<h \leqslant 800$	250	350
$h>800$	300	400

4)当梁中配有按计算需要的纵向受压钢筋时,箍筋应符合以下规定:

①箍筋应做成封闭式,且弯钩直线段长度不应小于 $5d$,d 为箍筋直径。

②箍筋的间距不应大于 $15d$,并不大于 400 mm。当一层内的纵向受压钢筋多于 5 根且直径大于 18 mm 时,箍筋间距不应大于 $10d$,d 为纵向受压钢筋的最小直径。

③当梁的宽度大于 400 mm 且一层内的纵向受压钢筋多于 3 根时,或当梁的宽度不大于 400 mm 但一层内的纵向受压钢筋多于 4 根时,应设置复合箍筋。

(4)架立钢筋。架立钢筋主要用来固定箍筋位置,与纵向钢筋形成梁的钢筋骨架,并承受因温度变化和混凝土收缩而产生的应力,防止发生裂缝。它一般设置在梁的受压区外缘两侧,并平行于纵向受力钢筋。当受压配置有纵向受压钢筋时,可兼作架立钢筋。

对于架立钢筋,当梁的跨度小于 4 m 时,直径不宜小于 8 mm;当梁的跨度为 $4 \sim 6$ m 时,直径不应小于 10 mm;当梁的跨度大于 6 m 时,直径不宜小于 12 mm。

(5)纵向构造钢筋及拉筋。当梁的腹板高度 $h_w \geqslant 450$ mm 时,应在梁的两个侧面沿高度配置纵向构造钢筋(也称腰筋),并用拉筋固定(图 8-5),且其间距不宜大于 200 mm。

3. 混凝土保护层厚度和截面有效高度

(1)混凝土保护层厚度。混凝土保护层是指钢筋外边缘至构件表面范围用于保护钢筋的混凝土。构件中普通钢筋及预应力钢筋的混凝土保护层厚度应满足下列要求:

1)构件中受力钢筋的保护层厚度不应小于钢筋的直径 d。

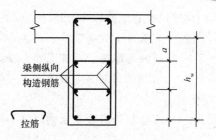

图 8-5 梁侧纵向构造钢筋及拉筋

2)设计使用年限为 50 年的混凝土结构,最外层钢筋的保护层厚度应符合表 8-6 的规定;设计使用年限为 100 年的混凝土结构,最外层钢筋的保护层厚度不应小于表 8-6 中数值的 1.4 倍。

表 8-6　混凝土保护层的最小厚度　　　　　　　　　　　　　　　　　mm

环境类别		板、墙、壳	梁、柱、杆
一		15	20
二	a	20	25
	b	25	35
三	a	30	40
	b	40	50

注:(1)钢筋混凝土基础宜设置混凝土垫层,基础中钢筋的混凝土保护层厚度应从垫层顶面算起,且不应小于 40 mm。
　　(2)混凝土强度等级不大于 C25 时,表中保护层厚度数值应增加 5 mm。

(2)截面有效高度。在进行受弯构件配筋计算时,要确定梁、板的有效高度 h_0。所谓有效高度,是指受拉钢筋的重心至截面受压边缘的垂直距离,它与受拉钢筋的直径和排数有关,截面的有效高度可表示为

$$h_0 = h - a_s \tag{8-2}$$

式中　h_0——截面有效高度;

　　　h——截面高度;

　　　a_s——受拉钢筋的重心至截面受拉边缘的距离[对于室内正常环境下的梁,当混凝土的强度等级≥C25 时,a_s 取 35mm(单层钢筋)或 60mm(双层钢筋);板的 a_s 取 20mm]。

纵向受拉钢筋的配筋百分率是指纵向受拉钢筋总截面面积 A_s 与正截面的有效面积 bh_0 的比值,用 ρ 表示,简称配筋率,用百分数来计量,即

$$\rho = \frac{A_s}{bh_0} \tag{8-3}$$

纵向受拉钢筋的配筋百分率 ρ 在一定程度上表示了正截面上纵向受拉钢筋与混凝土之间的面积比率,它是对梁的受力性能有很大影响的一个重要指标。根据我国的经验,板的经济配筋率为 0.3%~0.8%;单筋矩形梁的经济配筋率为 0.6%~1.5%。

(二)板构造

板按受力形式不同分为单向板和双向板。四边有支撑的板,若板长边与短边长度的比≤2,为双向板;长边与短边长度的比≥3,为单向板;若比值大于 2 但小于 3,宜按双向板计算,如按单向板计算,长边方向应配加强钢筋。两对边支承的板,应按单向板计算。

(1)板的截面形式及尺寸。板的常见截面形式有实心板、槽形板、空心板等。现浇混凝土板的尺寸宜符合下列规定。

1)板的跨厚比：钢筋混凝土单向板不大于30，双向板不大于40；无梁支承的有柱帽板不大于35，无梁支承的无柱帽板不大于30。预应力板可适当增加；当板的荷载、跨度较大时宜适当减小。

2)现浇钢筋混凝土板的厚度不应小于表8-7规定的数值。

表8-7 现浇钢筋混凝土板的最小厚度　　　　　　　　　　　　　　　　　　mm

板的类别		最小厚度
单向板	屋面板	60
	民用建筑楼板	60
	工业建筑楼板	70
	行车道下的楼板	80
双向板		80
密肋楼盖	面板	50
	肋高	250
悬臂板(根部)	悬臂长度不大于500 mm	60
	悬臂长度1 200 mm	100
无梁楼板		150
现浇空心楼盖		200

(2)板的配筋。板通常配置纵向受力钢筋和分布钢筋(图8-6)。

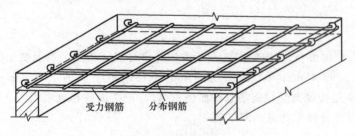

图8-6 板的配筋

板配筋构造基本规定

1)受力钢筋。板的受力钢筋的直径一般为6～12 mm，板厚度较大时，钢筋直径可用14～18 mm。为了正常分担内力，板中受力钢筋的间距不宜过稀，但为了绑扎方便和保证浇捣质量，板的受力钢筋间距也不宜过密。当板厚不大于150 mm时不宜大于200 mm；当板厚大于150 mm时不宜大于板厚的1.5倍，且不宜大于250 mm。

2)分布钢筋。当按单向板设计时，应在垂直于受力的方向，在受力钢筋内侧按构造要求配置分布钢筋。分布钢筋的作用：一是固定受力钢筋的位置，形成钢筋网；二是将板上荷载有效地传到受力钢筋上去；三是防止温度或混凝土收缩等原因沿跨度方向的裂缝。其配筋率不宜小于受力钢筋的 15%,且不宜小于 0.15%;分布钢筋直径不宜小于 6 mm,间距不宜大于 250 mm;当集中荷载较大时,分布钢筋的配筋面积还应增加,且间距不宜大于 200 mm。

二、受弯构件正截面承载力计算

受弯构件正截面承载力是指适筋梁截面在承载能力极限状态所能承担的弯矩 M_u。

(一)基本假定

(1)平截面假定构件正截面在弯曲变形以后仍保持为平面。

(2)钢筋应力 σ_s 取等于钢筋应变 ε_s 与其弹性模量 E_s 的乘积,但不得大于其强度设计值 f_y。

(3)不考虑截面受拉区混凝土抗拉强度。

(4)受压混凝土的应力-应变关系,采用图 8-7 所示的混凝土应力-应变曲线。

1)当 $\varepsilon_c \leqslant \varepsilon_0$ 时,可得:

$$\sigma_c = f_c \left[1 - \left(1 - \frac{\varepsilon_c}{\varepsilon_0} \right)^n \right] \tag{8-4}$$

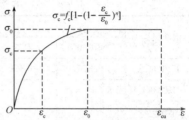

图 8-7 混凝土应力-应变曲线

2)当 $\varepsilon_0 < \varepsilon_c \leqslant \varepsilon_{cu}$ 时,可得

$$\sigma_c = f_c \tag{8-5}$$

$$n = 2 - \frac{1}{60}(f_{cu,k} - 50) \tag{8-6}$$

$$\varepsilon_0 = 0.002 + 0.5(f_{cu,k} - 50) \times 10^{-5} \tag{8-7}$$

$$\varepsilon_{cu} = 0.0033 - (f_{cu,k} - 50) \times 10^{-5} \tag{8-8}$$

式中 σ_c——混凝土压应变为 ε_c 时的混凝土压应力;

f_c——混凝土轴心抗压强度设计值;

ε_0——混凝土压应力刚达到 f_c 时的混凝土压应变(当计算的 ε_0 值小于 0.002 时,取 0.002);

ε_{cu}——正截面的混凝土极限压应变[当处于非均匀受压时,按式(8-8)计算,如计算的 ε_{cu} 值大于 0.0033,取 0.0033;当处于轴心受压时取 ε_0];

$f_{cu,k}$——混凝土立方体抗压强度标准值;

n——系数,当计算的 n 值大于 2.0 时,取 2.0。

(二)等效矩形应力图

按上述假定,在进行受弯构件正截面承载力计算时,为简化计算,受压区混凝土的曲线应力图可采用等效矩形应力图来代换,如图 8-8 所示。

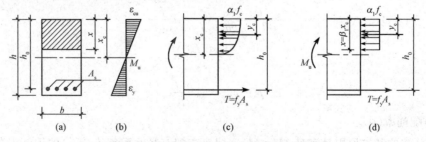

图 8-8 等效矩形应力图代换曲线应力图

(a)截面;(b)应变分布;(c)曲线应力分布;(d)等效矩形应力分布

等效矩形应力图代换曲线应力图的原则是保证受压区混凝土压应力合力的大小相等和作用点位置不变。

(三)适筋梁的界限条件

1. 相对界限受压区高度(ξ_b)

相对界限受压区高度 ξ_b 是指适筋梁在界限破坏时,等效受压区高度与截面高度之比。常用的相对界限受压区高度 ξ_b 见表8-8。

表8-8 常用的相对界限受压区高度 ξ_b

钢筋级别	混凝土强度等级						
	≤C50	C55	C60	C65	C70	C75	C80
HPB300	0.576	0.566	0.556	0.546	0.537	0.528	0.518
HRB335 HRBF335	0.550	0.541	0.531	0.522	0.512	0.503	0.493
HRB400 RRB400 HRBF400	0.518	0.508	0.499	0.490	0.481	0.472	0.463
HRB500 HRBF500	0.482	0.473	0.464	0.455	0.447	0.438	0.429

界限破坏的特征是受拉钢筋屈服的同时,受压区混凝土边缘达到极限压应变。

(1)破坏时的相对受压区高度为

$$\xi = \frac{x}{h_0} = \frac{\beta_1 x_c}{h_0} \tag{8-9}$$

(2)相对界限受压区高度为

$$\xi_b = \frac{x_b}{h_0} = \frac{\beta_1}{1 + \dfrac{f_y}{\varepsilon_{cu} E_s}} \tag{8-10}$$

2. 最大配筋率(ρ_{max})

最大配筋率 ρ_{max} 与相对界限受压区高度 ξ_b 值有直接关系,其量值仅取决于构件材料种类和强度等级。根据图8-9及截面上力的平衡条件,则

$$\alpha_1 f_c b x = f_y A_s$$

$$\xi = \frac{x}{h_0} = \frac{A_s}{b h_0} \frac{f_y}{\alpha_1 f_c} = \rho \frac{f_y}{\alpha_1 f_c} \tag{8-11}$$

$$\rho = \xi \frac{\alpha_1 f_c}{f_y}$$

$$\rho_b = \rho_{max} = \xi_b \frac{\alpha_1 f_c}{f_y} \tag{8-12}$$

3. 最小配筋率(ρ_{min})

最小配筋率的基本原则是满足 $M_u = M_{cu}$,即要求配有最小配筋率(ρ_{min})的钢筋混凝土梁在破坏时所能承担的 M_u 等同于相同截面的素混凝土受弯构件所能承担的弯矩 M_{cu}。最小配筋率的要求见表8-9和表8-10。

表 8-9　纵向受力钢筋的最小配筋率 ρ_{min} %

受力类型		最小配筋率
受压构件	全部纵向钢筋　强度等级 500 MPa	0.50
	强度等级 400 MPa	0.55
	强度等级 300 MPa、335 MPa	0.60
	一侧纵向钢筋	0.20
受弯构件、偏心受拉、轴心受拉构件一侧的受拉钢筋		0.20 和 $45f_t/f_y$ 中的较大值

注：1. 受压构件全部纵向钢筋最小配筋率，当采用 C60 以上强度等级的混凝土时，应按表中规定增加 0.10；
2. 板类受弯构件（不包括悬臂板）的受拉钢筋，当采用强度等级 400 MPa、500 MPa 的钢筋时，其最小配筋率应允许采用 0.15 和 $45f_t/f_y$ 中的较大值；
3. 偏心受拉构件中的受压钢筋，应按受压构件一侧纵向钢筋考虑；
4. 受压构件的全部纵向钢筋和一侧纵向钢筋的配筋率及轴心受拉构件和小偏心受拉构件一侧受拉钢筋的配筋率均应按构件的全截面面积计算；
5. 受弯构件、大偏心受拉构件一侧受拉钢筋的配筋率应按全截面面积扣除受压翼缘面积 $(b'_f-b)h'_f$ 后的截面面积计算；
6. 当钢筋沿构件截面周边布置时，"一侧纵向钢筋"是指沿受力方向两个对边中一边布置的纵向钢筋。

表 8-10　考虑地震作用组合的框架梁纵向受拉钢筋最小配筋率 ρ_{min} %

抗　震　等　级	梁　中　位　置	
	支座（取较大值）	跨中（取较大值）
一级	0.4 和 $80f_t/f_y$	0.3 和 $65f_t/f_y$
二级	0.3 和 $65f_t/f_y$	0.25 和 $55f_t/f_y$
三、四级	0.25 和 $55f_t/f_y$	0.2 和 $45f_t/f_y$

（四）单筋矩形截面受弯构件正截面承载力计算

1. 计算公式

如图 8-9 所示为单筋矩形截面受弯构件正截面计算应力图。

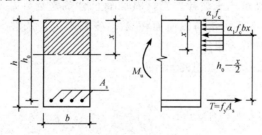

图 8-9　单筋矩形截面受弯构件正截面计算应力图

建立平衡条件，同时从满足承载力极限状态出发，应满足 $M \leqslant M_u$，则其计算公式为

$$\alpha_1 f_c bx = f_y A_s \quad\quad\quad (8-13)$$

$$M \leqslant M_u = \alpha_1 f_c b x \left(h_0 - \frac{x}{2}\right) \tag{8-14}$$

或

$$M \leqslant M_u = f_y A_s \left(h_0 - \frac{x}{2}\right) \tag{8-15}$$

式中　f_c——混凝土轴心抗压强度设计值；

　　　b——截面宽度；

　　　x——混凝土受压区高度；

　　　α_1——系数(当混凝土强度等级≤C50 时取 1.0，当混凝土等级为 C80 时取 0.94，中间按线性内插法取用)；

　　　f_y——钢筋抗拉强度设计值；

　　　A_s——纵向受拉钢筋截面面积；

　　　h_0——截面有效高度；

　　　M_u——截面破坏时的极限弯矩；

　　　M——作用在截面上的弯矩设计值。

2. 适用条件

(1) 为防止发生超筋脆性破坏，应满足以下条件：

$$\rho \leqslant \rho_{\max} = \xi_b \alpha_1 \frac{f_c}{f_y} \tag{8-16a}$$

或

$$\xi \leqslant \xi_b (x \leqslant x_b = \xi_b h_0) \tag{8-16b}$$

或

$$M \leqslant M_{u,\max} = \alpha_1 f_c b h_0^2 \xi_b (1 - 0.5\xi_b) \tag{8-16c}$$

由式(8-16c)可知，适筋梁所能承担的最大弯矩 $M_{u,\max}$ 是一个定值，它只取决于截面尺寸、材料种类等因素，与钢筋的数量无关。

(2) 为防止发生少筋脆性破坏，应满足以下条件：

$$\rho \geqslant \rho_{\min} \tag{8-17a}$$

或

$$A_s \geqslant \rho_{\min} bh \text{ 且 } A_s \leqslant 45 \frac{f_t}{f_y} bh \tag{8-17b}$$

3. 截面设计

在进行截面设计时，通常已知弯矩设计值 M，截面尺寸 b、h，材料强度设计值 f_c 和 f_y，要求计算截面所需配置的纵向受拉钢筋截面面积 A_s。

截面尺寸可按构件的高跨比来估计。当材料截面尺寸确定后，基本公式中有两个未知数 x 和 A_s，通过解方程即可求得所需钢筋截面面积 A_s。按基本公式求解，一般必须解二次联立方程，可根据基本公式编制计算表格。

由于相对受压区高度 $\xi = x/h_0$，因此 $x = \xi h_0$。

由式(8-14)得

$$M = \alpha_1 f_c b x \left(h_0 - \frac{x}{2}\right) = \alpha_1 f_c b h_0^2 \xi (1 - 0.5\xi) \tag{8-18a}$$

令

$$\alpha_s = \xi (1 - 0.5\xi) \tag{8-18b}$$

则

$$M = \alpha_s \alpha_1 f_c b h_0^2 \tag{8-18c}$$

由式(8-15)得

$$M_u = f_y A_s \left(h_0 - \frac{x}{2}\right) = f_y A_s h_0 (1 - 0.5\xi) \tag{8-19a}$$

令

$$\gamma_s = 1 - 0.5\xi \tag{8-19b}$$

则

$$M = f_y A_s \gamma_s h_0 \tag{8-19c}$$

由式(8-13)得

$$A_s = \frac{\alpha_1 f_c bx}{f_y} = \xi b h_0 \frac{\alpha_1 f_c}{f_y} \tag{8-20}$$

由式(8-19c)得

$$A_s = \frac{M}{f_y \gamma_s h_0} \tag{8-21}$$

式中 α_s——截面抵抗矩系数，反映截面抵抗矩的相对大小，在适筋梁范围内，ρ 越大，α_s 值越大，M_u 值越高；

γ_s——截面内力臂系数，是截面内力臂与有效高度的比值，ξ 越大，γ_s 越小。

显然，α_s、γ_s 均为相对受压区高度 ξ 的函数，利用 α_s、γ_s 和 ξ 的关系，预先编制成计算表格（附表7）供设计时查用。当已知 α_s、γ_s、ξ 之中某一值时，就可查出相对应的另外两个系数值，也可以直接用下式计算：

$$\xi = 1 - \sqrt{1 - 2\alpha_s} \tag{8-22}$$

$$\gamma_s = \frac{1 + \sqrt{1 - 2\alpha_s}}{2} \tag{8-23}$$

4. 截面复核

截面复核时，一般是在材料强度、截面尺寸及配筋都已知的情况下，计算截面的极限承载力设计值 M_u，并与截面所需承担的设计弯矩 M 进行比较。当 $M_u \geq M$ 时，截面是安全的。

【例 8-1】 某矩形截面钢筋混凝土梁，安全等级二级，一类环境。截面尺寸及配筋如图 8-10 所示。混凝土强度等级为 C30，纵向受拉钢筋为 HRB400 级，该梁需承受弯矩设计值 $M=280$ kN·m，试复核该梁正截面承载力是否满足要求。

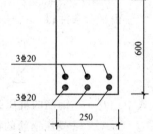

图 8-10 例 8-1 示意图

【解】（1）确定计算参数。C30 混凝土及 HRB400 级钢筋，查表可知：$f_c = 14.3$ N/mm^2，$f_t = 1.43$ N/mm^2，$\alpha_1 = 1.0$，$f_y = 360$ N/mm^2，$\xi_b = 0.518$。

确定截面有效高度 h_0：钢筋为两排放置，假定箍筋直径为 10 mm，则 $a_s = 20 + 10 + 20 + \frac{25}{2} = 62.5$(mm)，取 $a_s = 65$ mm，则 $h_0 = h - a_s = 600 - 65 = 535$(mm)。

（2）验算适用条件。查钢筋表，$A_s = 1\,884$ mm^2，$\rho_{\min} = 45 \frac{f_t}{f_y} = 45 \times \frac{1.43}{360}\% = 0.18\% < 0.2\%$，所以取 $\rho_{\min} = 0.2\%$。

$\rho = \frac{A_s}{bh} = \frac{1\,884}{250 \times 600} = 1.26\% > \rho_{\min} = 0.2\%$，不少筋（也可以按前面讲过的方法计算，如 $\rho = \frac{A_s}{bh_0} = \frac{1\,884}{250 \times 535} = 1.4\% > \rho_{\min} \cdot \frac{h}{h_0} = 0.2\% \times \frac{600}{535} = 0.22\%$ 或 $A_s \geq \rho_{\min} bh$）。

查表 8-8 得 $\xi_b=0.518$，$x=\dfrac{f_y A_s}{\alpha_1 f_c b}=\dfrac{360\times 1\,884}{1.0\times 14.3\times 250}=189.7(\text{mm})<\xi_b h_0=0.518\times 535=277(\text{mm})$，不超筋。

因此，满足适筋条件。

(3) 计算承载力。

$$M_u=\alpha_1 f_c bx\left(h_0-\dfrac{x}{2}\right)=1.0\times 14.3\times 250\times 189.7\times\left(535-\dfrac{189.7}{2}\right)$$
$$=298.5(\text{kN·m})>M=280\text{ kN·m}$$

截面安全。

(五) 双筋矩形截面受弯构件正截面承载力计算

在梁的受拉区和受压区同时配置纵向受力钢筋的截面称为双筋截面。在正截面抗弯中，利用钢筋承受压力是不经济的，故应尽量少用双筋截面。

1. 基本公式

双筋矩形截面受弯构件正截面承载力计算简图如图 8-11 所示。

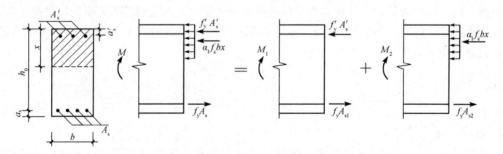

图 8-11　双筋矩形截面受弯构件正截面承载力计算简图

由平衡条件得

$$\sum N=0\quad \alpha_1 f_c bx+f_y' A_s'=f_y A_s \tag{8-24}$$

$$\sum M=0\quad M\leqslant \alpha_1 f_c bx\left(h_0-\dfrac{x}{2}\right)+f_y' A_s'(h_0-a_s') \tag{8-25}$$

式中　f_y'——钢筋的抗压强度设计值；

　　　A_s'——受压钢筋的截面面积；

　　　a_s'——受压钢筋的合力点到截面受压区外边缘的距离；

　　　A_s——受拉钢筋的截面面积，$A_s=A_{s1}+A_{s2}$，而 $A_{s1}=\dfrac{f_y' A_s'}{f_y}$。

其余符号意义同前。

2. 截面设计

在双筋截面配筋计算中，可能遇到下列两种情况。

(1) 已知弯矩设计值 M，材料强度 f_y、f_y'、f_c，截面尺寸 b、h。求受拉钢筋截面面积 A_s 和受压钢筋截面面积 A_s'。

在此情况中，两个基本方程中有三个未知数 x、A_s、A_s'，需要增加一个条件才能求解。为节约钢材，应充分利用混凝土强度，故令 $x=h_0\xi_b$，代入式 (8-25) 解得

$$A'_s = \frac{M - \alpha_1 f_c b h_0^2 \xi_b (1 - 0.5\xi_b)}{f'_y (h_0 - a'_s)} \qquad (8-26)$$

由式(8-24)得

$$A_s = \frac{\alpha_1 f_c b h_0 \xi_b + f'_y A'_s}{f_y} \qquad (8-27)$$

(2) 已知弯矩设计值 M，材料强度值 f_c、f_y、f'_y，截面尺寸 b、h 及受压钢筋截面面积 A'_s，求受拉钢筋截面面积 A_s。

在此情况中，受压钢筋面积通常是由变号弯矩或构造上的需要而设置的。在这种情况下，应考虑充分利用受压钢筋的强度，以使总用钢量为最小。这时，基本公式只剩下 A_s 及 x 两个未知数，可解方程求得。也可根据公式分解，用查表法求得，步骤如下：

1) 查附表 7，计算各类参数；
2) 按 $M_1 = f'_y A'_s (h_0 - a'_s)$ 求 M_1；
3) 按 $M_2 = M - M_1$ 求 M_2；
4) 按 $\alpha_{s2} = \dfrac{M_2}{\alpha_1 f_c b h_0^2}$ 求 α_{s2}；
5) 查附表 7 得 ξ；
6) 若求得 $2a_s \leqslant \xi h_0 \leqslant \xi_b h_0$，则

$$A_s = \frac{\alpha_1 f_c b x + f'_y A'_s}{f_y} \qquad (8-28)$$

若出现 $x < 2a_s$ 的情况，则

$$A_s = \frac{M}{f_y (h_0 - a'_s)} \qquad (8-29)$$

若求得的 $\xi > \xi_b$，说明给定的 A'_s 太少，不符合公式的要求，这时应按 A'_s 为未知值，按情况(1)的步骤计算 A_s 及 A'_s。

3. 截面复核

已知材料的强度设计值 f_c、f_y、f'_y，截面尺寸 b、h，受力钢筋面积 A_s 及 A'_s，求该截面受弯承载力。

双筋矩形截面的极限承载力 $M = M_1 + M_2$，其中受压钢筋的承载力 M_1 可由式(8-30)求出，然后由式(8-32)求出受压高度 x，并根据 x 求出单筋梁部分的极限承载力 M_2。

$$M_1 = f'_y A'_s (h_0 - a'_s) \qquad (8-30)$$

$$A_{s1} = A_s - A_{s2} \qquad (8-31)$$

$$x = \frac{f_y A_{s1}}{\alpha_1 f_c b} \leqslant \xi_b h_0 \qquad (8-32)$$

如 $x > \xi_b h_0$，取 $x = \xi_b h_0$，$M_2 = \alpha_1 f_c b \xi_b h_0^2 (1 - 0.5\xi_b)$，则

$$M = M_1 + M_2 \qquad (8-33)$$

当 $x < 2a'_s$ 时应设 $x = 2a'_s$，则按下式统一计算截面极限承载力

$$M = f_y A_s (h_0 - a'_s) \qquad (8-34)$$

【例 8-2】 已知某梁，截面尺寸为 $b \times h = 200 \text{ mm} \times 450 \text{ mm}$，一类环境，安全等级为二级，选用 C30 混凝土和 HRB400 级钢筋，已配有 2⏀12 受压钢筋和 3⏀25 受拉钢筋，需承受的弯矩设计值 $M = 150 \text{ kN} \cdot \text{m}$。试验算正截面是否安全。

【解】 (1) 确定计算参数。由 C30 混凝土，HRB400 级钢筋，查表可知：$f_c = 14.3 \text{ N/mm}^2$，$\alpha_1 = 1.0$，$f_y = f'_y = 360 \text{ N/mm}^2$，$\xi_b = 0.518$。

2⌀12 受压钢筋,$A'_s=226\ mm^2$;3⌀25 受拉钢筋,$A_s=1\ 473\ mm^2$(注意:双筋梁一般都能满足最小配筋率的要求,此处省略验算最小配筋率)。

一类环境 $c=20\ mm$,$a_s=c+d_{sv}+\dfrac{d}{2}=20+8+\dfrac{25}{2}=40(mm)$,$h_0=h-a_s=450-40=410(mm)$,$a'_s=c+d_{sv}+\dfrac{d'}{2}=20+8+\dfrac{12}{2}=34(mm)$,取 $a'_s=35\ mm$。

(2)计算 x。

$$x=\dfrac{f_yA_s-f'_yA'_s}{\alpha_1 f_c b}=\dfrac{360\times 1\ 473-360\times 226}{1.0\times 14.3\times 200}=157(mm)>2a'_s=2\times 35=70\ mm,且\ x=157\ mm<\xi_b h_0=0.518\times 410=212.38(mm),满足公式适用条件。$$

(3)计算 M_u 并校核截面。

$$M_u=\alpha_1 f_c bx\left(h_0-\dfrac{x}{2}\right)+f'_y A'_s(h_0-a'_s)$$

$$=1.0\times 14.3\times 200\times 157\times\left(410-\dfrac{157}{2}\right)+360\times 226\times(410-35)$$

$$=179.4(kN\cdot m)>M=150\ kN\cdot m$$

故正截面承载力满足要求。

(六)T 形截面受弯构件正截面承载力计算

在单筋矩形截面梁正截面受弯承载力计算中,是不考虑受拉区混凝土的作用的。如果把受拉区两侧的混凝土挖掉一部分,既不会降低截面承载力,又可以节省材料、减轻自重,这就形成了 T 形截面梁(图 8-12)。

根据受力大小,T 形截面的中性轴分为第一类 T 形截面和第二类 T 形截面。

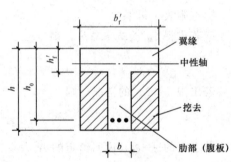

图 8-12 T 形截面梁

1. 第一类 T 形截面

(1)基本公式。第一类 T 形截面:中性轴在翼缘内,即 $x\leqslant h'_f$,此类 T 形截面可按矩形截面梁计算,矩形截面宽度取 b'_f(图 8-13)。

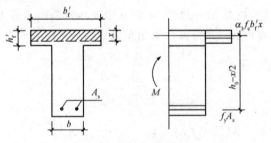

图 8-13 第一类 T 形截面梁计算简图

$$\alpha_1 f_c b'_f x=f_y A_s \tag{8-35}$$

$$M\leqslant \alpha_1 f_c b'_f x\left(h_0-\dfrac{x}{2}\right)=\alpha_1 f_c b'_f h_0^2 \xi(1-0.5\xi) \tag{8-36}$$

$$M\leqslant M_u=f_y A_s\left(h_0-\dfrac{x}{2}\right)=f_y A_s h_0(1-0.5\xi) \tag{8-37}$$

(2)适用条件。

1)为了防止超筋破坏,应满足

$$\xi \leqslant \xi_b \tag{8-38}$$

或

$$x \leqslant x_b = \xi_b h_0 \tag{8-39}$$

或

$$\rho = \rho_b = \xi_b \frac{\alpha_1 f_c}{f_y} \tag{8-40}$$

由于一般情况下 T 形梁的翼缘高度 h'_f 都小于 $\xi_b h_0$,而第一类 T 形梁 $x \leqslant h'_f$,因此这个条件通常都能满足,可不必验收。

2)为了防止少筋破坏,应满足

$$\rho \geqslant \rho_{\min} \tag{8-41}$$

2. 第二类 T 形截面

(1)基本公式。第二类 T 形截面:中性轴在梁肋内,即 $x > h'_f$。因为第二类 T 形截面的混凝土受压区是 T 形,为便于计算,将受压区面积分成两部分:一部分是腹板($b \times x$),另一部分是挑出翼缘$[(b'_f - b) \times h'_f]$,如图 8-14 所示。

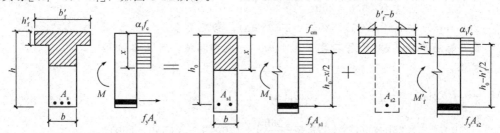

图 8-14　第二类 T 形截面计算简图

由 $\sum X = 0$ 及 $\sum Y = 0$ 有

$$\alpha_1 f_c b x + \alpha_1 f_c (b'_f - b) h'_f = f_y A_s \tag{8-42}$$

$$M \leqslant M_u = \alpha_1 f_c b x \left(h_0 - \frac{x}{2}\right) + \alpha_1 f_c (b'_f - b) h'_f \left(h_0 - \frac{h'_f}{2}\right) \tag{8-43}$$

(2)适合条件。

1)为防止超筋破坏,应满足

$$x \leqslant x_b = \xi_b h_0 \tag{8-44}$$

2)为防止少筋破坏,应满足

$$\rho \geqslant \rho_{\min} \tag{8-45}$$

由于第二类 T 形截面梁的配筋率高,故此条件一般都能满足,可不必验算。

3. 截面设计

已知截面弯矩设计值 M、截面尺寸、混凝土强度等级和钢筋级别,求受拉钢筋截面面积 A_s。

设计中需首先判别截面类型,按相应的公式计算,最后验算适用条件。

4. 截面复核

已知截面弯矩设计值 M、截面尺寸、受拉钢筋截面面积 A_s、混凝土强度等级及钢筋级别,判别正截面受弯承载力 M_u 是否足够。

计算时需首先判别截面类型,根据类型选择相应的公式计算,最后验算适用条件。

【例 8-3】　一根 T 形截面简支梁,截面尺寸 $b \times h = 250 \text{ mm} \times 600 \text{ mm}$,$b'_f = 500 \text{ mm}$,$h'_f = 100 \text{ mm}$,混凝土采用 C20,钢筋采用 HRB335,在梁的下部配有两排共 6Φ25 的受拉钢筋,

该截面承受的弯矩设计值 $M=350 \text{ kN·m}$，试校核梁是否安全（环境类别为一类）。

【解】（1）确定计算参数。$f_c=9.6 \text{ N/mm}^2$，$f_y=300 \text{ kN·m}$，$\alpha_1=1.0$，$\xi_b=0.55$。

假定箍筋直径为 10 mm，两排纵向受拉钢筋的间距为 25 mm，则

$$a_s=c+d_{sv}+d+\frac{s}{2}=25+10+25+\frac{25}{2}=72.5 \text{ (mm)} \text{（注意保护层厚度）}$$

取 $a_s=72.5 \text{ mm}$，则 $h_0=600-72.5=527.5 \text{ (mm)}$。

（2）判断截面类型。

$$f_y A_s=300\times 2\,945=883.5 \text{(kN)} > \alpha_1 f_c b_f' h_f'=1.0\times 9.6\times 500\times 100=480 \text{(kN)}$$

故该梁属于第二类 T 形截面。

（3）求 x 并判别是否超筋。

$$x=\frac{f_y A_s-\alpha_1 f_c(b_f'-b)h_f'}{\alpha_1 f_c b}$$

$$=\frac{300\times 2\,945-1.0\times 9.6\times(500-250)\times 100}{1.0\times 9.6\times 250}$$

$$=268 \text{(mm)} < \xi_b h_0=0.55\times 527.5=290 \text{(mm)}$$，满足要求。

（4）最小配筋率验算（对于第二类 T 形截面，一般都满足，可省略验算）。

（5）求 M_u。

$$M_u=\alpha_1 f_c bx\left(h_0-\frac{x}{2}\right)+\alpha_1 f_c(b_f'-b)h_f'\left(h_0-\frac{h_f'}{2}\right)$$

$$=1.0\times 9.6\times 250\times 268\times\left(527.5-\frac{268}{2}\right)+1.0\times 9.6\times(500-250)\times$$

$$100\times\left(527.5-\frac{100}{2}\right)$$

$$=368 \text{(kN·m)}$$

（6）判断是否安全。

$M_u=368 \text{ kN·m} > M=350 \text{ kN·m}$

故截面安全。

三、受弯构件斜截面承载力计算

对于上述三种斜截面受剪破坏形态，在工程设计中都应设法避免，但采用的方式有所不同。对于斜压破坏，通常用控制截面的最小尺寸来防止；对于斜拉破坏，则用满足箍筋的最小配筋率条件及构造要求来防止；对于减压破坏，因其承载力变化幅度较大，必须通过计算确定。因此，钢筋混凝土受弯构件斜截面受剪承载力计算是以剪压破坏形态为依据的。为了便于理解，现将受弯构件斜截面受剪承载力表示为混凝土、箍筋、弯起钢筋三部分受剪承载力相加的形式，即

考虑剪切变形对结构计算的影响

$$V_u=V_c+V_s+V_{sb}=V_{cs}+V_{sb} \tag{8-46}$$

式中　V_u——斜截面受剪承载力设计值；

　　　V_c——混凝土受剪承载力设计值；

　　　V_s——箍筋受剪承载力设计值；

　　　V_{cs}——混凝土和箍筋的受剪承载力设计值，$V_{cs}=V_c+V_s$；

　　　V_{sb}——弯起钢筋受剪承载力设计值。

1. 基本计算公式

(1)仅配箍筋的受弯构件。当仅配箍筋时,矩形、T形及I形截面的简支梁的受剪承载力计算基本公式为

$$V_{cs} = \alpha_{cv} f_t b h_0 + f_{yv} \frac{A_{sv}}{s} h_0 \tag{8-47}$$

式中 V_{cs}——构件斜截面上混凝土和箍筋的受剪承载力设计值;

α_{cv}——截面混凝土受剪承载力系数[对一般受弯构件,取 0.7;对集中荷载作用下(包括作用有多种荷载,其中集中荷载对支座截面或结点边缘所产生的剪力值占总剪力的 75% 以上的情况)的独立梁,取 $1.75/(\lambda+1)$,λ 为计算截面的剪跨比,取 $\lambda = a/h_0$,当 $\lambda < 1.5$ 时,取 1.5;当 $\lambda > 3$ 时,取 3,a 取集中荷载作用点至支座截面或结点边缘的距离];

f_t——混凝土轴心抗拉强度设计值;

A_{sv}——配置在同一截面内箍筋各肢的全部截面面积($A_{sv} = nA_{sv1}$,其中 n 为箍筋肢数,A_{sv1} 为单肢箍筋的截面面积);

s——箍筋间距;

f_{yv}——箍筋抗拉强度设计值;

b——矩形截面的宽度,T形、I形截面的腹板宽度;

h_0——构件截面的有效高度。

这里所指的均布荷载,也包括作用多种荷载,其中集中荷载对支座截面或结点边缘所产生的剪力小于该截面总剪力值的 75%。

(2)同时配置箍筋和弯起钢筋的受弯构件。当配置箍筋和弯起钢筋时,矩形、T形和I形截面受弯构件的受剪承载力计算基本公式为

$$V \leqslant V_u = V_{cs} + 0.8 f_y A_{sb} \sin\alpha_s \tag{8-48}$$

式中 f_y——弯起钢筋的抗拉强度设计值;

A_{sb}——同一弯起平面内的弯起钢筋的截面面积;

α_s——弯起钢筋与梁纵轴心的夹角。

2. 适用条件

(1)防止斜压破坏的条件。为防止发生斜压破坏和避免构件在使用阶段过早出现斜裂缝及斜裂缝开展过大,矩形、T形和I形截面受弯构件的受剪截面应符合下列要求:

1)当 $h_w/b \leqslant 4$ 时,对一般梁:

$$V \leqslant 0.25 \beta_c f_c b h_0 \tag{8-49}$$

对 T 形或 I 形截面简支梁,当有实践经验时:

$$V \leqslant 0.3 \beta_c f_c b h_0 \tag{8-50}$$

2)当 $h_w/b \geqslant 6$(薄腹梁)时:

$$V \leqslant 0.2 \beta_c f_c b h_0 \tag{8-51}$$

3)当 $4 < h_w/b < 6$ 时,按线性内插法取用。

式中 V——构件斜截面上的最大剪力设计值;

β_c——混凝土强度影响系数(当混凝土强度等级不超过C50时,取 $\beta_c = 1.0$;当混凝土强度等级为 C80 时,取 $\beta_c = 0.8$,其间按线性内插法取用);

f_c——混凝土轴心抗压强度设计值;

b——矩形截面的宽度,T形或I形截面的腹板宽度;

h_w——截面的腹板高度。

(2) 防止斜拉破坏的条件。如果箍筋配置过少，一旦斜裂缝出现，由于箍筋的抗剪作用不足以替代斜裂缝发生前混凝土原有的作用，就会发生斜拉破坏，当 $V > 0.7 f_t b h_0$ 时，应满足

$$\rho_{sv} \geqslant \rho_{sv,min} = 0.24 \frac{f_t}{f_{sv}} \tag{8-52}$$

式中 $\rho_{sv,min}$ ——箍筋的最小配筋率。

【例 8-4】 某办公楼矩形截面简支梁，截面尺寸 $b \times h = 250\,\text{mm} \times 500\,\text{mm}$，$a_s = 40\,\text{mm}$，承受均布荷载作用，已求得支座边缘剪力设计值 $V = 185.85\,\text{kN}$。混凝土强度等级为 C25，箍筋采用 HPB300 级。试确定箍筋数量。

【解】 查表得 $f_c = 11.9\,\text{N/mm}^2$，$f_t = 1.27\,\text{N/mm}^2$，$f_{yv} = 270\,\text{N/mm}^2$，$\beta_c = 1.0$。
承受均布荷载作用，$\alpha_{cv} = 0.7$。
(1) 复核截面尺寸。

$$h_0 = h - a_s = 500 - 40 = 460(\text{mm})$$

$$\frac{h_w}{b} = \frac{h_0}{b} = \frac{460}{250} = 1.84 < 4.0$$

$$0.25 \beta_c f_c b h_0 = 0.25 \times 1.0 \times 11.9 \times 250 \times 460 = 342\,125(\text{N}) \approx 342.13\,\text{kN} > V = 185.85\,\text{kN}$$

故截面尺寸满足要求。
(2) 确定是否需按计算配置箍筋。

$$0.7 f_t b h_0 = 0.7 \times 1.27 \times 250 \times 460 = 102\,235(\text{N}) \approx 102.24\,\text{kN} < V = 185.85\,\text{kN}$$

故需按计算配置箍筋。
(3) 确定箍筋的数量（仅配置箍筋）。

$$\frac{A_{sv}}{s} \geqslant \frac{V - \alpha_{cv} f_t b h_0}{f_{yv} h_0} = \frac{185.85 \times 10^3 - 0.7 \times 1.27 \times 250 \times 460}{270 \times 460} = 0.673(\text{mm}^2/\text{mm})$$

按构造要求，箍筋直径不宜小于 6 mm，现选用 Φ8 双肢箍（$A_{sv1} = 50.3\,\text{mm}^2$），则箍筋间距为

$$s \leqslant \frac{n A_{sv1}}{0.673} = \frac{2 \times 50.3}{0.673} = 149.5(\text{mm})$$

查表得 $s_{max} = 200\,\text{mm}$，取 $s = 140\,\text{mm}$。
(4) 验算配箍率。

$$\rho_{sv} = \frac{A_{sv}}{bs} = \frac{2 \times 50.3}{250 \times 140} = 0.287\% > \rho_{sv,min} = 0.24 \frac{f_t}{f_{yv}} = 0.24 \times \frac{1.27}{270} = 0.113\%$$

故配箍率满足要求，箍筋选用 Φ8@140，沿梁长均匀布置。

第三节　受压构件承载力计算

以承受轴向压力为主的构件称为受压构件。受压构件在钢筋混凝土结构中应用非常广泛，如屋架的受压腹杆、框架柱、单层厂房柱、拱等构件。

一、受压构件的构造要求

1. 受压构件分类

受压构件是钢筋混凝土结构中最常见的构件之一，如框架柱、墙、桁架压杆等。受压构件按照纵向压力作用位置的不同分为轴心受压构件和偏心受压构件。当作用轴力且轴向力作用线

与构件截面形心轴重合时,称为轴心受压构件,如图 8-15(a)所示;当作用有轴力和弯矩或轴向力作用线与构件截面形心不重合时,称为偏心受压构件。其中,偏心受压构件又进一步分为单向偏心受压构件和双向偏心受压构件。当纵向压力只在一个方向有偏心时,称为单向偏心受压构件,如图 8-15(b)所示;当在两个方向都有偏心时,称为双向偏心受压构件,如图 8-15(c)所示。此时,构件截面上的内力除了轴力还有弯矩。

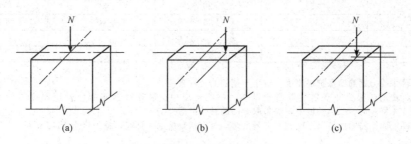

图 8-15 受压构件
(a)轴心受压构件;(b)单向偏心受压构件;(c)双向偏心受压构件

2. 材料强度要求

受压构件的承载力主要取决于混凝土强度,采用较高强度等级的混凝土可以减小构件截面尺寸,节省钢材,因而柱中混凝土一般宜采用较高强度等级,但不宜选用高强度钢筋。其原因是受压钢筋要与混凝土共同工作,钢筋应变受到混凝土极限压应变的限制,而混凝土极限压应变很小,所以高强度钢筋的受压强度不能充分利用。《混凝土规范》规定,受压钢筋的最大抗压强度为 400 N/mm²。一般柱中采用 C25 及以上等级的混凝土,高层建筑的底层柱可采用更高强度等级的混凝土;纵向钢筋宜采用 HRB400、HRB500、HRBF400、HRBF500 钢筋;箍筋宜采用 HRB400、HRBF400、HPB300、HRB500、HRBF500 钢筋,也可采用 HRB335、HRBF335 钢筋。

3. 截面形式及尺寸

受压构件截面形式的选择要综合考虑受力合理和模板制作方便。轴心受压构件的截面形式一般为正方形或边长接近的矩形;当建筑上有特殊要求时,可选择圆形或多边形。一般矩形截面柱应符合 $l_0/h \leqslant 30$,$l_0/b \leqslant 25$,l_0 为柱的计算长度,b 和 h 分别为柱的短边和长边;圆形截面柱应符合 $l_0/d \leqslant 25$,d 为圆形柱的直径。对于方形和矩形独立柱的截面尺寸,不应小于 250 mm×250 mm,框架柱不应小于 300 mm×400 mm。

4. 纵向受力钢筋

轴心受压构件的荷载主要由混凝土承担,设置纵向受力钢筋的目的是:协助混凝土承受压力,减少构件截面尺寸;承受可能存在的不大的弯矩,以及混凝土收缩和温度变形引起的拉应力;防止构件的突然脆性破坏。

纵向受力钢筋应根据计算确定,同时应符合下列构造要求:

(1)轴心受压柱的纵向受力钢筋应沿截面四周均匀对称布置,偏心受压柱的纵向受力钢筋放置在弯矩作用方向的两对边。矩形截面钢筋根数不得少于 4 根,以保证与箍筋形成的骨架有足够的刚度;圆形截面钢筋根数不宜少于 8 根,应沿截面四周均匀配置。

(2)纵向受力钢筋直径 d 不宜小于 12 mm,一般在 12~32 mm 范围内选用。

(3)柱内纵向钢筋的净距不应小于 50 mm,水平浇筑的预制柱不应小于 30 mm 和 1.5d(d 为钢筋的最大直径)。纵向受力钢筋彼此间的中心距离不宜大于 300 mm,抗震且截面尺寸大于 400 mm

的柱，其中心距不宜大于 200 mm。纵向钢筋的混凝土保护层厚度至少为 30 mm，详见表 8-11。

表 8-11 纵向受力钢筋混凝土最小保护层厚度   mm

环境类别	板、墙		梁、柱	
	≤C25	≥C30	≤C25	≥C30
一	20	15	25	20
二 a	25	20	30	25
二 b	30	25	40	35
三 a		30		40
三 b		40		50

注：1. 构件中受力钢筋的保护层厚度不应小于钢筋的公称直径。
　　2. 设计使用年限为 100 年的混凝土结构，一类环境中，最外层钢筋的保护层厚度不应小于表中数值的 1.4 倍；二、三类环境中，应采取专门的有效措施。
　　3. 基础底面钢筋的保护层厚度，有混凝土垫层时应从垫层顶面算起，且不应小于 40 mm。

5. 箍筋

受压构件中箍筋的作用是保证纵向钢筋的位置正确，防止纵向钢筋局部压屈，并与纵向钢筋形成钢筋骨架，从而提高柱的承载力。应满足以下要求：

(1) 箍筋直径不应小于 $d/4$，且不应小于 6 mm，d 为纵向钢筋的最大直径。

(2) 箍筋间距不应大于 400 mm 及构件截面的短边尺寸，且不应大于 $15d$，d 为纵向钢筋的最小直径。

(3) 柱及其他受压构件中的周边箍筋应做成封闭式，箍筋末端应做成 135° 弯钩，弯钩末端平直段长度不应小于 $5d$，d 为箍筋直径。

(4) 当柱截面短边尺寸大于 400 mm 且各边纵向钢筋多于 3 根时，或当柱截面短边尺寸不大于 400 mm，但各边纵向钢筋多于 4 根时，应设置复合箍筋。

(5) 柱中全部纵向受力钢筋的配筋率大于 3% 时，箍筋直径不应小于 8 mm，间距不应大于 $10d$，且不应大于 200 mm。箍筋末端应做成 135° 弯钩，且弯钩末端平直段长度不应小于 $10d$，d 为纵向受力钢筋的最小直径。

(6) 在配有螺旋式或焊接环式箍筋的柱中，如在正截面受压承载力计算中考虑间接钢筋的作用，箍筋间距不应大于 80 mm 及 $d_{cor}/5$，且不宜小于 40 mm，d_{cor} 为按箍筋内表面确定的核心截面直径。

二、轴心受压构件承载力计算

(一) 配置普通箍筋的轴心受压构件承载力计算

配置普通箍筋的轴心受压构件如图 8-16 所示，其正截面承载力计算公式为

$$N \leqslant 0.9\varphi(f_c A + f'_y A'_s) \tag{8-53}$$

式中　N——轴向压力设计值；
　　　φ——钢筋混凝土构件的稳定系数，见表 8-12；
　　　A——构件截面面积，当纵向钢筋配筋率大于 3% 时，A 应改用 $(A - A'_s)$ 代替；
　　　A'_s——全部纵向钢筋的截面面积。

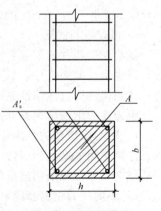

图 8-16 普通箍筋的轴心受压构件

表 8-12　钢筋混凝土轴心受压构件的稳定系数 φ

l_0/b	≤8	10	12	14	16	18	20	22	24	26	28
l_0/d	≤7	8.5	10.5	12	14	15.5	17	19	21	22.5	24
l_0/i	≤28	35	42	48	55	62	69	76	83	90	97
φ	1.00	0.98	0.95	0.92	0.87	0.81	0.75	0.70	0.65	0.60	0.56
l_0/b	30	32	34	36	38	40	42	44	46	48	50
l_0/d	26	28	29.5	31	33	34.5	36.5	38	40	41.5	43
l_0/i	104	111	118	125	132	139	146	153	160	167	174
φ	0.52	0.48	0.44	0.40	0.36	0.32	0.29	0.26	0.23	0.21	0.19

注：l_0 为构件的计算长度；b 为矩形截面的短边尺寸；d 为圆形截面的直径；i 为截面的最小回转半径。

对于受压构件计算长度 l_0 可按表 8-13、表 8-14 的规定取值。

表 8-13　刚性屋盖单层房屋排架柱、露天吊车柱和栈桥柱的计算长度

柱的类别		排架方向	垂直排架方向	
			有柱间支承	无柱间支承
无吊车房屋柱	单跨	1.5H	1.0H	1.2H
	两跨及多跨	1.25H	1.0H	1.2H
有吊车房屋柱	上柱	$2.0H_u$	$1.25H_u$	$1.5H_u$
	下柱	$1.0H_l$	$0.8H_l$	$1.0H_l$
露天吊车柱和栈桥柱		$2.0H_l$	$1.0H_l$	—

注：1. 表中 H 为从基础顶面算起的柱子全高；H_l 为从基础顶面装配式吊车梁底面或现浇式吊车梁顶面的柱子下部高度；H_u 为从装配式吊车梁底面或从现浇式吊车梁顶面算起的柱子上部高度。
2. 表中有吊车房屋排架柱的计算长度，当计算中不考虑吊车荷载时，可按无吊车房屋柱的计算长度采用，但上柱的计算长度仍可按有吊车房屋采用。
3. 表中有吊车房屋排架柱的上柱在排架方向的计算长度，仅适用于 $H_u/H_l \geqslant 0.3$ 的情况；当 $H_u/H_l < 0.3$ 时，计算长度宜采用 $2.5H_u$。

表 8-14　框架结构各层柱的计算长度

楼盖类型	柱的类别	l_0
现浇式楼盖	底层柱	1.0H
	其余各层柱	1.25H
装配式楼盖	底层柱	1.25H
	其余各层柱	1.5H

注：表中 H 对底层柱为从基础顶面到一层楼盖顶面的高度；对其余各层柱为上、下两层楼盖顶面之间的高度。

1. 截面设计

已知轴心压力设计值（N）、材料强度设计值（f_c、f_y'）、构件的计算长度（l_0），求构件截面面积（A 或 bh）及纵向受压钢筋面积（A_s'）。

由式(8-53)可知，仅有一个公式需求解三个未知量（φ、A、A_s'），无确定解，故必须增加或假设一些已知条件。一般可以先选定一个合适的配筋率 $\rho'(A_s'/A)$，通常可取 ρ' 为 1.0%～1.5%，再

假定 φ 的值，然后代入式(8-53)求解 A。根据 A 来选定实际的构件截面尺寸(bh)。由长细比 l_0/b 查钢筋混凝土轴心受压构件稳定系数表来确定 φ，再代入式(8-53)求实际的 A'_s。当然，最后还应检查是否满足最小配筋率要求。

2. 截面复核

截面复核比较简单，只需将有关数据代入式(8-53)，如果式(8-53)成立，则满足承载力要求。

(二)配置螺旋式或焊接环式间接钢筋的轴心受压构件承载力计算

一般采用有螺旋筋或焊接环式筋的构件以提高柱子的承载力(图8-17)，其承载能力极限状态设计表达式为

$$N \leqslant 0.9(f_c A_{cor} + f'_y A'_s + 2\alpha f_y A_{ss0}) \tag{8-54}$$

$$A_{ss0} = \frac{\pi d_{cor} A_{ss1}}{s} \tag{8-55}$$

式中 A_{cor}——构件的核心截面面积，即间接钢筋内表面范围内的混凝土面积；

A_{ss0}——螺旋式或焊接环式间接钢筋的换算截面面积；

d_{cor}——构件的核心截面直径，即间接钢筋内表面之间的距离；

A_{ss1}——螺旋式或焊接环式单根间接钢筋的截面面积；

s——间接钢筋沿构件轴线方向的间距；

α——间接钢筋对混凝土约束的折减系数(当混凝土强度等级不超过C50时，取1.0；当混凝土强度等级为C80时，取0.85；中间按线性内插法确定)。

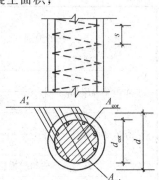

图8-17 螺旋筋构件承载力计算简图

(1)按式(8-54)算得的构件受压承载力设计值不应大于按式(8-53)算得的构件受压承载力设计值的1.5倍。

(2)当遇到下列任意一种情况时，不应计入间接钢筋的影响，而应按式(8-53)进行计算：

1)当 $l_0/d > 12$ 时；

2)当按式(8-54)算得的受压承载力小于按式(8-53)算得的受压承载力时；

3)当间接钢筋的换算截面面积 A_{ss0} 小于纵向钢筋的全部截面面积的25%时。

【例 8-5】 某展示厅内一根钢筋混凝土柱，按建筑设计要求截面为圆形，直径不大于500 mm。该柱承受的轴向压力设计值 $N=4\,600$ kN，柱的计算长度 $l_0=5.25$ m，混凝土强度等级为C25，纵筋用HRB335级钢筋，箍筋用HPB300级钢筋。试进行该柱的设计。

【解】 (1)按普通箍筋柱设计。由 $l_0/d = 5\,250/500 = 10.5$，查表 8-13 得 $\varphi = 0.95$，则

$$A'_s = \frac{1}{f'_y}\left(\frac{N}{0.9\varphi} - f_c A\right) = \frac{1}{300} \times \left(\frac{4\,600 \times 10^3}{0.9 \times 0.95} - 11.9 \times \frac{\pi \times 500^2}{4}\right) = 10\,149\,(\text{mm}^2)$$

$$\rho' = \frac{A'_s}{A} = \frac{10\,149}{\frac{\pi \times 500^2}{4}} = 0.051\,7 = 5.17\%$$

由于配筋率太大，且长细比又满足 $l_0/d < 12$ 的要求，故考虑按螺旋箍筋柱设计。

(2)按螺旋箍筋柱设计。假定纵筋配筋率 $\rho' = 4\%$，则 $A'_s = 0.04 \times \frac{\pi \times 500^2}{4} = 7\,850\,(\text{mm}^2)$，选 16$\Phi$25，$A'_s = 7\,854.4$ mm^2。取混凝土保护层为30 mm，则 $d_{cor} = 500 - 30 \times 2 = 440\,(\text{mm})$，$A_{cor} = $

$$\frac{\pi d_{cor}^2}{4} = \frac{\pi \times 440^2}{4} = 152\ 053 (\text{mm}^2)。$$

混凝土 C25＜C50，$\alpha = 1.0$，得

$$A_{ss0} = \frac{\frac{N}{0.9} - (f_c A_{cor} + f_y' A_s')}{2\alpha f_y} = \frac{\frac{4\ 600 \times 10^3}{0.9} - (11.9 \times 152\ 053 + 300 \times 7\ 854.4)}{2 \times 1.0 \times 210}$$

$$= 2\ 250.85 (\text{mm}^2) > 0.25 A_s' = 1\ 963.6\ \text{mm}^2$$

可以。

假定螺旋箍筋直径 $d = 10$ mm，$A_{ss1} = 78.5$ mm²，则

$$s = \frac{\pi d_{cor} A_{ss1}}{A_{ss0}} = \frac{3.14 \times 440 \times 78.5}{2\ 250.85} = 48 (\text{mm})$$

实取螺旋箍筋为 Φ10@45。

普通箍筋柱的承载力为

$$N_u = 0.9 \varphi (f_c A + f_y' A_s') = 0.9 \times 0.95 \times \left(11.9 \times \frac{\pi \times 500^2}{4} + 300 \times 7\ 854.4\right)$$

$$= 4\ 011.4 \times 10^3 (\text{N})$$

$1.5 N_u = 1.5 \times 4\ 011.4 = 6\ 017.1 (\text{kN}) > 4\ 600\ \text{kN}$，可以。

三、偏心受压构件承载力计算

(一)大偏心受压计算

1. 基本计算公式

大偏心受压时，其受力如图 8-18 所示。计算公式为

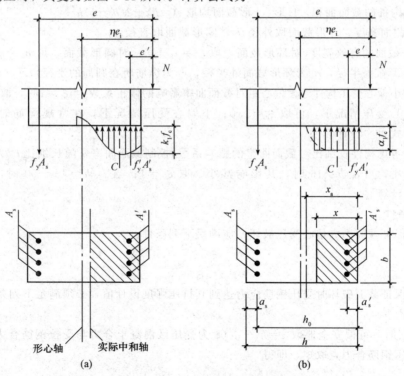

图 8-18 矩形截面大偏心受压示意图

$$N = \alpha_1 f_c bx + f_y' A_s' - f_y A_s \tag{8-56}$$

$$Ne = \alpha_1 f_c bx \left(h_0 - \frac{x}{2}\right) + f_y' A_s' (h_0 - a_s') \tag{8-57}$$

$$e = \eta e_i + \frac{h}{2} - a_s \tag{8-58}$$

式中 A_s、A_s'——受拉钢筋和受压钢筋的截面面积;

a_s、a_s'——受拉钢筋和受压钢筋的截面重心到相邻混凝土边缘的距离;

f_y、f_y'——受拉钢筋和受压钢筋的强度设计值;

e——偏心压力 N 的作用点到受拉钢筋重心的距离;

e_i——初始偏心距,$e_i = e_0 + e_a$;

e_a——附加偏心距(e_a 取 20 mm 和 $h/30$ 两者中的较大值,h 为偏心方向截面最大尺寸);

η——偏心受压构件考虑二阶弯矩影响的轴向压力偏心距增大系数。

$$\eta = 1 + \frac{1}{1\,400 e_i / h_0} (l_0/h)^2 \xi_1 \xi_2 \tag{8-59}$$

$$\xi_1 = \frac{0.5 f_c A}{N} \tag{8-60}$$

当 N 未知时,近似取

$$\xi_1 = 0.2 + 2.7 e_i / h_0 \tag{8-61}$$

$$\xi_2 = 1.15 - 0.01 \frac{l_0}{h} \leqslant 1.0 \tag{8-62}$$

式中 e_i——初始偏心距,$e_i = e_0 + e_a$;

l_0——柱的计算长度;

A——构件的截面面积,L 形、I 形截面均取 $A = bh + 2(b_f' - b) h_f'$;

h——截面高度,环形截面取外径 d_2,圆形截面取直径 d;

h_0——截面的有效高度(对环形截面,取 $h_0 = r_2 + r_s$;对圆形截面,取 $h_0 = r + r_s$,r 为圆形截面半径,r_2 为环形截面外半径,r_s 为纵筋所在圆周的半径);

ξ_1——小偏心受压构件考虑偏心距对截面曲率影响的修正系数[当 $\xi_1 > 1$ 时,取 $\xi_1 = 1$;大偏心受压情况下,可取 $\xi_1 = 1.0$;小偏心受压情况下,在常规配筋时,可按近似式(8-60)计算];

ξ_2——考虑构件长细比对截面曲率的影响系数[控制截面曲率 φ 随长细比 l_0/h 的增加而减小,当 $l_0/h < 15$ 时,其影响甚小,取 $\xi_2 = 1$;当 $l_0/h = 15 \sim 30$ 时,按式(8-62)计算]。

2. 适用条件

(1)为了保证截面为大偏心受压破坏,应满足下列条件:

$$\xi \leqslant \xi_b \tag{8-63}$$

即

$$x \leqslant \xi_b h_0 \tag{8-64}$$

(2)为了保证截面破坏时受压钢筋应力达到其抗压强度设计值,必须满足下列条件:

$$x \geqslant 2 a_s' \tag{8-65}$$

当 $x < 2 a_s'$ 时,可偏安全地取 $z = h_0 - a_s'$(z 为受压区混凝土合力与受拉钢筋合力之间的内力臂),并对受压钢筋合力点取矩,即得

$$Ne' = f_y A_s (h_0 - a_s') \tag{8-66}$$

(二)小偏心受压计算

1. 基本计算公式

小偏心受压时,其受力如图 8-19 所示。

$$N = \alpha_1 f_c bx + f_y' A_s' - \sigma_s A_s \tag{8-67}$$

式中 σ_s——钢筋 A_s 的应力。

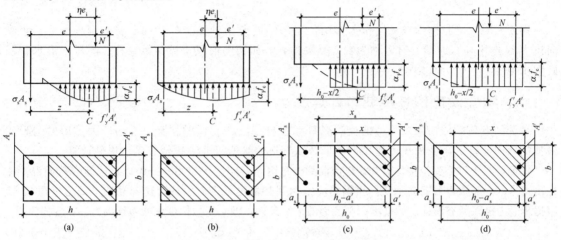

图 8-19 矩形截面小偏心受压示意图

根据平衡条件得

$$Ne = \alpha_1 f_c bx\left(h_0 - \frac{x}{2}\right) + f_y' A_s' (h_0 - a_s') \tag{8-68}$$

或

$$Ne' = \alpha_1 f_c bx\left(\frac{x}{2} - a_s'\right) + \sigma_s A_s (h_0 - a_s') \tag{8-69}$$

$$e' = \frac{h}{2} - \eta e_i - a_s' \tag{8-70}$$

$$\sigma_s = \frac{\xi - \beta_1}{\xi_b - \beta_1} f_y \tag{8-71}$$

当混凝土强度等级≤C50 时:

$$\sigma_s = \frac{\xi - 0.8}{\xi_b - 0.8} f_y \tag{8-72}$$

2. 适用条件

当靠近轴向力一侧的混凝土先被压碎时,必须满足下列条件:

$$\xi > \xi_b \tag{8-73}$$

$$\xi \leq 1 + \frac{a_s}{h_0} \tag{8-74}$$

当不满足式(8-74)的要求即 $x > h$ 时,在式(8-69)和式(8-70)中取 $x = h$。

当离轴向力较远一侧的混凝土先被压碎时,必须满足下列条件:

$$\xi' \leq 1 + \frac{a_s'}{h_0'} \tag{8-75}$$

第四节 受拉构件承载力计算

钢筋混凝土受拉构件按纵向拉力作用位置的不同分为轴心受拉和偏心受拉两种类型。当纵向拉力 N 作用在截面形心时，称为轴心受拉构件，如钢筋混凝土屋架下弦杆、高压圆形水管及圆形水池等。

一、轴心受拉构件承载力计算

承受结点荷载的桁架或屋架的受拉弦杆和腹杆、刚架和拱的拉杆、受内压力作用的圆形储液池的环向池壁、承受内压力作用的环形截面管道的管壁等通常按轴心受拉构件计算。

钢筋混凝土轴心受拉构件，开裂以前混凝土与钢筋共同负担拉力；开裂以后，开裂截面混凝土退出工作，全部拉力由钢筋承受。当钢筋应力达到其抗拉强度时，截面达到受拉承载力极限状态。根据承载力极限状态设计法的基本原则及力的平衡条件，轴心受拉构件正截面承载力计算公式为

$$N \leqslant N_u = f_y A_s + f_{py} A_p \tag{8-76}$$

式中 N——轴向拉力设计值；

N_u——轴心受拉构件正截面承载力设计值；

f_y——钢筋抗拉强度设计值，$f_y > 300 \text{ N/mm}^2$ 时，按 300 N/mm² 取值；

f_{py}——预应力钢筋的抗拉强度设计值；

A_s——截面上全部纵向受拉钢筋的截面面积；

A_p——截面上预应力钢筋的全部截面面积。

由式(8-76)可知，轴心受拉构件正截面承载力只与纵向受拉钢筋有关，与构件的截面尺寸及混凝土的强度等级等无关。

【例 8-6】 已知某钢筋混凝土屋架下弦，截面尺寸 $b \times h = 200 \text{ mm} \times 150 \text{ mm}$，其所受的轴向拉力设计值为 300 kN，钢筋为 HRB335 级，混凝土强度等级为 C30，求纵向受拉钢筋截面面积 A_s 并选配钢筋。

【解】 由题意知此屋架下弦为轴心受拉构件，钢筋为 HRB335，$f_y = 300 \text{ N/mm}^2$，C30 混凝土，$f_t = 1.43 \text{ N/mm}^2$，令 $N = N_u$，代入式(8-76)，可得

$$A_s = \frac{N}{f_y} = \frac{300\,000}{300} = 1\,000 (\text{mm}^2)$$

纵向受拉钢筋的配筋率为

$$\rho = \frac{A_s}{A} = \frac{1\,000}{200 \times 150} = 3.3\% > \rho_{min} = 0.9 \times \frac{f_t}{f_y} = 0.9 \times \frac{1.43}{300} = 0.429\%$$

所以配筋率满足要求，纵向受拉钢筋选用 4Φ18，$A_s = 1\,017 \text{ mm}^2$。

二、偏心受拉构件承载力计算

矩形水池的池壁、工业厂房双肢柱的受拉肢杆、矩形剖面料仓的仓壁或煤斗的壁板、受地震作用的框架边柱、承受结间竖向荷载的悬臂式桁架拉杆及一般屋架承担结间荷载的下弦拉杆等，可按偏心受拉计算。

(一)偏心受拉构件的构造要求

(1)偏心受拉构件常用矩形截面形式,且矩形截面的长边宜和弯矩作用平面平行,也可采用 T 形或 I 形截面。小偏心受拉构件破坏时拉力全部由钢筋承受,在满足构造要求的前提下,以采用较小的截面尺寸为宜。大偏心受拉构件的受力特点类似于受弯构件,宜采用较大的截面尺寸,有利于抗弯和抗剪。

(2)矩形截面偏心受拉构件的纵向钢筋应沿短边布置。

(3)小偏心受拉构件的受力钢筋不得采用绑扎搭接接头。

(4)矩形截面偏心受拉构件纵向钢筋配筋率应满足其最小配筋率的要求:

受拉一侧纵向钢筋的配筋率应满足 $\rho = \dfrac{A_s}{bh} \geqslant \rho_{\min} = \max\left(0.45\dfrac{f_t}{f_y},\ 0.2\%\right)$;

受压一侧纵向钢筋的配筋率应满足 $\rho' = \dfrac{A_s'}{bh} \geqslant \rho_{\min}' = 0.2\%$。

受拉构件的受力钢筋接头必须采用焊接方法,在构件端部,受力钢筋必须有可靠的锚固。

(5)偏心受拉构件要进行抗剪承载力计算,根据抗剪承载力计算确定配置的箍筋,箍筋一般宜满足有关受弯构件箍筋的各项构造要求。

(二)偏心受拉构件的分类

当构件在拉力和弯矩的共同作用下时,可以用偏心距 $e_0 = M/N$ 和轴向拉力 N 来表示其受力状态。受拉构件根据其偏心距 e_0 的大小,并以轴向拉力 N 的作用点在截面两侧纵向钢筋之间或在纵向钢筋之外作为区分界限,可分为如下两类:

第一类:当轴向拉力 N 作用在纵向钢筋 A_s 合力点及 A_s' 合力点范围以外时,为大偏心受拉构件,即当 $e_0 = \dfrac{M}{N} > \dfrac{h}{2} - a_s$ 时,为大偏心受拉。

第二类:当轴向拉力 N 作用在纵向钢筋 A_s 合力点及 A_s' 合力点范围以内时,为小偏心受拉构件,即当 $e_0 = \dfrac{M}{N} \leqslant \dfrac{h}{2} - a_s$ 时,为小偏心受拉。当偏心距 $e_0 = 0$ 时,为轴心受拉构件,这是小偏心受拉构件的一个特例。

(三)偏心受拉构件正截面承载力计算

1. 大偏心受拉构件正截面承载力计算

(1)矩形截面大偏心受拉构件按下式计算,如图 8-20 所示。

$$N \leqslant N_u = f_y A_s - f_y' A_s' - \alpha_1 f_c b x \quad (8\text{-}77)$$

$$Ne \leqslant N_u e = \alpha_1 f_c b x \left(h_0 - \dfrac{x}{2}\right) + f_y' A_s'(h_0 - a_s') \quad (8\text{-}78)$$

$$e = e_0 - \dfrac{h}{2} + a_s \quad (8\text{-}79)$$

将 $x = \xi h_0$ 代入式(8-77)和式(8-78),可写成如下形式:

$$N \leqslant N_u = f_y A_s - f_y' A_s' - \alpha_1 f_c b h_0 \xi \quad (8\text{-}80)$$

$$Ne \leqslant N_u e = \alpha_1 f_c \xi b h_0^2 + f_y' A_s'(h_0 - a_s') \quad (8\text{-}81)$$

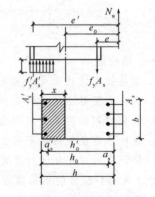

图 8-20 矩形截面大偏心受拉构件正截面受拉承载力计算示意图

(2)适用条件,当 $x \leqslant \xi_b h_0$(或 $\xi \leqslant \xi_b$)(防止发生超筋破坏),$x \geqslant 2a_s'$(或 $\xi \geqslant \dfrac{2a_s'}{h_0}$)(保证 a_s' 能够达到抗压强度 f_y')时采用。

如果 $x < 2a_s'$，仍按 $x = 2a_s'$ 计算，即

$$Ne' \leqslant N_u e' = f_y A_s (h_0 - a_s') \tag{8-82}$$

$$e' = e_0 + \frac{h}{2} - a_s' \tag{8-83}$$

2. 小偏心受拉构件正截面承载力计算

矩形截面小偏心受拉构件正截面承载力按下式计算，如图 8-21 所示。

$$Ne \leqslant N_u e = f_y A_s' (h_0 - a_s') \tag{8-84}$$

$$Ne' \leqslant N_u e' = f_y A_s (h_0' - a_s) \tag{8-85}$$

$$e = \frac{h}{2} - a_s - e_0 \tag{8-86}$$

$$e' = \frac{h}{2} - a_s' + e_0 \tag{8-87}$$

当钢筋抗拉强度值 $f_y > 300 \ \text{N/mm}^2$ 时，仍按 $300 \ \text{N/mm}^2$ 取用。

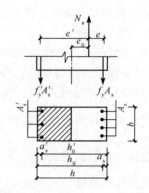

图 8-21　矩形截面小偏心受拉构件正截面受拉承载力计算示意图

本章小结

本章主要介绍受弯构件承载力计算、受压构件承载力计算和受拉构件承载力计算，重点介绍单筋矩形截面受弯构件正截面承载力、双筋矩形截面受弯构件正截面承载力、T 形截面受弯构件正截面承载力和受弯构件斜截面承载力的有关计算及相关构造要求，这些是混凝土结构设计原理重要的基础性内容。

思考与练习

一、填空题

1. 钢筋按在结构中是否施加预应力，可分为_____和_____。
2. 预应力混凝土结构所用钢材一般为_____、_____和_____。
3. 预应力钢丝主要是消除应力钢丝，其外形有_____、_____、_____三种。
4. 梁中通常配置的钢筋有_____、_____、_____。
5. 钢筋在跨中下侧承受正弯矩产生的拉力，在靠近支座的位置利用弯起段承受弯矩和剪力共同产生的主拉应力的钢筋称为_____。
6. _____的主要作用是承担梁中的剪力和固定纵筋的位置，与纵向钢筋一起形成钢筋骨架。
7. _____主要用来固定箍筋位置，与纵向钢筋形成梁的钢筋骨架，并承受因温度变化和混凝土收缩而产生的应力，防止发生裂缝。
8. _____是指钢筋外边缘至构件表面范围用于保护钢筋的混凝土。
9. 钢筋混凝土受拉构件按纵向拉力作用位置的不同分为_____和_____两种类型。
10. 板按受力形式不同分为_____和_____。

二、简答题

1. 钢筋的性能指标有哪些？混凝土结构对钢筋性能的要求主要有哪几点？
2. 影响混凝土强度的因素有哪些？
3. 通常梁的纵向受力钢筋应符合哪些规定？
4. 当梁中配有按计算需要的纵向受压钢筋时，箍筋应符合哪些规定？
5. 截面有效高度应如何确定？

三、计算题

1. 某钢筋混凝土矩形截面简支梁，跨中弯矩设计值 $M=100$ kN·m，环境类别为一类。梁的截面尺寸为 $b \times h = 200$ mm $\times 450$ mm，采用 C25 级混凝土，HRB400 钢筋。试确定跨中截面纵向受拉钢筋的数量。

2. 某钢筋混凝土矩形截面梁，截面尺寸 $b \times h = 250$ mm $\times 700$ mm，环境类别为一类，安全等级为二级，采用 C30 级混凝土和 HRB400 钢筋。已知纵向受拉钢筋为 5Φ22（图1），箍筋为 Φ8@150，混凝土保护层厚度为 20 mm，两排钢筋间的净距为 25 mm，承受最大弯矩设计值 $M=350$ kN·m。试复核该梁截面是否安全。

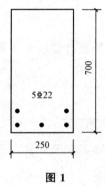

图 1

3. 一钢筋混凝土 T 形截面梁，$b'_f=500$ mm，$h'_f=100$ mm，$b=200$ mm，$h=500$ mm，混凝土强度等级为 C25（$f_{cd}=11.5$ MPa，$f_{td}=1.23$ MPa），选用 HRB400 级（$f_{sd}=330$ MPa），$\xi_b=0.53$，$\gamma_0=1.0$，环境类别是 I 类，截面所承受的弯矩设计值 $M_d=240$ kN·m。试选择纵向受拉钢筋。

第九章 钢筋混凝土梁板结构

学习目标

了解常用的钢筋混凝土梁板结构(现浇式钢筋混凝土梁板结构、装配式钢筋混凝土梁板结构、装配整体式钢筋混凝土梁板结构);熟悉雨篷的构成、荷载分布及雨篷抗倾覆计算;掌握单向板肋梁楼盖设计、双向板肋梁楼盖设计和楼梯设计。

能力目标

能利用内力包络图、内力重分布计算单向板肋梁楼盖内力,能进行现浇双向板肋梁楼盖的设计,能设计楼梯、雨篷。

素养目标

1. 有扎实的业务知识,具有较强的组织领导能力。
2. 对工作认真负责,注重作业跟进。
3. 听取他人意见,积极讨论各种观点。

第一节 钢筋混凝土梁板结构概述

钢筋混凝土梁板结构由钢筋混凝土的梁、板组成,被广泛应用于工业与民用建筑中,它既可用来建造房屋中的楼面、屋面、楼梯和阳台,也可用来建造基础、挡土墙、水池顶板等结构。钢筋混凝土梁板结构按照施工方法的不同分为现浇式、装配式和装配整体式三种。

一、现浇式钢筋混凝土梁板结构

现浇式钢筋混凝土楼(屋)盖依据其支承条件的不同分为:单向板肋梁楼(屋)盖,如图9-1所示;双向板肋梁楼(屋)盖,如图9-2所示;井式楼(屋)盖,如图9-3所示;无梁(屋)楼盖,如图9-4所示。

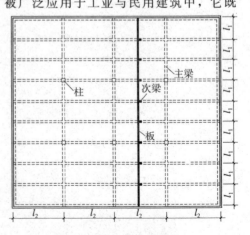

图 9-1 单向板肋梁楼盖

现浇式钢筋混凝土梁板结构的优点是整体性、抗震性、防水性都很好，缺点是用钢量、模板量和支承量较大，造价高，施工复杂，施工周期长。

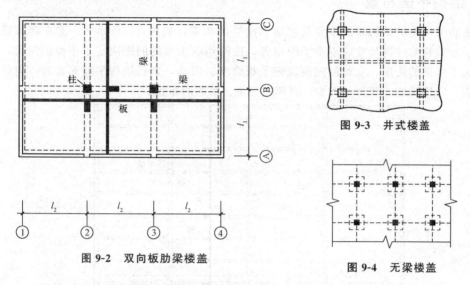

图 9-2　双向板肋梁楼盖

图 9-3　井式楼盖

图 9-4　无梁楼盖

二、装配式钢筋混凝土梁板结构

装配式是指钢筋混凝土构件多为预制，现场装配，便于工业化生产，在多层民用与工业建筑中广泛应用。

装配式的优点是钢筋混凝土构件由专业工厂制作，质量较好，且装配施工速度快；其缺点是楼（屋）盖的整体性、抗震性和防水性较差，不便在预制板上开洞，预制板之间容易产生裂缝，影响美观。

三、装配整体式钢筋混凝土梁板结构

装配整体式钢筋混凝土梁板结构整体性较装配式好，比现浇式节约模板和支承，但其不足之处是这种楼（屋）盖要进行混凝土的二次浇灌，有时还需焊接，因而影响施工进度和造价，仅用于荷载较大的多层工业厂房、高层建筑及有抗震设防的建筑。

第二节　单向板肋梁楼盖设计

单向板肋梁楼盖一般由板、次梁和主梁组成。当房屋的进深不大时，也可直接将次梁支承在砌体上而不设置主梁。

按弹性理论计算时，当板的长短边之比 $l_2/l_1 > 2$ 时，板的荷载主要由板的长边支撑承担，此时可视为单向板；板的受力钢筋为短筋，而长筋可为分布钢筋，板在长度方向上有一定的弯曲变形和内力，分布钢筋也起一定的受力作用。板的荷载传递路径为：板→次梁→主梁→柱或墙。

单向板肋梁楼盖的设计步骤一般可归纳为：结构平面布置→确定梁板计算简图→结构内力

计算→截面配筋计算→绘制施工图。

一、结构平面布置

单向板肋梁楼盖的结构布置主要是主梁和次梁的布置,如图 9-5 所示。一般在建筑设计中已经确定了建筑物的柱网尺寸或承重墙的布置,柱网和承重墙的间距决定了主梁的跨度,主梁的间距决定了次梁的跨度,次梁的间距决定了板跨度。因此,进行结构平面布置时,应综合考虑建筑功能、造价及施工条件等因素,合理进行主、次梁的布置。

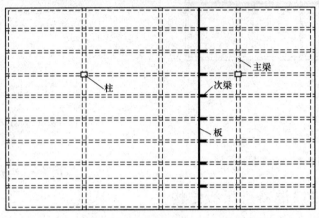

图 9-5 单向板肋梁楼盖平面布置

对单向板肋梁楼盖,主梁的布置方案有以下几种情况:

(1)主梁沿横向布置,次梁沿纵向布置时,如图 9-6(a)所示,主梁与柱形成横向框架受力体系。各横向框架通过纵向次梁连系,形成整体。房屋的横向刚度较大。由于主梁与外纵墙垂直,外纵墙的窗洞高度可较大,有利于室内采光。

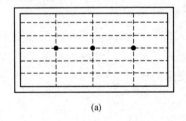   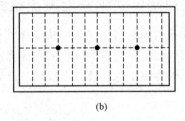

(a)   (b)

图 9-6 主梁的布置方式

(a)主梁沿房屋横向布置;(b)主梁沿房屋纵向布置

(2)当横向柱距大于纵向柱距较多或房屋有集中通风的要求时,显然沿纵向布置主梁比较有利,如图 9-6(b)所示,主梁截面高度减小可使房屋层高得以降低。房屋横向刚度较差,而且由于次梁支承在窗过梁上,限制了窗洞高度。

(3)对于中间为走道,两侧为房间的建筑物,可利用内外纵墙承重,仅布置次梁,不设主梁,如招待所、集体宿舍等建筑物楼盖可采用此种方案布置。

结构平面布置时,一般情况下应注意以下几个问题:

(1)柱网尺寸的确定首先应满足使用要求,同时应考虑到梁、板构件受力的合理性。通常情况下,主梁的跨度取 5~8 m,次梁的跨度取 4~6 m,板的跨度取 1.7~2.7 m。

(2)梁的布置方向应考虑生产工艺、使用要求及支承结构的合理性,一般以主梁沿房屋的横向布置居多,这样采光好,可以提高房屋的侧向刚度,增加房屋抵抗水平荷载的能力。

(3)梁格的布置应尽量规整、统一,减少梁、板跨度的变化。

二、确定梁板计算简图

1. 简化假定

在现浇单向板肋梁楼盖中,板、次梁、主梁的计算模型为连续板或连续梁,其中,次梁是板的支座,主梁是次梁的支座,柱或墙是主梁的支座。为了简化计算,通常做如下简化假定:

(1)支座可以自由转动,但没有竖向位移。

(2)不考虑薄膜效应对板内力的影响。

(3)在确定板传给次梁的荷载及次梁传给主梁的荷载时,分别忽略板、次梁的连续性,按简支构件计算支座竖向反力。

(4)跨数超过五跨的连续梁、板,当各跨荷载相同,且跨度相差不超过10%时,可按五跨的等跨连续梁、板计算。

2. 计算单元及从属面积

为减少计算工作量,结构内力分析时,常常不对整个结构进行分析,而是从实际结构中选取有代表性的某一部分作为计算的对象,称之为计算单元。

(1)对于单向板,可取 1 m 宽度的板带作为其计算单元,在此范围内的楼面均布荷载便是该板带承受的荷载,这一负荷范围称为从属面积,即计算构件负荷的楼面面积,如图 9-7 中阴影线表示的部分。

(2)楼盖中部主、次梁截面形状都是两侧带翼缘(板)的 T 形截面,每侧翼缘板的计算宽度取与相邻梁中心距的一半。次梁承受板传来的均布荷载,主梁承受次梁传来的集中荷载,由"简化假定(3)"可知,一根次梁的负荷范围及次梁传给主梁的集中荷载范围如图 9-7 所示。

3. 计算跨度

由图 9-7 可知,次梁的间距就是板的跨长,主梁的间距就是次梁的跨长,但不一定就等于计算跨度。梁、板的计算跨度 l_0 是指内力计算时所采用的跨间长度。从理论上讲,某一跨的计算跨度应取该跨两端支座处转动点之间的距离。因此,当按弹性理论计算时,中间各跨取支承中心线之间的距离;边跨由于端支座情况有差别,与中间跨的取值方法不同。如果端部搁置在支承构件上,支承长度为 a,则对于梁,伸进边支座的计

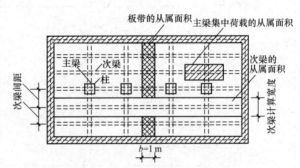

图 9-7 板、梁的荷载计算范围

算长度可在 $0.025l_{n1}$ 和 $a/2$ 两者中取小值,即边跨计算长度在 $\left(1.025l_{n1}+\dfrac{b}{2}\right)$ 与 $\left(l_{n1}+\dfrac{a+b}{2}\right)$ 两者中取小值,如图 9-8 所示;对于板,边跨计算长度在 $\left(1.025l_{n1}+\dfrac{b}{2}\right)$ 与 $\left(l_{n1}+\dfrac{h+b}{2}\right)$ 两者中取小值。梁、板在边支座与支承构件整浇时,边跨也取支承中心线之间的距离。这里,l_{n1} 为梁、板边跨的净跨长,b 为第一内支座的支承宽度,h 为板厚。

4. 荷载取值

作用在板和梁上的荷载一般有两种,即恒荷载和活荷载。

(1)恒荷载的标准值可按其几何尺寸和材料的重力密度计算。

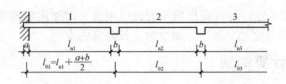

图 9-8　按弹性理论计算时的计算跨度

（2）活荷载分布通常是不规则的，一般均折合成等效均布荷载计算。其标准值可由《荷载规范》查得。

在设计民用房屋楼盖梁时，应注意楼面均布荷载折减问题，因为当梁的负荷面积较大时，全部满载的可能性较小，所以适当降低其荷载值更符合实际，具体计算按《荷载规范》的规定；板、梁等构件，计算时其截面尺寸可参考有关资料预先估算确定。当计算结果所得的截面尺寸与估算的尺寸相差很大时，需重新估算确定其截面尺寸。

当楼面荷载标准值 $q \leqslant 4 \text{ kN/m}^2$ 时，板、次梁和主梁的截面参考尺寸见表 9-1。

表 9-1　板、次梁和主梁的截面参考尺寸（$q \leqslant 4 \text{ kN/m}^2$）

构件种类		高跨比（h/l）	附　注
单向板	简支	$\dfrac{1}{35}$	最小板厚 h： 屋面板，$h \geqslant 60$ mm 民用建筑楼板，$h \geqslant 60$ mm 工业建筑楼板，$h \geqslant 70$ mm
单向板	两端连续	$\dfrac{1}{40}$	
双向板	四边简支	$\dfrac{1}{45}$	最小板厚 h：$h = 80$ mm（l 为短向计算跨度）
双向板	四边连续	$\dfrac{1}{50}$	
多跨连续次梁		$\dfrac{1}{18} \sim \dfrac{1}{12}$	最小梁高 h： 次梁，$h = \dfrac{l}{25}$（l 为梁的计算跨度） 主梁，$h = \dfrac{l}{15}$（l 为梁的计算跨度）
多跨连续主梁		$\dfrac{1}{14} \sim \dfrac{1}{8}$	
单跨简支梁		$\dfrac{1}{14} \sim \dfrac{1}{8}$	宽高比（b/h）：$\dfrac{1}{3} \sim \dfrac{1}{2}$，且 50 mm 为模数

三、结构内力计算

现浇肋形楼盖中板、次梁、主梁一般为多跨连续梁。设计连续梁时，内力计算是主要内容，而截面配筋计算与简支梁、伸臂梁基本相同。钢筋混凝土连续梁内力计算有以下两种方法。

（一）弹性理论计算法

这种方法适用于所有情况下的连续梁（板）。其基本方法是采用结构力学方法计算内力。

1. 荷载的最不利组合

连续梁（板）所受荷载包括恒荷载和活荷载。其中恒荷载是保持不变且布满各跨，活荷载在各跨的分布则是随机的。为保证结构在各种荷载下作用都安全可靠，就需要研究活荷载如何布置将使梁截面产生最大内力的问题，即活荷载的最不利组合问题。

图 9-9 所示为五跨连续梁在不同跨间时梁的弯矩图和剪力图。由图 9-9 可见，当求 1、3、5 跨跨中最大正弯矩时，活荷载应布置在 1、3、5 跨；当求 2、4 跨跨中最大正弯矩或 1、3、5 跨跨中最小弯矩时，活荷载应布置在 2、4 跨；当求 B 支座最大负弯矩及支座最大剪力时，活荷载应布置在 1、2、4 跨。

研究图 9-9 的弯矩和剪力分布规律及不同组合后的效果，不难发现活荷载最不利组合的规律：

(1) 求某跨跨内最大正弯矩时，应在本跨布置活荷载，然后隔跨布置。

(2) 求某跨跨内最大负弯矩时，本跨不布置活荷载，而在其左右邻跨布置，然后隔跨布置。

(3) 求某支座绝对值最大的负弯矩或求支座左、右截面最大剪力时，应在该支座左右两跨布置活荷载，然后隔跨布置。

图 9-10 所示为五跨连续梁最不利荷载组合。

图 9-9 五跨连续梁在不同跨间荷载作用下的内力

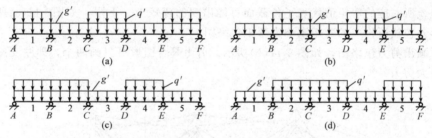

图 9-10 五跨连续梁最不利荷载组合（其中支座 D、支座 E 最不利组合布置从略）

(a) 恒＋活 1＋活 3＋活 5（产生 $M_{1,\max}$、$M_{3,\max}$、$M_{5,\max}$、$M_{2,\min}$、$M_{4,\min}$、$M_{A右,\max}$、$M_{F左,\max}$）；

(b) 恒＋活 2＋活 4（产生 $M_{2,\max}$、$M_{4,\max}$、$M_{1,\min}$、$M_{3,\min}$、$M_{5,\min}$）；

(c) 恒＋活 1＋活 2＋活 4（产生 $M_{B,\max}$、$M_{B左,\max}$、$M_{B右,\max}$）；

(d) 恒＋活 2＋活 3＋活 5（产生 $M_{C,\max}$、$M_{C左,\max}$、$M_{C右,\max}$）

2. 等跨连续梁(板)的内力计算

根据上述原则确定活荷载的最不利组合后，便可按照结构力学的方法进行连续梁(板)的内力计算。

均布及三角荷载作用下

$$\left. \begin{array}{l} M = k_1 g l_0^2 + k_2 q l_0^2 \\ V = k_3 g l_0 + k_4 q l_0 \end{array} \right\} \tag{9-1}$$

集中荷载作用下

$$\left. \begin{array}{l} M = k_5 G l_0 + k_6 P l_0 \\ V = k_7 G + k_8 P \end{array} \right\} \tag{9-2}$$

式中　　g、q——单位长度上的均布恒荷载设计值、均布活荷载设计值；

　　　　G、P——集中恒荷载设计值、集中活荷载设计值；

　　　　l_0——计算跨度；

　　　　k_1、k_2、k_5、k_6——弯矩系数；

　　　　k_3、k_4、k_7、k_8——剪力系数。

为计算方便，已将 2～5 跨等跨连续梁（板）在不同荷载组合下的弯矩及剪力系数绘制成表，具体可查阅相关资料。

当连续梁（板）的跨数超过五跨时，可简化为五跨计算，即所有中间跨的内力均与第三跨一样。当连续梁（板）跨度不等但相差不超过 10% 时，仍可按等跨连续梁（板）进行计算；当求跨中弯矩时，计算跨度取该跨的计算跨度；当求支座弯矩时，计算跨度取相邻两跨计算跨度的平均值。

3. 内力包络图

分别将恒荷载作用下的内力与各种活荷载不利布置情况下的内力进行组合，求得各组合的内力，并将各组合的内力图画在同一图上，以同一条基线绘出，得出"内力叠合图"，其外包线称为"内力包络图"。

内力包络图包括弯矩包络图和剪力包络图。现以承受均布线荷载的五跨连续梁的弯矩包络图来说明。根据活荷载的不同布置情况，每一跨都可以画出 4 个弯矩图形，分别对应于跨内最大正弯矩、跨内最小正弯矩（或负弯矩）和左、右支座截面的最大负弯矩。当端支座是简支时，边跨只能画出 3 个弯矩图形。把这些弯矩图形全部叠画在一起，就是弯矩叠合图形。弯矩叠合图形的外包线所对应的弯矩值代表了各截面可能出现的弯矩上、下限，如图 9-11(a) 所示。由弯矩叠合图形外包线所构成的弯矩图称为弯矩包络图。

同理可画出剪力包络图，如图 9-11(b) 所示。剪力叠合图形可只画两个，即左支座最大剪力和右支座最大剪力。

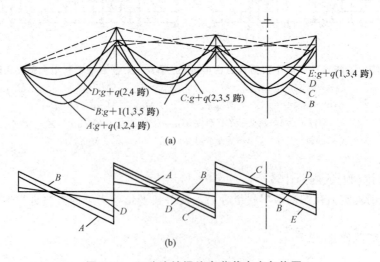

图 9-11　五跨连续梁均布荷载内力包络图
(a) 弯矩包络图；(b) 剪力包络图

4. 支座弯矩和剪力设计值

按弹性理论计算连续梁内力时，中间跨的计算跨度取为支座中心线间的距离，故所求得的支座弯矩和支座剪力都是指支座中心线的。实际上，正截面受弯承载力和斜截面承载力的控制截面应在支座边缘，内力设计值应以支座边缘截面为准，故取：

弯矩设计值： $$M = M_c - V_0 \cdot \frac{b}{2} \tag{9-3}$$

剪力设计值：

均布荷载时 $$V = V_c - (g + q) \cdot \frac{b}{2} \tag{9-4}$$

集中荷载时 $$V = V_c \tag{9-5}$$

式中 M_c、V_c——支撑中心处的弯矩、剪力设计值；

V_0——按简支梁计算的支座剪力设计值（取绝对值）；

b——支座宽度。

(二)塑性内力重分布

根据钢筋混凝土弹塑性材料的性质，必须考虑其塑性变形内力重分布对连续梁内力计算的影响。

1. 混凝土受弯构件的塑性铰

为了简便，以简支梁[图 9-12(a)]来说明，简支梁跨中受集中荷载。图 9-12(b)为混凝土受弯构件截面的 M-φ 曲线，图中，M_y 是受拉钢筋刚屈服时的截面弯矩，M_u 是极限弯矩，即截面受弯承载力；φ_y、φ_u 是对应的截面曲率。在破坏阶段，由于受拉钢筋已屈服，塑性应变增大而钢筋应力维持不变。随着截面受压区高度的减小，内力臂略有增大，截面的弯矩也有所增加，但弯矩的增量($M_u - M_y$)不大，而截面曲率的增值(φ_u、φ_y)很大，在 M-φ 图上大致是一条水平线。这样，在弯矩基本维持不变的情况下，截面曲率激增，形成了一个能转动的"铰"，这种铰称为塑性铰。

跨中截面弯矩从 M_y 发展到 M_u 的过程中，与它相邻的一些截面也进入"屈服"产生塑性转动。在图 9-12(b)中，$M \geqslant M_y$ 的部分是塑性铰的区域（由于钢筋与混凝土间粘结力的局部破坏，实际的塑性铰区域更大）。通常把这一塑性变形集中产生的区域理想化为集中于一个截面上的塑性铰，该范围称为塑性铰长度 l_p，所产生的转角称为塑性铰的转角 θ_p。

由此可以得出，塑性铰在破坏阶段开始时形成，它是有一定长度的，能承受一定的弯矩，并在弯矩作用方向转动，直至截面破坏。

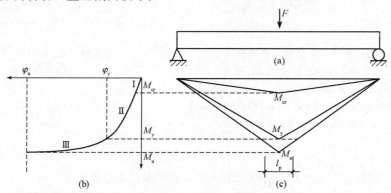

图 9-12 塑性铰的形成

(a)跨中有集中荷载作用的简支梁；(b)跨中正截面的 M-φ 曲线；(c)弯矩图

2. 内力重分布的过程

图 9-13(a) 为跨中受集中荷载的两跨连续梁，假定支座截面和跨内截面的截面尺寸和配筋相同。梁的受力全过程大致可以分为三个阶段：

(1) 当集中力 F_1 很小时，混凝土尚未开裂，梁各部分的截面弯曲刚度的比值未改变，结构接近弹性体系，弯矩分布由弹性理论确定，如图 9-13(b) 所示。

(2) 由于支座截面的弯矩最大，随着荷载增大，中间支座（截面 B）受拉区混凝土先开裂，截面弯曲刚度降低，但跨内截面 1 尚未开裂。由于支座与跨内截面弯曲刚度的比值降低，支座截面弯矩 M_B 的增长率低于跨内弯矩 M_1 的增长率。继续加载，当截面 1 也出现裂缝时，截面抗弯刚度的比值有所回升，M_B 的增长率又有所加快。两者的弯矩比值不断发生变化。支座和跨内截面在混凝土开裂前后弯矩 M_B 和 M_1 的变化情况如图 9-13 所示。

(3) 当荷载增加到支座截面 B 的受拉钢筋屈服，支座塑性铰形成，塑性铰能承受的弯矩为 M_{uB}（此处忽略 M_u 与 M_y 的差别），相应的荷载值为 F_1。再继续增加荷载，梁从一次超静定的连续梁转变成了两根简支梁。由于跨内截面承载力尚未耗尽，因此还可以继续增加荷载，直至跨内截面 1 也出现塑性铰，梁成为几何可变体系而破坏。设后加的那部分荷载为 F_2，则梁承受的总荷载 $F=F_1+F_2$。

在 F_2 作用下，应按简支梁来计算跨内弯矩，此时支座弯矩不增加，维持在 M_{uB}，故图 9-14 中 M_{uB} 出现了竖直段。若按弹性理论计算，M_B 和 M_1 的大小始终与外荷载呈线性关系，在 M-F 图上应为两条虚直线，但梁的实际弯矩分布如图 9-14 中实线所示，即出现了内力重分布。

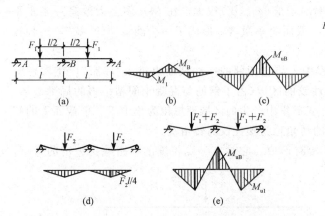
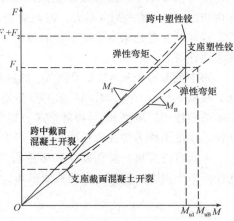

图 9-13　梁上弯矩分布及破坏机构形成
(a) 在跨中截面 1 处作用 F_1 的两跨连续梁；(b) 按弹性理论确定的弯矩图；(c) 支座截面 B 达到 M_{uB} 时的弯矩图；
(d) B 支座出现塑性铰后在新增加的 F_2 作用下的弯矩图；
(e) 截面 1 出现塑性铰时梁的变形及其弯矩图

图 9-14　支座与跨中截面的弯矩变化过程

由此可知，超静定钢筋混凝土结构的内力重分布可概括为以下两个过程：

(1) 第一过程发生在受拉混凝土开裂到第一个塑性铰形成之前，主要是由于结构各部分弯曲刚度比值的改变而引起的内力重分布，第一过程为弹塑性内力重分布。

(2) 第二过程发生于第一个塑性铰形成以后直到结构破坏，由于结构计算简图的改变而引起的内力重分布，第二过程为塑性内力重分布。

四、截面配筋计算

(1) 连续次梁、主梁在进行正截面承载力计算时,板可作为梁的翼缘,因此在跨中正弯矩作用区段,板处在梁的受压区,梁应按 T 形截面计算。而在支座附近(或跨中)的负弯矩作用区段,板处在梁的受拉区,梁应按矩形截面计算。

(2) 在进行主梁支座截面承载力计算时,应根据主梁负弯矩纵筋的实际位置来确定截面的有效高度 h_0,如图 9-15 所示。由于在主梁支座处,次梁与主梁负弯矩钢筋相互交叉重叠,而主梁钢筋一般均在次梁钢筋下面,主梁支座截面 h_0 应较一般次梁取值为低,具体为(对Ⅰ类环境):

当为单排钢筋时,$h_0 = h - (50 \sim 60)\text{mm}$;
当为双排钢筋时,$h_0 = h - (70 \sim 80)\text{mm}$。

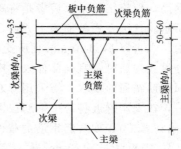

图 9-15 板、次梁、主梁负筋相对位置

(3) 次梁内力可按塑性理论方法计算,而主梁内力则应按弹性理论方法计算。

(4) 附加横向钢筋应布置在长度 $s = 2h_1 + 3b$ 的范围内,如图 9-16 所示,以便能充分发挥作用。附加横向钢筋可采用附加箍筋和吊筋,宜优先采用附加箍筋。附加箍筋和吊筋的总截面面积按下式计算:

$$F_l \leqslant 2f_y A_{sb} \sin\alpha + mn f_{yv} A_{sv1} \quad (9-6)$$

式中 F_l——由次梁传递的集中力设计值;
f_y——吊筋的抗拉强度设计值;
f_{yv}——附加箍筋的抗拉强度设计值;
A_{sb}——一根吊筋的截面面积;
A_{sv1}——单肢箍筋的截面面积;
m——附加箍筋的截面面积;
n——同一截面内附加箍筋的肢数;
α——吊筋与梁轴线间的夹角。

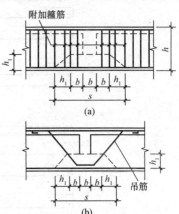

图 9-16 附加横向钢筋布置
(a) 附加箍筋;(b) 吊筋

五、单向板构造要求

1. 板的构造要求

(1) 按简支边或非受力边设计的现浇混凝土,当与混凝土梁、墙整体浇筑或嵌固在砌体墙内时,应设置板面构造钢筋,并符合下列要求:

1) 钢筋直径不宜小于 8 mm,间距不宜大于 200 mm,且单位宽度内的配筋面积不宜小于跨中相应方向板底钢筋截面面积的 1/3。与混凝土梁、混凝土墙整体浇筑单向板的非受力方向,钢筋截面面积还不宜小于受力方向跨中板底钢筋截面面积的 1/3。

2) 钢筋从混凝土梁边、柱边、墙边伸入板内的长度不宜小于 $l_0/4$,砌体墙支座处钢筋伸入板边的长度不宜小于 $l_0/7$,其中计算跨度 l_0 对单向板按受力方向考虑、对双向板按短边方向考虑。

3) 在楼板角部,宜沿两个方向正交、斜向平行或放射状布置附加钢筋。

4) 钢筋应在梁内、墙内或柱内可靠锚固。

(2) 当按单向板设计时,应在垂直于受力的方向布置分布钢筋,单位宽度上的配筋不宜小于单位宽度上的受力钢筋的 15%,且配筋率不宜小于 0.15%;分布钢筋直径不宜小于 6 mm,间距不宜大于 250 mm；当集中荷载较大时，分布钢筋的配筋面积应增加，且间距不宜大于 200 mm。

(3) 连续板受力钢筋的配筋方式有弯起式和分离式两种。前者是将跨中正弯矩钢筋在支座附近弯起一部分以承受支座负弯矩，如图 9-17(a) 所示。这种配筋方式锚固好，并可节省钢筋，但施工复杂；后者是将跨中正弯矩钢筋和支座负弯矩钢筋分别设置，如图 9-17（b）所示。这种方式配筋施工方便，但钢筋用量较大且锚固较差，故不宜用于承受动荷载的板中。当板厚 $h \leqslant 120$ mm 且所受动荷载不大时，也可采用分离式配筋。跨中正弯矩钢筋采用分离式配筋时，宜全部伸入支座，支座负弯矩钢筋向跨内的延伸长度应满足覆盖负弯矩图和钢筋锚固的要求；当采用弯起式配筋时，可先按跨中正弯矩确定其钢筋直径和间距；然后，在支座附近将跨中钢筋按需要弯起 1/2（隔一弯一）以承受负弯矩，但最多不超过 2/3（隔一弯二）。如弯起钢筋的截面面积不够，可另加直钢筋。弯起钢筋弯起的角度一般采用 30°，当板厚 $h > 120$ mm 时，宜采用 45°。

注：当 $q \leqslant 3g$ 时，$a = l_n/4$；当 $q > 3g$ 时，$a = l_n/3$。其中，q 为均布活荷载设计值；g 为均布恒荷载设计值；l_n 为板的计算跨度。

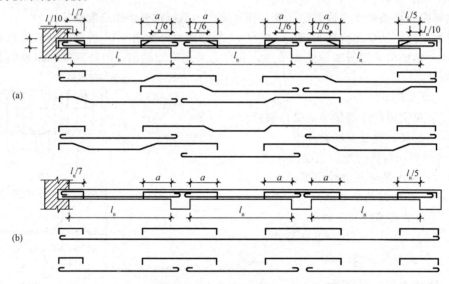

图 9-17 单向板的配筋方式
(a) 弯曲式钢筋；(b) 分离式钢筋

2. 次梁的构造要求

次梁的一般构造要求与受弯构件的配筋构造相同。次梁的配筋方式有弯起式和连续式，沿梁长纵向钢筋的弯起和截断，原则上应按弯矩及剪力包络图确定。对于相邻跨度相差不超过 20%，活荷载和恒荷载的比值 $q/g \leqslant 3$ 的连续次梁，可参考图 9-18 进行构造。

3. 主梁的构造要求

主梁伸入墙内的长度一般不小于 370 mm，主梁纵向受力筋的弯起和截断，原则上应通过弯矩包络图作抵抗弯矩图确定，并应满足有关的构造要求。

由于支座处板、次梁、主梁中的上部钢筋相互交叉重叠，主梁的纵筋必须位于次梁、板的纵筋下面，如图 9-15 所示。故截面有效高度在支座处有所减小。此时主梁截面的有效高度应取：当主梁受力筋为一排时，$h_0 = h - (50 \sim 60)$ mm；当主梁受力筋为两排时，$h_0 = h - (80 \sim 90)$ mm。

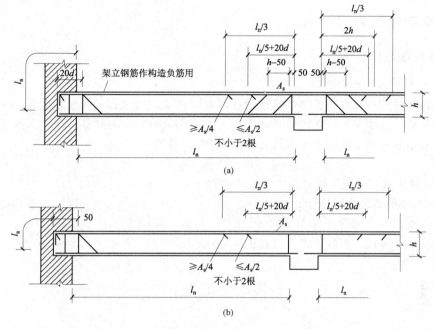

图 9-18 次梁的钢筋布置
(a) 有弯起钢筋；(b) 无弯起钢筋

在主、次梁相交处，由于主梁承受由次梁传来的集中荷载，其腹部可能出现斜裂缝，并引起局部破坏。因此，应在集中荷载 F 附近，长度为 $s=3b+2h_1$ 的范围内设置附加箍筋或吊筋，以便将全部集中荷载传至梁的上部。当按构造要求配置附加箍筋时，次梁每侧不得少于 $2\phi6$；如设附加吊筋，不得少于 $2\phi12$。

第三节　现浇双向板肋梁楼盖设计

当四边支承板的两向跨度之比小于或等于 2（按塑性计算小于或等于 3）时，即为双向板。双向板肋梁楼盖受力性能较好，可以跨越较大跨度，梁格布置美观，常用于民用房屋跨度较大的房间及门厅等处。此外由于双向板肋梁楼盖具有一定的经济性，也常用于工业房屋楼盖。

一、双向板的受力特点

试验研究结果表明，双向板受力后有以下几个特点：

(1) 双向板在荷载作用下，荷载将沿板的长短两个方向传递给周边支承构件，板双向受弯，板在短跨方向上传递的荷载及在荷载作用下产生的弯矩都大于长跨方向。

(2) 双向板受力后，板的四角有向上翘起的趋势，板传递给支座的压力，并不沿周边均匀分布，而是中间较大，两端较小。

(3) 双向板板中钢筋一般都布置成与板的四边平行，以便于施工。在同样配筋率时，采用较细钢筋较为有利；使用同样数量的钢筋时，在板中间部分排列较密些，要比均匀放置适宜。

二、双向板的内力计算

(一)弹性理论计算法

1. 单区格双向板的内力计算

双向板按弹性理论计算属于弹性薄板理论问题,由于内力分析很复杂,故在实际设计工作中,为简化计算,直接应用弹性薄板理论编制的计算用表进行内力计算。内力系数可查阅相关设计手册,其中双向板中间板带每米宽度内弯矩的计算系数为

$$m = 内力系数 \times q l_{01}^2 \tag{9-7}$$

式中 m——跨中或支座单位板宽内的弯矩设计值(kN·m/m);

q——均布荷载设计值(kN/m²);

l_{01}——短跨方向的计算跨度(m),计算方法与单向板相同。

当泊松比不为零时,可按下式进行修正:

$$\left.\begin{array}{l} m_1^v = m_1 + v m_2 \\ m_2^v = m_2 + v m_1 \end{array}\right\} \tag{9-8}$$

对于钢筋混凝土,可取 $v = \dfrac{1}{6}$。

2. 多区格双向板的内力计算

多区格双向板的内力的精准计算更为复杂,在设计中一般采用实用计算方法通过对双向板上活荷载的最不利布置及支承情况等合理的简化,将多区格连续板转化为单区格板进行计算。该法假定其支承梁抗弯刚度很大,梁的竖向变形忽略不计,抗扭刚度很小,可以转动;当在同一方向的相邻最大与最小跨度之差小于20%时,可按下述方法计算:

(1)各区格板跨中最大弯矩的计算。可变荷载的最不利布置如图9-19(a)所示,即为棋盘式布置。

此时在活荷载作用的区格内,将产生跨中最大弯矩。

在图9-19(b)所示的荷载作用下,为了能利用单区格双向板的内力计算系数表计算连续双向板,可以采用下列近似方法:把棋盘式布置的荷载分解为各跨满布的对称荷载和各跨向上向下相间作用的反对称荷载,如图9-19(c)、(d)所示。

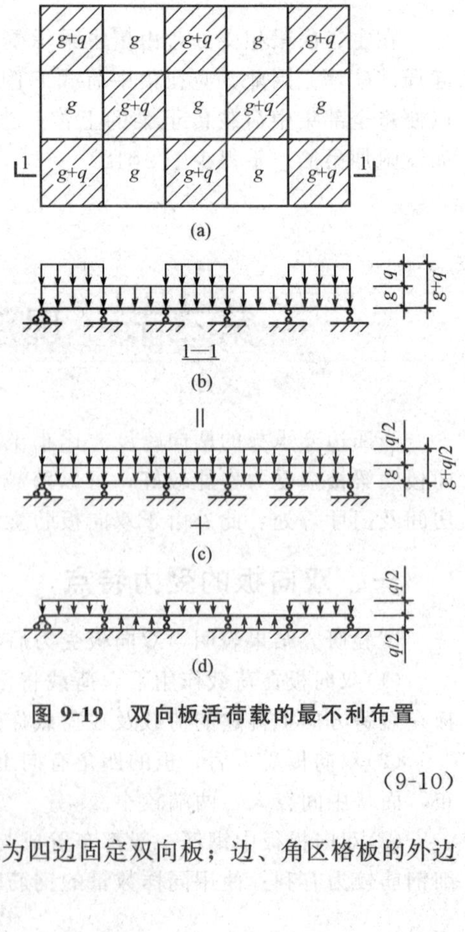

对称荷载

$$g' = g + \dfrac{q}{2} \tag{9-9}$$

反对称荷载

$$q' = \pm \dfrac{q}{2} \tag{9-10}$$

图 9-19 双向板活荷载的最不利布置

在对称荷载 $g' = g + \dfrac{q}{2}$ 作用下,所有中间区格板均可视为四边固定双向板;边、角区格板的外边

界条件如楼盖周边视为简支,则其边区格可视为三边固定一边简支双向板;角区格板可视为两邻边固定两邻边简支双向板。这样,即可根据各区格板的四边支承情况,分别求出在 $g'=g+\dfrac{q}{2}$ 作用下的跨弯矩。

在反对称荷载 $q'=\pm\dfrac{q}{2}$ 作用下,忽略梁的扭转作用,所有中间支座均可视为简支支座,如楼盖周边视为简支,则所有各区格板均可视为四边简支板,于是可以求出在 $q'=\pm\dfrac{q}{2}$ 作用下的跨中弯矩。

最后将各区格板在上述两种荷载作用下的跨中弯矩相叠加,即得到各区格板的跨中最大弯矩。

(2)区格支座的最大负弯矩。为简化计算,不考虑活荷载的不利布置,可近似认为恒荷载和活荷载皆满布在连续双向板所有区格时支座产生最大弯矩。此时,可视各中间支座均为固定,各周边支座为简支,求得各区格板中各固定边的支座弯矩。对某些中间支座,由相邻两个区格板求出的支座弯矩常常并不相等,则可近似取其平均值作为该支座弯矩值。

(二)双向板支承梁的计算

如果假定塑性铰线上没有剪力,则由塑性铰线划分的板块范围就是双向板支承梁的负荷范围,如图 9-20 所示。近似认为斜向塑性铰线是 45°倾角。沿短跨方向的支承梁承受板面传来的三角形分布荷载;沿长跨方向的支承梁承受板面传来的梯形分布荷载。

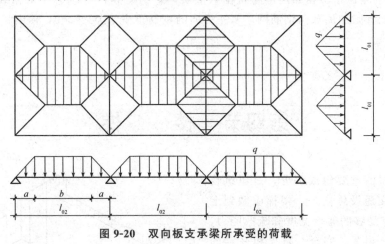

图 9-20 双向板支承梁所承受的荷载

按弹性理论设计计算梁的支座弯矩时,可按支座弯矩等效的原则,按下式将三角形荷载和梯形荷载等效为均布荷载 p_e。

三角形荷载作用时

$$p_e=\dfrac{5}{8}p' \tag{9-11}$$

梯形荷载作用时

$$p_e=(1-2\alpha_1^2+\alpha_1^3)p'$$

$$\alpha_1=\dfrac{a}{l_{02}}$$

$$p'=p\dfrac{l_{01}}{2}=(g+q)\dfrac{l_{01}}{2} \tag{9-12}$$

式中 g、q——板面的均布恒荷载和均布活荷载。

三、双向板截面设计与构造要求

1. 双向板截面设计

(1) 双向板的板厚一般为 80~160 mm。为满足板的刚度要求，简支板厚应不小于 $l_0/45$，连续板厚不小于 $l_0/50$，l_0 为短边的计算跨度。

(2) 双向板跨中的受力钢筋应根据相应方向跨内最大弯矩计算，沿短跨方向的跨中钢筋放在外侧，沿长跨方向的跨中钢筋放在内侧。

(3) 由于板的内拱作用，弯矩设计值在下述情况下可予以折减：

1) 中间区格的跨中截面及中间支座截面上可减少 20%。

2) 边区格的跨中截面及从楼板边缘算起的第二支座截面上：当 $l_b/l<1.5$ 时，计算弯矩可减少 20%；当 $1.5≤l_b/l≤2.0$ 时，计算弯矩可减少 10%；当 $l_b/l>2.0$ 时，弯矩不折减。其中 l_b 为沿板边缘方向的计算跨度，l 为垂直于板边缘方向的计算跨度。

3) 对角区格，计算弯矩不应减小。

2. 双向板构造要求

(1) 双向板的配筋形式有分离式和弯起式两种，通常采用分离式配筋。双向板的其他配筋要求同单向板。

(2) 双向板的角区格板，如两边嵌固在承重墙内，为防止产生垂直于对角线方向的裂缝，应在板角上部配置附加的双向钢筋网，每一方向的钢筋不少于 Φ8@200，伸出长度不小于 $l_1/4$（l_1 为板的短跨）。

第四节 楼 梯

楼梯是房屋的重要组成部分，是建筑物中主要的垂直交通设施之一。楼梯应做到上下通行方便，有足够的通行宽度和疏散能力，并应满足坚固、耐久、安全、防火和一定的美观要求。

一、楼梯的组成

楼梯由梯段、平台和栏杆扶手(板)三部分组成，如图 9-21 所示。

1. 梯段

设有踏步供建筑物楼层之间上下通行的通道称为梯段。踏步又分为踏面(供行走时踏脚的水平部分)和踢面(形成踏步高差的垂直部分)。

2. 平台

楼梯平台指连接两个梯段之间的水平部

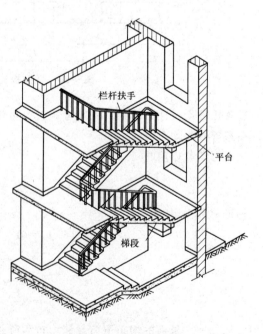

图 9-21 楼梯的组成

分。平台用来供楼梯转折、连通某个楼层或供使用者在攀登一定距离后稍事休息。平台的标高有时与某个楼层相一致，有时介于两个楼层之间。与楼层标高相一致的平台称为正平台，介于两个楼层之间的平台称为半平台。

3. 栏杆扶手

栏杆是设置在楼梯梯段和平台边缘处起安全保障的围护构件。扶手一般设于栏杆顶部，也可附设于墙上。

二、楼梯的分类

(一)按结构形式分类

按梯段结构形式不同，楼梯分为板式、梁式、螺旋式和对折式。常见的类型是板式和梁式两种。

1. 板式楼梯

板式楼梯由梯段板、平台梁等组成，如图 9-22 所示。一般用于跨度不超过 3 m 的小跨度楼梯，较为经济。板式楼梯的下表面平整，施工支模方便，外形完整，轻巧美观，故而目前跨度较大的公共建筑楼梯也常采用这种楼梯形式。板式楼梯的缺点是斜板较厚，当跨度较大时，材料用量较多。

2. 梁式楼梯

梁式楼梯由楼梯斜边梁、踏步板、平台梁组成，如图 9-23 所示。其优点是当楼梯跨度较大时较为经济，但其支模及施工都较板式楼梯复杂，外观也显得不够轻巧、美观。

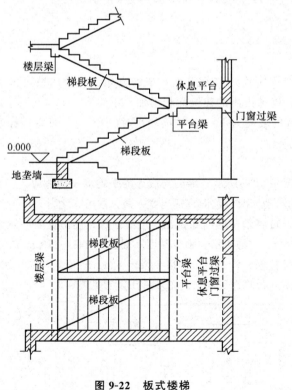

图 9-22 板式楼梯

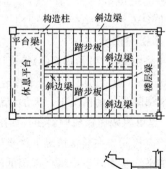
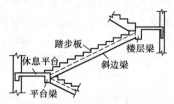

图 9-23 梁式楼梯

(二)按施工方法分类

按施工方法的不同,楼梯分为现浇式楼梯和装配式楼梯两种。

1. 现浇式楼梯

现浇式楼梯是在现场就地支模板、绑扎钢筋和浇捣混凝土而成。这种楼梯整体性好,从工业化施工方式来看,施工较麻烦,费模板,湿作业多,工期长。因民用公共建筑楼梯数量少且同规格者也少,预制吊装就没有太大的优越性,且在地震区,楼梯现浇可增加建筑物的抗震性能,因而现浇式钢筋混凝土楼梯应用十分广泛。

2. 装配式楼梯

由于装配式构件在工厂加工预制,现场装配,加快了施工速度,故适用于大规模住宅建设等。装配式钢筋混凝土楼梯根据建筑设计要求有各种结构形式,一般常用的预制装配式楼梯有悬臂式楼梯、预制梯段板式楼梯、小型分件装配式楼梯等,如图 9-24 所示。

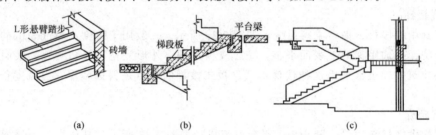

图 9-24 装配式楼梯的形式
(a)悬臂式楼梯;(b)预制梯段板式楼梯;(c)小型分件装配式楼梯

三、楼梯的尺度

1. 楼梯的坡度

楼梯的坡度是指梯段中各级踏步前缘假定连线与水平面形成的夹角。楼梯的坡度大小应适中,坡度过大,行走易疲劳;坡度过小,楼梯占用的建筑面积增加,不经济。

楼梯的坡度范围为 25°~45°,最适宜的坡度为 1∶2。坡度较小时(小于 10°)可将楼梯改为坡道。坡度大于 45°为爬梯。

2. 楼梯的踏步

踏步是由踏面(b)和踢面(h)组成,如图 9-25(a)所示。踏面与成人的平均脚长相适应,一般不宜小于 260 mm。为了适应人们上下楼时脚的活动情况,踏面宜适当宽一些,常用宽度为 260~320 mm。在不改变梯段长度的情况下,为加宽踏面,可将踏步的前缘挑出,形成凸缘,挑出长度一般为 20~30 mm,也可将踢面做成倾斜面,如图 9-25(b)、(c)所示。踏步高度一般宜为 140~175 mm,各级踏步高度均应相同。在通常情况下踏步尺寸可根据经验公式 $b+2h=600~620$ mm 确定,600~620 mm 为成人的平均步距,室内楼梯选用低值,室外台阶选用高值。踏步常用尺寸见表 9-2。

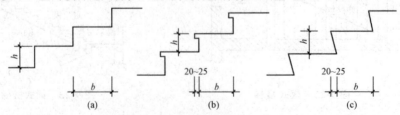

图 9-25 踏步形式
(a)一般楼梯形式;(b)带踏口楼梯形式;(c)斜踢面楼梯形式

表 9-2　踏步常用尺寸　　　　　　　　　　　　　　　　　　　　　　　　　　　　　mm

名　　称	住　宅	幼儿园	学校、办公楼	医　　院	剧院、会堂
踏步高 h	150～175	120～150	140～150	120～160	120～160
踏步宽 b	260～300	260～280	260～320	280～350	280～350

《民用建筑设计统一标准》(GB 50352—2019)对不同类型的建筑物给出了楼梯踏步最小宽度和最大高度，见表9-3。

表 9-3　楼梯踏步最小宽度和最大高度　　　　　　　　　　　　　　　　　　　　　　m

楼　梯　类　别		最小宽度	最大高度
住宅楼梯	住宅公共楼梯	0.260	0.175
	住宅套内楼梯	0.260	0.200
宿舍楼梯	小学宿舍楼梯	0.260	0.150
	其他宿舍楼梯	0.270	0.165
老年人建筑楼梯	住宅建筑楼梯	0.300	0.150
	公共建筑楼梯	0.320	0.130
托儿所、幼儿园楼梯		0.260	0.130
小学校楼梯		0.260	0.150
人员密集且竖向交通繁忙的建筑和大、中学校楼梯		0.280	0.165
其他建筑楼梯		0.260	0.175
超高层建筑核心筒内楼梯		0.250	0.180
检修及内部服务楼梯		0.220	0.200

注：螺旋楼梯和扇形踏步离内侧扶手中心 0.250 m 处的踏步宽度不应小于 0.220 m。

3. 梯段的尺度

梯段的宽度取决于同时通过的人流股数及家具、设备搬运所需空间尺寸。供单人通行的楼梯净宽度应不小于 900 mm，双人通行为 1 100～1 400 mm，三人通行为 1 650～2 100 mm。梯段的净宽是指楼梯扶手中心线至墙面或靠墙扶手中心线的水平距离。

梯段的长度取决于梯段的踏步数及其踏面宽度。如果梯段踏步数为 n 步，则该梯段的长度为 $b×(n-1)$，b 为踏面宽度。

4. 楼梯栏杆扶手的高度

楼梯栏杆扶手的高度是指踏步前缘至扶手上表面的垂直距离。一般室内楼梯栏杆扶手的高度不宜小于 900 mm，室外楼梯栏杆扶手高度应不小于 1 100 mm。在幼儿建筑中，需要在 500～600 mm 高度再增设一道扶手，以适应儿童的身高。

5. 楼梯的净高

楼梯的净高包括梯段部位和平台部位净高，其中梯段部位净高不应小于 2 200 mm，平台部位净高不应小于 2 000 mm，如图 9-26 所示。

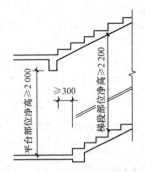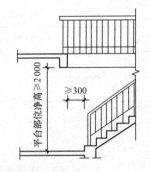

图 9-26　楼梯净高示意图

当底层休息平台下作出入口时，为使平台净高满足要求，可采用以下几种处理方法：

(1)局部降低平台下地坪标高。充分利用室内外高差，将部分室外台阶移至室内。为防止雨水流入室内，应使室内最低点的标高高出室外地面标高不小于 0.1 m，如图 9-27(a)所示。

(2)采用长短跑梯段。增加底层楼梯第一跑的踏步数量，使底层楼梯的两个梯段形成长短跑，以提高底层休息平台的标高，如图 9-27(b)所示。

(3)采用局部降低平台下地坪标高及长短跑梯段相结合的方法，如图 9-27(c)所示。

(4)底层采用直跑楼梯。当底层层高较低(一般不大于 3 000 mm)时可将底层楼梯由双跑改为直跑，二层以上恢复双跑，如图 9-27(d)所示。

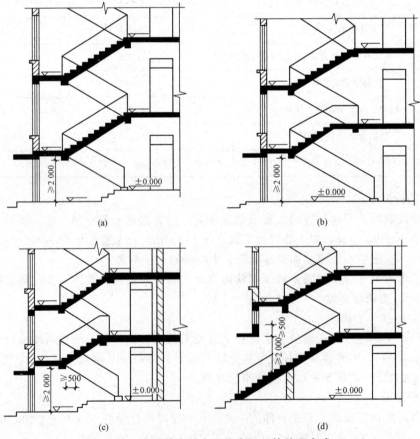

图 9-27　底层休息平台下作出入口的处理方式

四、现浇梁式楼梯的计算

1. 踏步板的计算

梁式楼梯的踏步板为两端支承在梯段梁上的单向板,如图 9-28(a)所示,为了方便,可在竖向切出一个踏步作为计算单元,如图 9-28(b)所示,其截面为梯形,可按截面面积相等的原则简化为同宽度的矩形截面的简支梁计算,计算简图如图 9-28(c)所示。

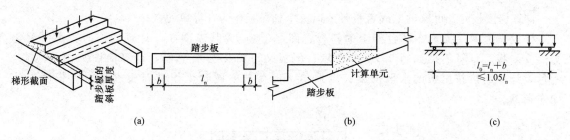

图 9-28 梁式楼梯的踏步板
(a)、(b)构造简图;(c)计算简图

2. 梯段梁的计算

梯段梁两端支承在平台梁上,承受踏步板传来的荷载和自重。图 9-29(a)为其纵剖面。计算内力时,与板式楼梯中梯段板的计算原理相同,可简化为简支斜梁,再化作水平梁计算,计算简图如图 9-29(b)所示,其最大弯矩和最大剪力按下式计算:

$$M_{max} = \frac{1}{8}(g+q)l_0^2 \tag{9-13}$$

$$V_{max} = \frac{1}{2}(g+q)l_n\cos\alpha \tag{9-14}$$

式中 g、q——作用在梯段梁上沿水平投影方向的恒荷载及活荷载设计值;
l_0、l_n——梯段梁的计算跨度及净跨的水平投影长度;
α——梯段梁与水平线的倾角。

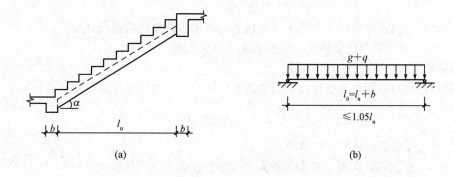

图 9-29 梁式楼梯梯段梁
(a)构造简图;(b)计算简图

3. 平台梁与平台板的计算

平台板一般属于单向板(有时也可能是双向板),当板的两边与梁整体连接时,板的跨中弯

矩可按 $M=1/10(g+q)l_0^2$ 计算。当板的一边与梁整体连接而另一边支承在墙上时，板的跨中弯矩可按 $M=1/8(g+q)l_0^2$ 计算。

平台梁两端一般支承在楼梯间承重墙上，承受梯段板、平台板传来的均布荷载和平台梁自重，可按简支梁计算，其计算与一般梁相同。

五、现浇板式楼梯的计算

1. 梯段板的计算

计算梯段板时，可取出 1 m 宽板带或以整个梯段板作为计算单元。

梯段板为两端支承在平台梁上的斜板，图 9-30(a)为其纵剖面。计算内力时，可以简化为简支斜板，计算简图如图 9-30(b)所示；斜板又可简化为水平板，计算简图如图 9-30(c)所示，计算跨度按斜板的水平投影长度取值，但荷载亦同时化作沿斜板水平投影长度上的均布荷载。

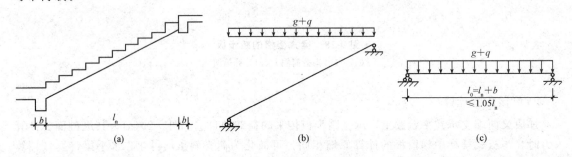

图 9-30 板式楼梯的梯段板
(a)构造简图；(b)、(c)计算简图

由结构力学可知，简支斜板在竖向均布荷载作用下的最大弯矩为

$$M_{max} = \frac{1}{8}(g+q)l_0^2 \tag{9-15}$$

简支斜板在竖向均布荷载作用下的最大剪力为

$$V_{max} = \frac{1}{2}(g+q)l_n \cos\alpha \tag{9-16}$$

式中　g、q——作用在梯段板上，沿水平投影方向的恒荷载及活荷载设计值；
　　　l_0、l_n——梯段板的计算跨度及净跨的水平投影长度；
　　　α——梯段板的倾角(°)。

考虑到梯段板与平台梁为整体连接，梯段板的跨中最大弯矩可以近似按下式计算：

$$M_{max} = \frac{1}{10}(g+q)l_0^2 \tag{9-17}$$

式中　M_{max}——梯段板的跨中最大弯矩；
　　　g、q——作用在梯段板上沿水平投影方向的恒荷载和活荷载的设计值；
　　　l_0——板的水平计算跨度，可水平净跨加一梁宽。

通常将梯段板板底的法向最小厚度 h 作为板的计算厚度，h 一般不应小于 $l/30 \sim l/25$。

梯段板中受力钢筋按跨中弯矩计算求得，配筋可采用弯起式或分离式。采用弯起式时，钢筋一半伸入，考虑到平台梁对梯段板的弹性约束作用，在板的支座处应配置一定数量的构造负筋，以承受实际存在的负弯矩，防止产生过宽的裂缝，一般可取 Φ8@200，长度为 $l_0/4$。受力钢筋的弯起点位置如图 9-31 所示。在垂直受力钢筋方向仍应按构造配置分布钢筋，并要求每个踏步板内至少放置一根分布钢筋。

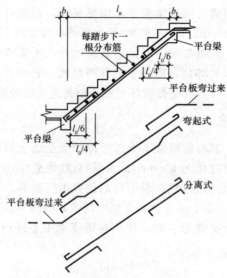

图 9-31　板式楼梯梯段板的配筋示意图

与一般板的计算一样，梯段板可以不考虑剪力和轴力。

2. 平台梁与平台板的计算

板式楼梯的平台梁和平台板的计算及配筋构造与梁式楼梯基本相同。

第五节　雨　篷

雨篷是建筑物外门顶部悬挑的水平挡雨构件，多采用现浇钢筋混凝土悬臂板，有板式和梁板式之分，如图 9-32 和图 9-33 所示。

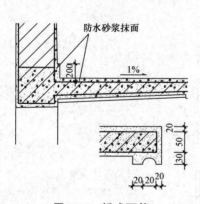

图 9-32　板式雨篷

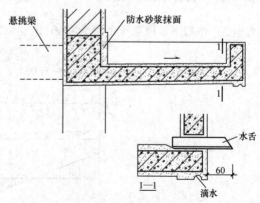

图 9-33　梁板式雨篷

一、雨篷的构成

雨篷由雨篷梁和雨篷板组成。雨篷梁除支承雨篷板外,还兼有过梁的作用。房屋雨篷板挑出的跨度 l 通常为 $600\sim1\,200$ mm,板厚(根部)约为板挑出跨度的 $1/12$,但不小于 80 mm。雨篷梁的宽度 b 值取墙厚,梁高 h 值除参照一般梁的高跨比外,还要考虑雨篷板下安灯的高度,以避免出现外开门碰吸顶灯灯罩的弊病。雨篷是悬臂板结构,它的破坏主要有以下三种形式:即雨篷板在支座处裂断;雨篷梁受弯、受扭破坏;整个雨篷连梁带板倾覆翻倒。

二、雨篷的荷载分布

普通梁承受弯矩和剪力,而雨篷梁除了像过梁那样承受墙上的砌体重量和梁板本身的自重外,还要支承雨篷板上的活荷载(0.5 kN/m²)。根据《荷载规范》的规定,设计雨篷时,应按施工或检修集中荷载(人和工具的自重)出现在最不利的位置进行验算。钢筋混凝土雨篷施工或检修集中荷载取 1.0 kN。沿板宽每隔 1 m 考虑一个集中荷载,如图 9-34 所示。

当作用在雨篷板上的均布荷载为 p 时,作用在雨篷梁中心线的力包括竖向力 V 和力矩 M_p(图 9-35)。

$$V = pl \tag{9-18}$$

$$M_p = pl\left(\frac{b+l}{2}\right) \tag{9-19}$$

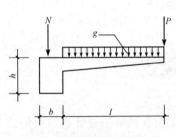

图 9-34 雨篷的荷载分布图

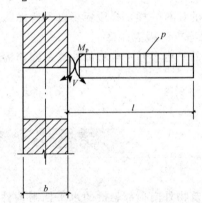

图 9-35 雨篷板传来的竖向力 V 和力矩 M_p

在力矩 M_p 作用下,雨篷梁的最大扭矩(图 9-36)为

$$T = M_p l_0 / 2 \tag{9-20}$$

式中 l_0——雨篷梁的跨度,可近似取 $l_0 = 1.05 l_n$,见表 9-4。

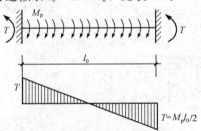

图 9-36 雨篷梁上的扭矩分布

表 9-4　雨篷梁净跨及支承长度　　　　　　　　　　　　　　　　mm

项　目	内　　　容	
梁净跨 l_0	1 200～2 500	2 600～3 000
梁支承长度 a	300	370

注：l_0、a 如图 9-37 所示。

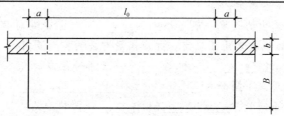

图 9-37　雨篷平面布置图

a—梁伸入支座长度

三、雨篷抗倾覆计算

(1)雨篷上的荷载(包括恒荷载和活荷载)除使雨篷梁受弯和受扭破坏外，还有可能使整个雨篷绕梁底外缘转动而倾覆翻倒。梁上的恒荷载(包括梁本身自重和砌体的重量等)有抵抗倾覆的能力。雨篷产生的力矩为 $M_{倾}$，雨篷梁上各荷载产生的力矩为抗倾覆力矩 $M_{抗}$。

(2)当 $M_{倾}>M_{抗}$ 时，雨篷倾覆翻倒。

(3)为使雨篷足够安全，设计时必须满足下列公式：

$$\frac{M_{抗}}{M_{倾}} \geqslant K = 1.5 \tag{9-21}$$

如果雨篷经计算不能满足抗倾覆安全的要求，则应采取以下加固措施：

(1)增加雨篷梁伸入支座的长度 a 值；

(2)增加雨篷梁上砌体高度；

(3)将雨篷梁与周围的结构连接在一起；

(4)缩短雨篷板挑出的跨度值。

本章小结

钢筋混凝土梁板结构由钢筋混凝土受弯构件(梁、板)组成，是土木工程中常用的结构。本章介绍单向板肋梁楼盖、双向板肋梁楼盖、装配式楼盖等几种常用楼盖，钢筋混凝土楼梯及雨篷，重点是单向板肋梁楼盖的计算和构造要求。

思考与练习

一、填空题

1. 钢筋混凝土梁板结构按照施工方法的不同分为 _____、_____ 和 _____ 式三种。

2. 单向板肋梁楼盖的结构布置主要是_____和_____的布置。

3. 为减少计算工作量,结构内力分析时,常常不对整个结构进行分析,而是从实际结构中选取有代表性的某一部分作为计算的对象,称之为_____。

4. 内力包络图包括_____和_____。

5. 单向板次梁的配筋方式有_____和_____,沿梁长纵向钢筋的弯起和截断,原则上应按弯矩及剪力包络图确定。

6. 单向板主梁伸入墙内的长度一般不小于_____,主梁纵向受力筋的弯起和截断,原则上应通过_____作抵抗弯矩图确定,并应满足有关的构造要求。

7. 楼梯由_____、_____和_____三部分组成。

8. 楼梯按梯段结构形式不同分为_____、_____、_____和_____。

9. 楼梯按施工方法不同分为_____和_____两种。

10. 雨篷是建筑物外门顶部悬挑的水平挡雨构件,多采用现浇钢筋混凝土悬臂板,有板式和_____之分。

二、简答题

1. 现浇式钢筋混凝土楼(屋)盖依据其支承条件分为哪些?
2. 什么是装配式钢筋混凝土梁板结构?其优缺点有哪些?
3. 什么是单向板?其荷载传递路径是什么?
4. 对单向板肋梁楼盖,主梁的布置方案有哪几种情况?
5. 双向板受力后有哪几个特点?

三、计算题

某建筑楼盖采用现浇钢筋混凝土肋形楼盖,其结构平面布置如图1所示。

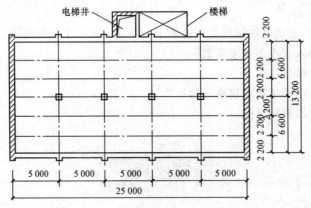

图1

(1)楼面构造层做法:20 mm 厚水泥沙浆面层,15 mm 厚混合砂浆粉底。

(2)可变荷载:由《荷载规范》查得其标准值为 6.0 kN/m²。

(3)永久荷载分项系数为1.2,可变荷载分项系数为1.3(由于楼面活载标准值≥4 kN/m²)。

(4)材料选用:混凝土采用C20($f_c = 9.6$ N/mm²);钢筋,梁中受力主筋采用 HRB335 级钢筋($f_y = 300$ N/mm³),其余采用 HPB300 级钢筋($f_y = 210$ N/mm²)。

试设计此楼盖的板、次梁、主梁。

第十章 预应力混凝土结构构件

学习目标

了解预应力混凝土的定义、特点,对材料的要求及施加预应力的方法;熟悉预应力混凝土构件要求;掌握张拉控制应力、预应力损失及其组合。

能力目标

能描述预应力损失的种类、估算方法;能描述预应力混凝土先张法、后张法施工对混凝土构造的要求。

素养目标

1. 会查阅资料,具有分解问题、解决问题的能力。
2. 能力独立制订学习计划,并按计划实施学习、制作PPT、撰写学习体会。
3. 具有良好的团队合作精神及沟通交流和语言表达能力。

第一节 预应力混凝土概述

一、预应力混凝土的定义

预应力混凝土结构是指在结构构件受外荷载作用之前,通过张拉钢筋,利用钢筋的回弹,人为地对受拉区的混凝土施加压力,由此产生的预压应力用以减小或抵消由外荷载作用下所产生的混凝土拉应力,使结构构件的拉应力减小,甚至处于受压状态,从而延缓或预防混凝土构件开裂。

实际上,预应力混凝土是借助于其较高的抗压强度来弥补其抗拉强度的不足,通过调整压应力的大小而达到推迟或预防混凝土开裂、减小裂缝宽度的目的。

二、预应力混凝土的特点

与普通钢筋混凝土结构相比,预应力混凝土结构具有如下特点:

(1)提高了构件的抗裂度和刚度。预应力混凝土构件的抗裂度远高于普通钢筋混凝土构件,能延迟裂缝的出现、开展,可减少构件的变形,增加结构的耐久性,扩大混凝土结构的适用范围。

(2)增加了结构及构件的耐久性。由于在使用荷载作用下不开裂或裂缝处于闭合状态,且混凝土强度高,密实性好,避免钢筋受外界有害因素的侵蚀,大大提高了结构的耐久性。

(3)结构自重轻,能用于大跨度结构。合理采用高强度钢筋和高强度等级的混凝土,可有效减轻结构自重。

(4)可提高构件的抗剪能力。试验表明,预应力构件的抗剪承载力比钢筋混凝土构件高,主要反映在预应力纵向钢筋对混凝土的锚栓和约束作用,阻碍构件中斜裂缝的出现与开展。另外在剪力较大的受弯构件中,曲线形预应力钢筋在端部的预应力合力的竖向分力也将部分抵消竖向剪力,从而提高构件的抗剪能力。

(5)能节约材料。与钢结构相比,能节约大量钢材,降低成本,增加耐火性能。与钢筋混凝土相比,同跨度构件能节约钢筋和混凝土,而相对经济。

预应力混凝土构件的缺点是工艺复杂,构造、施工和计算均较复杂,需要专用的张拉设备和锚具,造价较高等。

三、预应力混凝土构件对材料的要求

1. 混凝土

预应力混凝土结构构件所用的混凝土,需满足下列要求:

(1)较高的强度。为了获得较高的预压应力,减少预应力损失,预应力混凝土结构应采用强度较高的混凝土。混凝土强度越高,弹性模量越大,受压变形越小,预应力损失越小;混凝土强度越高,徐变变形等越小,预应力损失也越小;混凝土强度越高,能承受的预加压力越大,能建立更大的有效预压应力;混凝土强度越高,粘结性能越好,使用阶段的可靠性越高。除此之外,提高混凝土强度,还有助于减小截面尺寸,在大跨结构中可以有效减少结构自重。

《混凝土结构设计规范(2015年版)》(GB 50010—2010)规定,预应力混凝土结构的混凝土强度等级不宜低于C40,且不应低于C30。

(2)收缩、徐变小。减少混凝土的收缩和徐变,可以降低预应力钢筋的预应力损失,增加混凝土中的有效预应力。

(3)快硬、早强。预应力钢筋张拉时,混凝土必须有一定的强度,否则不能有效施加预应力,而且会产生比较大的预应力损失。因此,混凝土具有快硬、早强性能,可以尽快施加预应力,以提高台座、模具、夹具、张拉设备的周转率,加快施工进度,降低工程费用。

选择预应力混凝土强度等级时,应综合考虑施工工艺、构件跨度的大小、使用条件及预应力钢筋的种类等因素。一般来说,先张法预应力混凝土构件的混凝土等级要求更高,因为先张法构件预应力损失值比后张法构件大,而且提高先张法的施工速度,可以有效提高台座、模具、夹具等的周转使用率。大跨度、承受动力荷载作用的预应力混凝土结构构件,一般也应选用强度等级比较高的混凝土。

2. 钢筋

在预应力混凝土构件中,从构件制作到使用,预应力钢筋始终处于高应力状态。预应力钢筋的强度及其性能是控制预应力混凝土构件应力和裂缝的关键,因此预应力钢筋应具有较高的强度和良好的性能。

(1)强度高。预应力钢筋应选用抗拉强度高的预应力钢丝、钢绞线和预应力螺纹钢筋。采用高强度钢筋的主要原因是能给混凝土施加比较大的预压应力。预应力钢筋强度标准值与设计值见附表1、附表2。

(2)一定的塑性。为了避免预应力混凝土构件发生脆性破坏,要求预应力钢筋在拉断时,具有一定的伸长率。《混凝土结构设计规范(2015年版)》(GB 50010—2010)规定,预应力钢筋在最大力下的总伸长率δ_{gt}不小于3.5%。

(3) 良好的加工性能。要求有良好的可焊性,同时要求钢筋"镦粗"后并不影响原来的物理力学性能等。

(4) 与混凝土之间有良好的粘结强度。这一点对先张法预应力混凝土构件尤为重要,因为在传递长度内钢筋与混凝土间的粘结强度是先张法构件建立预应力的保证。

(5) 钢筋的应力松弛要低。低松弛的预应力钢筋能减少预应力松弛损失。

3. 锚(夹)具

锚(夹)具是锚固钢筋时所用的工具,是保证预应力混凝土结构安全可靠的关键部位之一。通常把在构件制作完毕后,能够取下重复使用的工具称为夹具;锚固在构件端部,与构件连成一体共同受力,不能取下重复使用的工具称为锚具。

(1) 锚(夹)具的制作和选用应满足下列要求:

1) 锚固受力安全可靠,其本身具有足够的强度和刚度;

2) 构造简单,加工方便,节约钢材,成本低;

3) 施工简便,使用安全;

4) 应尽可能减小预应力钢筋在锚(夹)具内的滑移,以减小预应力损失。

预应力混凝土结构构件一般规定

(2) 锚(夹)具根据工作原理分为两大类:一类是利用钢筋回缩带动锥形或楔形的锚塞、夹片等一起移动,使之挤紧在锚杯的锥形内壁上;同时,挤压力也使锚塞或夹片紧紧挤住钢筋,产生较大的摩擦力,甚至使钢筋变形,从而阻止了钢筋的回缩。另一类则是用螺栓、焊接、锻头等方法为钢筋制造一个扩大的端头,在锚板、垫板等的配合下阻止钢筋回缩。

目前常用的有螺栓端杆锚具、锥形锚具、镦头锚具及夹片锚具等。

1) 螺栓端杆锚具。螺栓端杆锚具主要用于预应力钢筋张拉端。预应力钢筋与螺栓端杆直接对焊连接或通过套筒连接,螺栓端杆另一端与张拉千斤顶相连。张拉终止时,通过螺帽和垫板将预应力钢筋锚固在构件上。

这种锚具的优点是比较简单、滑移小和便于再次张拉;缺点是对预应力钢筋长度的精度要求高,不能太长或太短,否则螺纹长度不够用。需要特别注意焊接接头的质量,以防止发生脆断。

2) 锥形锚具。这种锚具是用于锚固多根直径为5 mm、7 mm、8 mm、12 mm的平行钢丝束,或锚固多根直径为12.7 mm、15.2 mm的平行钢绞线束。锚具由锚环和锚塞两部分组成,锚环在构件混凝土浇灌前埋置在构件端部,锚塞中间有小孔,作锚固后灌浆用。用千斤顶张拉钢丝后,再将锚塞顶压入锚圈内,利用钢丝在锚塞与锚圈之间的摩擦力锚固钢丝。

3) 镦头锚具。这种锚具用于锚固钢筋束。张拉端采用锚杯,固定端采用锚板。先将钢丝端头镦粗成球形,穿入锚杯孔内,边张拉边拧紧锚杯的螺母。每个锚具可同时锚固几根到100多根5~7 mm的高强度钢丝,也可用于单根粗钢筋。这种锚具的锚固性能可靠,锚固力大,张拉操作方便,但要求钢筋(丝)的长度有较高的精确度,否则会造成钢筋(丝)受力不均。

4) 夹片锚具。每套锚具由一个锚环和若干个夹片组成,钢绞线在每个孔道内通过有牙齿的钢夹片夹住。根据需要,每套锚具锚固数根直径为15.2 mm或12.7 mm的钢绞线。国内常见的热处理钢筋夹片式锚具有JM−12和JM−15等,预应力钢绞线夹片式锚具有OVM、QM、XM等。

四、施加预应力的方法

1. 先张法

在浇筑混凝土之前张拉预应力钢筋的方法称为先张法,其生产流程如图10-1所示。

先张法的主要优点是构件配筋简单,不需锚具,省去预留孔道、拼接、焊接、灌浆等工序,一次可制成多个构件,生产效率高,可实现工厂化、机械化,便于流水作业。

先张法的主要缺点是占地面积大、投资高、生产操作较复杂、大型构件运输不便、灵活性也较差。

先张法适用于预制厂或现场集中成批生产各种中小型预应力混凝土构件,如吊车梁、屋架、过梁、基础梁、檩条、屋面板、槽形板、多孔板等,特别适用于生产冷拔低碳钢丝混凝土构件。

2. 后张法

在结硬后的混凝土构件上张拉钢筋的方法称为后张法,其生产流程如图10-2所示。

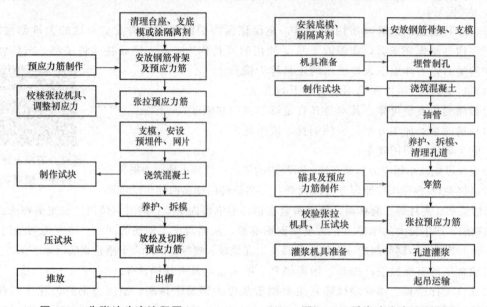

图 10-1　先张法生产流程图　　　　图 10-2　后张法生产流程图

后张法的特点是直接在构件上张拉预应力钢筋,构件在张拉预应力钢筋过程中,完成混凝土的弹性压缩。因此,混凝土的弹性压缩,不直接影响预应力钢筋有效预应力值的建立。后张法预应力传递主要依靠预应力两端的锚具,后张法中锚具加工要求的精度高、耗钢量大、成本较高。

后张法适用于在现场预制大型构件,运输条件许可的情况下也可以在工厂预制。

第二节　张拉控制应力和预应力损失

一、张拉控制应力

张拉控制应力是指预应力钢筋在张拉时,所控制达到的最大应力值。其值为张拉设备(如千斤顶上的油压表)所指示的总张拉力除以预应力钢筋截面面积而得出的应力值,以 σ_{con} 表示。

张拉控制应力的取值对预应力混凝土构件的受力性能影响很大。张拉控制应力越高,混凝土所受到的预压应力越大,构件的抗裂性能越好,同时节约预应力钢筋,因此张拉控制应力不能过低。张拉控制应力过高时，可能产生以下问题：

(1)可能使个别预应力钢筋超过它的实际屈服强度，使钢筋产生塑性变形，甚至部分预应力钢筋可能被拉断；

(2)构件在施工阶段的预拉区拉应力过大，甚至开裂，还可能造成后张法构件端部混凝土产生局部受压破坏；

(3)构件开裂荷载值与极限荷载值很接近，构件的延性较差，构件一旦开裂，很快就临近破坏，表现为没有明显预兆的脆性破坏。因此，张拉控制应力不宜取得过高，我国《混凝土结构设计规范(2015年版)》(GB 50010—2010)规定的预应力钢筋的张拉控制应力范围如下：

消除应力钢丝、钢绞线：

$$0.4 f_{ptk} \leqslant \sigma_{con} \leqslant 0.75 f_{ptk} \tag{10-1}$$

中强度预应力钢丝：

$$0.4 f_{ptk} \leqslant \sigma_{con} \leqslant 0.7 f_{ptk} \tag{10-2}$$

预应力螺纹钢筋：

$$0.5 f_{pyk} \leqslant \sigma_{con} \leqslant 0.85 f_{pyk} \tag{10-3}$$

式中　f_{ptk}——预应力钢筋极限强度标准值；

　　　f_{pyk}——预应力螺纹钢筋屈服强度标准值。

当符合下列情况之一时，上述张拉控制应力限值可相应提高 $0.05 f_{ptk}$ 或 $0.05 f_{pyk}$。

(1)要求提高构件在施工阶段的抗裂性能而在使用阶段受压区内设置预应力钢筋。

(2)要求部分抵消由于应力松弛、摩擦、钢筋分批张拉，以及预应力钢筋与张拉台座之间的温差等因素产生的预应力损失。

二、预应力损失

在预应力混凝土构件施工及使用过程中，预应力钢筋的张拉应力值由于张拉工艺和材料特性等原因逐渐降低。这种现象称为预应力损失，用 σ_l 表示。预应力损失会降低预应力的效果，因此，尽可能减小预应力损失并对其进行正确估算，对预应力混凝土结构的设计非常重要。预应力损失值的大小是影响构件抗裂性能和刚度的关键，预应力损失过大，不仅会减小混凝土的预压应力，降低构件的抗裂能力，降低构件的刚度，而且可能导致预应力构件的制作失败。因此，正确了解和掌握各项预应力损失值的计算，对于设计和制作预应力混凝土构件是非常重要的。引起预应力损失的因素有很多，在预应力混凝土结构设计中，需要考虑的预应力损失主要有以下几项。

1. 张拉端锚具变形和钢筋内缩引起的预应力损失

直线形预应力钢筋 σ_{l1} 可按下式计算：

$$\sigma_{l1} = \frac{a}{l} E_s \tag{10-4}$$

式中　a——张拉端锚具变形和钢筋内缩值(mm)，按表10-1取用；

　　　l——张拉端至锚固端之间的距离(mm)；

　　　E_s——预应力钢筋弹性模量(N/mm²)。

表10-1　锚具变形和钢筋内缩值 a　　　　　　　　　　mm

锚具类别		a
支承式锚具(钢丝束镦头锚具等)	螺母缝隙	1
	每块后加垫板的缝隙	1

续表

锚具类别		a
夹片式锚具	有预压时	5
	无预压时	6～8

注：1. 表中的锚具变形和预应力钢筋内缩值也可根据实测数据确定；
  2. 其他类型的锚具变形和预应力钢筋内缩值根据实测数据确定。

对于块体拼成的结构，其预应力损失还应计入块体间填缝的预压变形。当采用混凝土或砂浆为填缝材料时，每条填缝的预压变形值可取 1 mm。

2. 预应力钢筋与孔道之间的摩擦引起的预应力损失值

后张法构件在张拉预应力钢筋时，由于施工中预留孔道的偏差、孔道壁表面的粗糙和不平整等，钢筋与孔道壁之间某些部位接触引起摩擦阻力（当孔道为曲线时，摩擦阻力将更大），预应力钢筋的应力从张拉端开始沿孔道逐渐减小（图 10-3），这种应力差额称为预应力损失值。

预应力损失值计算规定

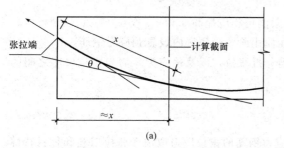 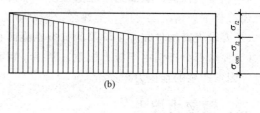

图 10-3 摩擦引起的预应力损失
(a)曲线预应力钢筋示意图；(b)σ_{l2}分布图

预应力钢筋与孔道壁之间引起的预应力损失 σ_{l2}（N/mm²），宜按下列公式计算：

$$\sigma_{l2}=\sigma_{con}\left(1-\frac{1}{e^{\kappa x+\mu\theta}}\right) \tag{10-5}$$

当 $\kappa x+\mu\theta\leqslant 0.3$ 时，σ_{l2} 可按下列公式近似计算：

$$\sigma_{l2}=(\kappa x+\mu\theta)\sigma_{con} \tag{10-6}$$

注：当采用夹片式群锚体系时，在 σ_{con} 中宜扣除锚口摩擦损失。

式中 x——从张拉端至计算截面的孔道长度，可近似取该段孔道在纵轴上的投影长度(m)；
   θ——从张拉端至计算截面曲线孔道各部分切线的夹角之和(rad)；
   κ——考虑孔道每米长度局部偏差的摩擦系数，按表 10-2 采用；
   μ——预应力钢筋与孔道壁之间的摩擦系数，按表 10-2 采用。

表 10-2 摩擦系数

孔道成型方式	κ	μ	
		钢绞线、钢丝束	预应力螺纹钢筋
预埋金属波纹管	0.001 5	0.25	0.50

续表

孔道成型方式	κ	μ	
		钢绞线、钢丝束	预应力螺纹钢筋
预埋塑料波纹管	0.001 5	0.15	—
预埋钢管	0.001 0	0.30	—
抽芯成型	0.001 4	0.55	0.60
无粘结预应力钢筋	0.004 0	0.09	—

注：摩擦系数也可根据实测数据测定。

由式(10-6)可知，计算截面到张拉端的距离 x 越大，σ_{l2} 值就越大，当一端张拉时，固定端的 σ_{l2} 最大，预应力钢筋的应力最低，因而构件的抗裂能力也将相应降低。

3. 预应力钢筋与台座之间温差引起的预应力损失

为了缩短生产周期，先张法构件在浇筑混凝土后采用蒸汽养护。在养护的升温阶段钢筋受热伸长，台座长度不变，故钢筋应力值降低，而此时混凝土尚未硬化。降温时，混凝土已经硬化并与钢筋产生了粘结，能够一起回缩，由于这两种材料的线膨胀系数相近，原来建立的应力关系不再发生变化。

预应力钢筋与台座之间的温差为 Δt，钢筋的线膨胀系数 $\alpha = 0.00001/℃$，则预应力钢筋与台座之间的温差引起的预应力损失为

$$\sigma_{l3} = \varepsilon_s E_s = \frac{\Delta l}{l} E_s = \frac{\alpha l \Delta t}{l} E_s = \alpha E_s \Delta t = 0.00001 \times 2.0 \times 10^5 \times \Delta t = 2\Delta t (\text{N/mm}^2) \quad (10\text{-}7)$$

为了减小温差引起的预应力损失 σ_{l3}，可采取以下措施：

(1)采用二次升温养护方法。先在常温或略高于常温下养护，待混凝土达到一定强度后，再逐渐升温至养护温度，这时因为混凝土已硬化与钢筋粘结成整体，能够一起伸缩而不会引起应力变化。

(2)采用整体式钢模板。预应力钢筋锚固在钢模上，因钢模与构件一起加热养护，不会引起此项预应力损失。

4. 预应力钢筋应力松弛引起的预应力损失

在高应力作用下，预应力钢筋应力保持不变，变形具有随时间增长而逐渐增大的性质，该现象称为钢筋的徐变。若钢筋长度保持不变，钢筋的应力会随时间的增长而逐渐降低，这种现象称为钢筋的应力松弛。不论是先张法还是后张法，钢筋的徐变和松弛都将引起预应力损失。实际上，钢筋的徐变和松弛很难明确划分，故在计算中统称为钢筋应力松弛损失。

钢筋的应力松弛引起的预应力损失 $\sigma_{l4}(\text{N/mm}^2)$ 的计算方法如下。

(1)对于普通松弛预应力钢丝、钢绞线：

$$\sigma_{l4} = 0.4\varphi\left(\frac{\sigma_{con}}{f_{ptk}} - 0.5\right)\sigma_{con} \quad (10\text{-}8)$$

式中，对于一次张拉，$\varphi = 1$；对于超张拉，$\varphi = 0.9$。

(2)对于低松弛的预应力钢丝、钢绞线，当 $\sigma_{con} \leqslant 0.7 f_{ptk}$ 时：

$$\sigma_{l4} = 0.125\left(\frac{\sigma_{con}}{f_{ptk}} - 0.5\right)\sigma_{con} \quad (10\text{-}9)$$

当 $0.7 f_{ptk} < \sigma_{con} \leqslant 0.8 f_{ptk}$ 时：

$$\sigma_{l4}=0.20\left(\frac{\sigma_{\mathrm{con}}}{f_{\mathrm{ptk}}}-0.575\right)\sigma_{\mathrm{con}} \tag{10-10}$$

(3) 对于中强度预应力钢丝：

$$\sigma_{l4}=0.08\sigma_{\mathrm{con}} \tag{10-11}$$

(4) 对于预应力螺纹钢筋：

$$\sigma_{l4}=0.03\sigma_{\mathrm{con}} \tag{10-12}$$

当 $\frac{\sigma_{\mathrm{con}}}{f_{\mathrm{ptk}}} \leqslant 0.5$ 时，预应力钢筋的应力松弛损失值 $\sigma_{l4}=0$。

5. 混凝土收缩和徐变引起的预应力损失

混凝土在硬化时具有体积收缩的特性，在压应力作用下，混凝土还会产生徐变。混凝土收缩和徐变都使构件长度缩短，预应力钢筋也随之回缩，造成预应力损失。混凝土收缩和徐变虽是两种性质不同的现象，但它们的影响是相似的，为了简化计算，将此两项预应力损失一起考虑。

混凝土收缩、徐变引起受拉区和受压区预应力钢筋的预应力损失 σ_{l5}、σ'_{l5}，可按下列公式计算：

先张法构件

$$\sigma_{l5}=\frac{60+340\frac{\sigma_{\mathrm{pc}}}{f'_{\mathrm{cu}}}}{1+15\rho} \tag{10-13}$$

$$\sigma'_{l5}=\frac{60+340\frac{\sigma'_{\mathrm{pc}}}{f'_{\mathrm{cu}}}}{1+15\rho'} \tag{10-14}$$

后张法构件

$$\sigma_{l5}=\frac{55+300\frac{\sigma_{\mathrm{pc}}}{f'_{\mathrm{cu}}}}{1+15\rho} \tag{10-15}$$

$$\sigma'_{l5}=\frac{55+300\frac{\sigma'_{\mathrm{pc}}}{f'_{\mathrm{cu}}}}{1+15\rho'} \tag{10-16}$$

式中 σ_{pc}、σ'_{pc}——在受拉区、受压区预应力钢筋合力点处的混凝土法向压应力[此时，预应力损失值仅考虑混凝土预压前（第一批）的损失。σ_{pc}、σ'_{pc} 值不得大于 $0.5f'_{\mathrm{cu}}$；当 σ'_{pc} 为拉应力时，式(10-14)、式(10-16)中的 σ'_{pc} 应取零。计算混凝土法向应力 σ_{pc}、σ'_{pc} 时，可根据构件的制作情况考虑自重的影响]；

f'_{cu}——施加预应力时的混凝土立方体抗压强度；

ρ、ρ'——受拉区、受压区预应力钢筋和非预应力钢筋的配筋率（对于对称配置预应力钢筋和非预应力钢筋的构件，配筋率 ρ、ρ' 应按钢筋总截面面积的一半计算）。

对于重要的结构构件，当需要考虑与时间相关的混凝土收缩、徐变及预应力钢筋应力松弛预应力损失值时，需按相关规定进行计算。

三、预应力损失的组合

上述五项预应力损失对每一构件并不都同时产生，而与施工方法有关。实际上，应力损失是按不同的张拉方法分两批产生的，对于先张法，以放松预应力钢筋的前后来划分；对于后张法，以刚锚固好预应力钢筋的瞬间前后来划分，其组合项见表10-3。

表 10-3　各阶段预应力损失值的组合

预应力损失值的组合	先张法构件	后张法构件
混凝土预压前(第一批)的损失	$\sigma_{l1}+\sigma_{l2}+\sigma_{l3}+\sigma_{l4}$	$\sigma_{l1}+\sigma_{l2}$
混凝土预压前(第二批)的损失	σ_{l5}	$\sigma_{l4}+\sigma_{l5}+\sigma_{l6}$

注：先张法构件由于预应力钢筋应力松弛引起的损失值 σ_{l4} 在第一批和第二批中所占的比例，如需区分，可根据实际情况确定。

考虑到预应力损失计算值与实际损失值尚有误差，为了保证预应力构件的抗裂性能，《混凝土结构设计规范(2015 年版)》(GB 50010—2010)规定，当计算求得的预应力总损失值小于下列数值时，按下列数值采用：先张法构件，100 N/mm²；后张法构件，80 N/mm²。

第三节　预应力混凝土构件构造要求

一、先张法预应力混凝土构件要求

1. 预应力钢筋的净间距

预应力钢筋的净间距应根据便于浇灌混凝土、保证钢筋与混凝土的粘结锚固及施加预应力(夹具及张拉设备的尺寸要求)等要求来确定。预应力钢筋之间的净间距不应小于其公称直径的 2.5 倍和混凝土集料最大粒径的 1.25 倍，且应符合下列规定：预应力钢丝，不应小于 15 mm；三股钢绞线，不应小于 20 mm；七股钢绞线，不应小于 25 mm。当混凝土振捣密实性具有可靠保证时，净间距可放宽为最大集料粒径的 1.0 倍。

2. 混凝土构件的端部构造

为防止构件端部出现纵向裂缝，确保端部锚固性能，宜采取下列构造措施：

(1)单根配置的预应力钢筋，其端部宜设置螺旋筋；

(2)分散布置的多根预应力钢筋，在构件端部 $10d$ 且不小于 100 mm 长度范围内，宜设置 3~5 片与预应力钢筋垂直的钢筋网片，此处 d 为预应力钢筋的公称直径；

(3)采用预应力钢丝配筋的薄板，在板端 100 mm 长度范围内宜适当加密横向钢筋；

(4)槽形板类构件，应在构件端部 100 mm 长度范围内沿构件板面设置附加横向钢筋，其数量不应少于 2 根。

3. 其他

(1)预制肋形板，宜设置加强其整体性和横向刚度的横肋。端横肋的受力钢筋应弯入纵肋内。当采用先张法生产有端横肋的预应力混凝土肋形板时，应在设计和制作上采取防止放张预应力时端横肋产生裂缝的有效措施。

(2)在预应力混凝土屋面梁、起重机梁等构件靠近支座的斜向主拉应力较大部位，宜将一部分预应力钢筋弯起配置。

(3)对预应力钢筋在构件端部全部弯起的受弯构件或直线配筋的先张法构件，当构件端部与下部支承结构焊接时，应考虑混凝土收缩、徐变及温度变化所产生的不利影响，宜在构件端部可能产生裂缝的部位设置足够的非预应力纵向构造钢筋。

二、后张法预应力混凝土构件要求

1. 预留孔道的构造要求

后张法构件要在预留孔道中穿入预应力钢筋。截面中孔道的布置应考虑到张拉设备的尺寸、锚具尺寸及构件端部混凝土局部受压的强度要求等因素。

（1）预制构件孔道之间的水平净间距不宜小于 50 mm，且不宜小于粗集料粒径的 1.25 倍；孔道至构件边缘的净间距不宜小于 30 mm，且不宜小于孔道直径的 50%。

（2）现浇混凝土梁中，预留孔道在竖直方向的净间距不应小于孔道外径，水平方向的净间距不宜小于 1.5 倍孔道外径，且不应小于粗集料粒径的 1.25 倍；从孔道外壁至构件边缘的净间距，梁底不宜小于 50 mm，梁侧不宜小于 40 mm；裂缝控制等级为三级的梁，上述净间距分别不宜小于 60 mm 和 50 mm。

（3）预留孔道的内径宜比预应力束外径及需穿过孔道的连接器外径大 6～15 mm，且孔道的截面面积宜为穿入预应力束截面面积的 3～4 倍。

（4）当有可靠经验并能保证混凝土浇筑质量时，预应力钢筋孔道可水平并列贴紧布置，但并排的数量不应超过 2 束。

（5）在构件两端及曲线孔道的高点应设置灌浆孔或排气兼泌水孔，宜大于 20 m。

（6）凡制作时需要预先起拱的构件，预留孔道宜随构件同时起拱。

（7）在现浇楼板中采用扁形锚固体系时，穿过每个预留孔道的预应力钢筋数量宜为 3～5 根；在常用荷载情况下，孔道在水平方向的净间距不应超过 8 倍板厚及 1.5 m 中的较大值。

2. 锚具要求

后张法预应力混凝土构件中，预应力钢筋的锚固并发挥作用是依靠锚具实现的。因此，后张法预应力钢筋所用锚具、夹具和连接器等的形式和质量应符合国家现行有关标准的规定。

后张法预应力混凝土构件的端部锚固区，除应满足局部承压计算中有关的构造要求外，还应满足下述要求：

（1）当采用整体铸造垫板时，其局部受压区的设计应符合相关标准的规定。

（2）在局部受压间接钢筋配置区以外，在构件端部长度不小于截面重心线上部或下部预应力钢筋的合力点至邻近边缘的距离 e 的 3 倍，但不大于构件端部截面高度 h 的 1.2 倍，高度为 $2e$ 的附加配筋区范围内，应均匀配置附加防劈裂箍筋或网片（图 10-4）。

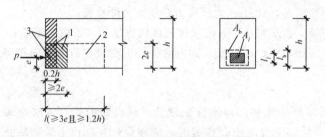

预应力混凝土构造规定

图 10-4 防止端部裂缝的配筋范围

1—局部受压间接钢筋配置区；2—附加防劈裂配筋区；3—附加防端面裂缝配筋区

配筋面积可按式（10-17）计算：

$$A_{sb} \geqslant 0.18\left(1-\frac{l_l}{l_b}\right)\frac{P}{f_{yv}} \tag{10-17}$$

式中　P——作用在构件端部截面重心线上部或下部预应力钢筋的合力设计值；

l_l、l_b——沿构件高度方向 A_l、A_b 的边长或直径；

f_{yv}——附加防劈裂钢筋的抗拉强度设计值。

(3) 当构件端部预应力钢筋需集中布置在截面下部或集中布置在上部和下部时，应在构件端部 $0.2h$ 范围内设置附加竖向防端面裂缝构造钢筋，其截面面积应符合式(10-18)、式(10-19)的要求。

$$A_{sv} \geq \frac{T_s}{f_{yv}} \tag{10-18}$$

$$T_s = \left(0.25 - \frac{e}{h}\right)P \tag{10-19}$$

式中 T_s——锚固端端面拉力；

P——作用在构件端部截面重心线上部或下部预应力钢筋的合力设计值；

e——截面重心线上部或下部预应力钢筋的合力点至截面近边缘的距离；

h——构件端部截面高度。

当 e 大于 $0.2h$ 时，可根据实际情况适当配置构造钢筋。竖向防端面裂缝钢筋宜靠近端面配置，可采用焊接钢筋网、封闭式箍筋或其他形式，且宜采用带肋钢筋。

当端部截面上部和下部均有预应力钢筋时，附加竖向钢筋的总截面面积应按上部和下部的预应力合力分别计算的数值叠加后采用。

在构件横向也应按上述方法计算抗端面裂缝钢筋，并与上述竖向钢筋形成网片筋配置。

(4) 当构件在端部有局部凹进时，应增设折线构造钢筋或其他有效的构造钢筋。

(5) 后张法预应力混凝土构件中，当采用曲线预应力束时，其曲率半径 r_p 宜按式(10-20)确定，但不宜小于 4 m。

$$r_p \geq \frac{P}{0.35 f_c d_p} \tag{10-20}$$

式中 P——预应力钢筋的合力设计值；

r_p——预应力束的曲率半径(m)；

d_p——预应力束孔道的外径；

f_c——混凝土轴心抗压强度设计值，当验算张拉阶段曲率半径时，可取与施工阶段混凝土立方体抗压强度 f'_{cu} 对应的抗压强度设计值 f'_c。

对于折线配筋的构件，在预应力束弯折处的曲率半径可适当减小。当曲率半径 r_p 不满足上述要求时，可在曲线预应力束弯折处内侧设置钢筋网片或螺旋筋。

(6) 在预应力混凝土结构中，对沿构件凹面布置的纵向曲线预应力束，当预应力束的合力设计值满足式(10-21)要求时，可仅配置构造 U 形插筋(图 10-5)。

$$P \leq f_t (0.5 d_p + c_p) r_p \tag{10-21}$$

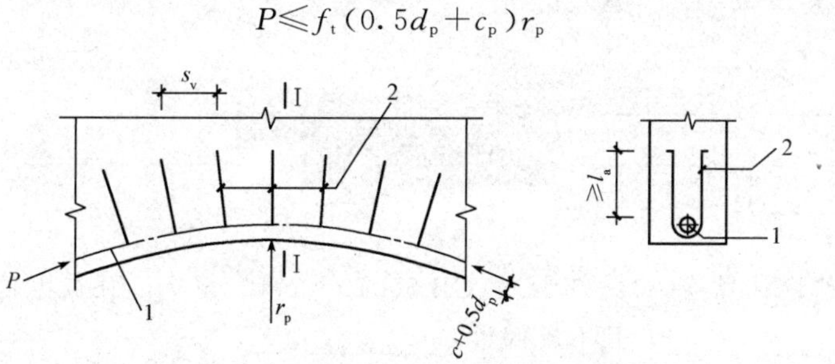

图 10-5 抗崩裂 U 形插筋构造示意图

(a)抗崩裂 U 形插筋布置；(b) Ⅰ—Ⅰ剖面

1—预应力束；2—沿曲线预应力束均匀布置的 U 形插筋

当不满足时，每单肢 U 形插筋的截面面积应按式(10-22)确定：

$$A_{sv1} \geq \frac{Ps_v}{2r_p f_{yv}}$$ (10-22)

式中　P——预应力钢筋的合力设计值；

　　　f_t——混凝土轴心抗拉强度设计值，或与施工张拉阶段混凝土立方体抗压强度 f'_{cu} 相对应的抗拉强度设计值 f'_t；

　　　c_p——预应力钢筋孔道净混凝土保护层厚度；

　　　A_{sv1}——每单肢插筋截面面积；

　　　s_v——U 形插筋间距；

　　　f_{yv}——U 形插筋抗拉强度设计值，当大于 360 N/mm² 时取 360 N/mm²。

U 形插筋的锚固长度不应小于 l_a；当实际锚固长度 l_e 小于 l_a 时，每单肢 U 形插筋的截面面积可按 A_{sv1}/k 取值。其中，k 取 $l_e/15d$ 和 $l_e/200$ 中的较小值，且 k 不大于 1.0。

当有平行的几个孔道且中心距不大于 $2d_p$ 时，预应力钢筋的合力设计值应按相邻全部孔道内的预应力钢筋确定。

(7)构件端部尺寸应考虑锚具的布置、张拉设备的尺寸和局部受压的要求，必要时应适当加大。

(8)后张预应力混凝土外露金属锚具，应采取可靠的防腐及防火措施，并应符合下列规定：

1)无粘结预应力钢筋外露锚具应采用注有足量防腐油脂的塑料帽封闭锚具端头，并应采用无收缩砂浆或细石混凝土封闭。

2)采用混凝土封闭时，混凝土强度等级宜与构件混凝土强度等级一致，封锚混凝土与构件混凝土应可靠粘结，如锚具在封闭前应将周围混凝土界面凿毛并冲洗干净，且宜配置1~2片钢筋网，钢筋网应与构件混凝土拉结。

3)采用无收缩砂浆或混凝土封闭保护时，其锚具及预应力钢筋端部的保护层厚度不应小于：一类环境时 20 mm，二 a、二 b 类环境时 50 mm，三 a、三 b 类环境时 80 mm。

本章小结

本章从预应力的概念入手，介绍施加预应力的目的和两种主要的施加预应力的方法(先张法和后张法)；预应力混凝土所用材料，常用的锚具、夹具；预应力损失的概念、分类、计算方法及其组合；预应力混凝土轴心受拉构件各阶段应力状态的分析和设计计算方法及有关预应力混凝土结构的基本构造要求。

思考与练习

一、填空题

1.《混凝土结构设计规范(2015 年版)》(GB 50010—2010)规定，预应力混凝土结构的混凝土强度等级不宜低于_____，且不应低于_____。

2.混凝土的收缩和徐变，可以降低预应力钢筋的_____预应力损失_____，增加混凝土中的有效预应力。

3．在浇筑混凝土之前张拉预应力钢筋的方法称为_____。

4．在结硬后的混凝土构件上张拉钢筋的方法称为_____。

5．在预应力混凝土构件施工及使用过程中，预应力钢筋的张拉应力值由于张拉工艺和材料特性等原因逐渐降低，这种现象称为_____。

6．先张法预应力钢筋之间的净间距应根据便于浇灌混凝土、保证钢筋与混凝土的粘结锚固及施加预应力_____夹具及张拉设备的尺寸要求_____等要求确定。

二、简答题

1．什么是预应力混凝土？

2．与普通钢筋混凝土结构相比，预应力混凝土结构具有哪些特点？

3．预应力混凝土结构构件所用的混凝土需满足哪些要求？

4．锚（夹）具的制作和选用应满足哪些要求？

5．什么是张拉控制应力？张拉控制应力过高时可能产生哪些问题？

6．预应力混凝土结构设计中需要考虑的预应力损失主要有哪几项？

7．后张预应力混凝土外露金属锚具应采取可靠的防腐及防火措施应符合哪些规定？

第十一章 砌体结构

了解砌体种类、砌体材料；熟悉砌体轴心受压性能、砌体轴心受拉性能、砌体弯曲抗拉性能、砌体抗剪性能；掌握无筋砌体受压构件承载力计算和局部受压计算。

能阐述砌体种类、材料及性能，能熟练进行砌体结构构件的承载力计算。

1. 善于应变、预测，处事果断。
2. 尊贤爱才，宽容大度，充分发挥每个人的才能。
3. 勇于负责，敢于创新，敢于承担风险。

由块体和砂浆砌筑而成的墙、柱作为建筑物的主要受力构件的结构称为砌体结构。

砌体结构受力的共同特点是抗压能力较强，抗拉能力较差，因此，在一般房屋结构中，砌体多是以承受竖向荷载为主的墙体结构。

第一节 砌体结构概述

一、砌体种类

（一）砖砌体

砖砌体由普通砖和空心砖用砂浆砌筑而成。当用标准砖砌筑时，可形成实心砌体和空斗墙砌体。

1. 实心砌体

实心标准砖墙的厚度为 120 mm、240 mm、370 mm、490 mm、620 mm 及 740 mm 等，也可砌成 180 mm、300 mm 和 420 mm 等厚度墙体。实心砖墙常采用一顺一丁、梅花丁或三顺一丁的砌筑方法，如图 11-1 所示。

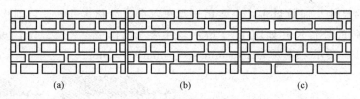

图 11-1 砖砌体的组砌方式

(a)一顺一丁；(b)梅花丁；(c)三顺一丁

砖砌体施工

2. 空斗墙砌体

空斗墙砌体是指把砌体中部分或全部砖立砌，并留有空斗而形成的墙体，其厚度通常为 240 mm。空斗墙砌体有一眠一斗、一眠多斗和无眠多斗等多种形式，如图 11-2 所示。这种砌体具有自重轻、节约材料及造价低等优点，但抗剪性能和整体性能较差，一般可用于非地震区 1～4 层小开间民用房屋的墙体。

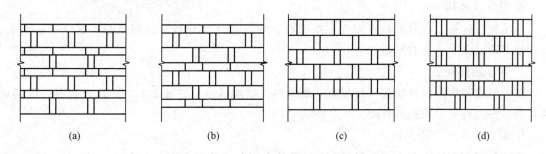

图 11-2 空斗墙砌体

(a)一眠一斗；(b)一眠多斗；(c)、(d)无眠多斗

(二)砌块砌体

砌块砌体可用于定型设计的民用房屋及工业厂房的墙体。由于砌块重量较大，砌筑时必须采用吊装机具，因此在确定砌块规格尺寸时，应考虑起吊能力，并应尽量减少砌块类型。砌块砌体具有自重轻、保温隔热性能好、施工进度快、经济效果好的特点。目前，国内使用的砌块高度一般为 180～600 mm。

(三)石砌体

石砌体有料石砌体、毛石砌体和毛石混凝土砌体三种类型。料石和毛石砌体一般用砂浆砌筑；料石砌体除用于建造房屋外，还可用于建造石拱桥、石坝等构筑物。毛石混凝土砌体砌筑方便，一般用于房屋的基础部位或挡土墙等。

二、砌体材料

(一)块材

1. 烧结普通砖

烧结普通砖是以黏土、页岩、煤矸石、粉煤灰为主要原料，经过焙烧而成的实心或孔洞率不大于 15% 的砖。全国统一规格的尺寸为 240 mm×115 mm×53 mm。

2. 烧结多孔砖

烧结多孔砖是以黏土、页岩、煤矸石为主要原料，经过焙烧而成，孔洞率不小于 15%，孔形可为圆孔或非圆孔。孔的尺寸小而数量多,主要用于承重部分,简称多孔砖。目前多孔砖分为 P 型砖和 M 型砖。P 型砖的外形尺寸如图 11-3 所示,主要为 240 mm×115 mm×90 mm;M 型砖的外形尺寸如图 11-4 所示,主要为 190 mm×190 mm×90 mm。

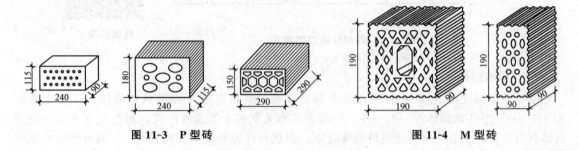

图 11-3　P 型砖　　　　　　　　　　图 11-4　M 型砖

3. 蒸压灰砂砖

蒸压灰砂砖是以石英砂和石灰为主要原料,加入其他掺合料后压制成型,蒸压养护而成。使用这类砖时受到环境的限制。

4. 蒸压粉煤灰砖

蒸压粉煤灰砖是以粉煤灰、石灰为主要原料,掺加适量石膏和集料,经坯料制备、压制成型,高压蒸汽养护而成的实心砖。

5. 混凝土小型空心砌块

砌块是指用普通混凝土或轻混凝土及硅酸盐材料制作的实心和空心块材。

混凝土小型砌块主要规格尺寸为 390 mm×190 mm×190 mm,空心率为 25%～50%,其块型如图 11-5 所示。

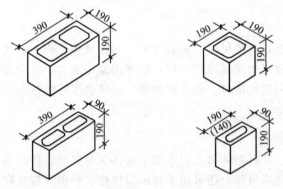

图 11-5　混凝土小型空心砌块块型

6. 天然石材

天然石材以重力密度大于或小于 18 kN/m³ 分为重石(花岗岩、砂岩、石灰岩)和轻石(凝灰岩、贝壳灰岩)两类。天然石材按加工后的外形规则程度分为细料石、半细料石、粗料石和毛料石,形状不规则、中部厚度不小于 200 mm 的块石称为毛石。

(二)砂浆

砂浆在砌体中的作用是将块材连成整体并使应力均匀分布,保证砌体结构的整体性。此外,由于砂浆填满块材间的缝隙,减少了砌体的透气性,提高了砌体的隔热性及抗冻性。

砂浆按其组成材料的不同，分为水泥砂浆、混合砂浆和非水泥砂浆。

1. 水泥砂浆

水泥砂浆是由水泥与砂子加水搅拌而成的不加入任何塑化掺合料的水泥砂浆。水泥砂浆具有强度高、耐久性好的特点，但保水性和流动性较差，适用于潮湿环境和地下砌体。

2. 混合砂浆

在水泥砂浆掺入适量的塑性掺合料，如石灰膏、黏土膏等而制成的砂浆叫混合砂浆。混合砂浆具有保水性和流动性较好、强度较高、便于施工且质量容易保证等特点，是砌体结构中常用的砂浆。

3. 非水泥砂浆

非水泥砂浆是指不含水泥的砂浆，如石灰砂浆、石膏砂浆等。非水泥砂浆具有强度不高、耐久性较差等特点，适用于受力不大或简易建筑、临时性建筑的砌体中。

(三) 砌块灌孔混凝土

砌块灌孔混凝土是指由水泥、集料、水，以及根据需要掺入的掺合料和外加剂等组分，按一定的比例，采用机械搅拌后，用于浇筑混凝土砌块砌体芯柱或其他需要填实部位的混凝土。

按《砌体结构设计规范》(GB 50003—2011)(以下简称《砌体规范》)的规定，块体和砂浆的强度等级应符合下列规定。

(1) 承重结构的块体强度等级。砌体材料的强度等级根据标准试验方法所得材料抗压强度的MPa数划分。根据规范，块体强度等级按下列规定采用：

1) 烧结普通砖、烧结多孔砖等的强度等级：MU30、MU25、MU20、MU15和MU10。

2) 蒸压灰砂普通砖、蒸压粉煤灰普通砖的强度等级：MU25、MU20和MU15。

3) 混凝土普通砖、混凝土多孔砖的强度等级：MU30、MU25、MU20和MU15。

4) 混凝土砌块、轻集料混凝土砌块的强度等级：MU20、MU15、MU10、MU7.5和MU5。

5) 石料的强度等级：MU100、MU80、MU60、MU50、MU40、MU30和MU20。

(2) 自承重墙的空心砖。

1) 空心砖的强度等级：MU10、MU7.5、MU5和MU3.5。

2) 轻集料混凝土砌块的强度等级：MU10、MU7.5、MU5和MU3.5。

(3) 砂浆的强度等级。

1) 烧结普通砖、烧结多孔砖、蒸压灰砂普通砖和蒸压粉煤灰普通砖砌体采用的普通砂浆的强度等级：M15、M10、M7.5、M5和M2.5。

2) 蒸压灰砂普通砖和蒸压粉煤灰普通砖砌体采用的专用砌筑砂浆等级：Ms15、Ms10、Ms7.5和Ms5。

3) 混凝土普通砖、混凝土多孔砖、单排孔混凝土砌块和煤矸石混凝土砌块砌体采用的砂浆强度等级：Mb20、Mb15、Mb10、Mb7.5和Mb5。

4) 双排孔或单排孔轻集料混凝土砌块砌体采用的砂浆强度等级：Mb10、Mb7.5和Mb5。

5) 毛料石、毛石砌体采用的砂浆强度等级：M7.5、M5和M2.5。

(四) 块体和砂浆的选择

砌体结构设计中，块体及砂浆的选择既要保证结构的安全可靠，又要获得合理的经济技术指标。一般应按照以下原则和规定进行选择。

1. 选择的原则

(1) 应根据"因地制宜，就地取材"的原则，尽量选择当地性能良好的块体和砂浆材料，以获得较好的技术经济指标。

(2)为了保证砌体的承载力,要根据设计计算选择强度等级适宜的块体和砂浆。

(3)不但考虑受力需要,而且考虑材料的耐久性问题。应保证砌体在长期使用过程中具有足够的强度和正常使用的性能。对于北方寒冷地区,块体必须满足抗冻性的要求,以保证在多次冻融循环之后块体不至于剥蚀和强度降低。

(4)应考虑施工队伍的技术条件和设备情况,而且应方便施工。对于多层房屋,上面几层受力较小可以选用强度等级较低的材料,下面几层则应用强度等级较高的材料。也不应变化过多,以免造成施工麻烦。特别是同一层的砌体除十分必要外,不宜采用不同强度等级的材料。

(5)应考虑建筑物的使用性质和所处的环境因素。

2. 《砌体规范》对块体和砂浆的选择的规定

5层及5层以上房屋的墙以及受振动或层高大于6 m的墙、柱所用的块体和砂浆最低强度等级:砖为MU10、砌块为MU7.5、石材为MU30、砂浆为M5。地面以下或防潮层以下的砌体、潮湿房间的墙,所用材料的最低强度等级应符合表11-1的要求。

表11-1 地面以下或防潮层以下的砌体、潮湿房间的墙所用材料的最低强度等级

潮湿程度	烧结普通砖	混凝土普通砖、蒸压普通砖	混凝土砌块	石材	水泥砂浆
稍潮湿的	MU15	MU20	MU7.5	MU30	M5
很潮湿的	MU20	MU20	MU10	MU30	M7.5
含水饱和的	MU20	MU25	MU15	MU40	M10

注:1. 在冻胀地区,地面以下或防潮层以下的砌体,不宜采用多孔砖,如果用时,其孔洞应用水泥砂浆灌实。当采用混凝土砌块砌体时,其孔洞应采用强度等级不低于Cb20的混凝土灌实。

2. 对安全等级为一级或设计使用年限大于50年的房屋,表中材料强度等级应至少提高一级。

三、砌体的力学性能

(一)砌体轴心受压性能

1. 砖砌体受压试验

标准试件的尺寸为370 mm×490 mm×970 mm,常用的尺寸为240 mm×370 mm×720 mm。为了使试验机的压力能均匀地传给砌体试件,可在试件两端各加砌一块混凝土垫块,对于常用试件,垫块尺寸可采用240 mm×370 mm×200 mm,并配有钢筋网片。

砌体轴心受压从加荷开始直到破坏,大致经历以下三个阶段:

(1)当砌体加载达极限荷载的50%~70%时,单块砖内产生细小裂缝。此时若停止加载,裂缝亦停止扩展,如图11-6(a)所示。

(2)当加载达极限荷载的80%~90%时,砖内有些裂缝连通起来,沿竖向贯通若干皮砖,如图11-6(b)所示。此时,即使不再加载,裂缝仍会继续扩展,砌体实际上已接近破坏。

(3)当压力接近极限荷载时,砌体中裂缝迅速扩展和贯通,将砌体分成若干个小柱体,砌体最终因被压碎或丧失稳定而破坏,如图11-6(c)所示。

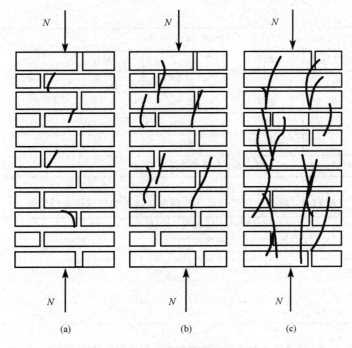

图 11-6　砖砌体的受压破坏
(a)$N=(50\%\sim70\%)N_u$；(b)$N=(80\%\sim90\%)N_u$；(c)$N=N_u$

2. 影响砌体抗压强度的因素

(1)块材和砂浆的强度。砌体材料的强度是影响砌体强度的主要因素，其中块材的强度又是最主要的因素，所以采用提高块材的强度等级来提高砌体强度，比采用提高砂浆强度等级来提高砌体强度的做法更有效。

(2)块材的尺寸和形状。砌体强度随块材厚度的增大而增加，随块材长度的增加而降低。这是由于块材的厚度增大，其抗弯、抗剪的能力相应增大；而块材的长度增大，其承受的弯矩和剪力也相应增大，容易造成块材受弯、受剪破坏。另外，块材形状的规则与否也直接影响砌体的抗压强度。块材表面不平整、形状不规则，都会使砌体抗压强度降低。

(3)砂浆的和易性。砂浆的和易性好，砌筑时灰缝易铺砌均匀和饱满，单块砖在砌体中的受力也较均匀，因而抗压强度就相对较高。混合砂浆的和易性要比水泥砂浆好。

(4)砌筑质量。砌筑质量也是影响砌体抗压强度的重要因素。砂浆铺砌均匀、饱满，可以改善砖块在砌体中的受力性能，使之比较均匀地受压，从而提高砌体的抗压强度。《砌体结构工程施工质量验收规范》(GB 50203—2011)规定，水平灰缝砂浆饱满度不得低于80%；同时，在保证质量的前提下快速砌筑，能使砌体内砂浆在硬化前受压，增加水平灰缝的密实性，有利于提高砌体的抗压强度。

必须注意的是：龄期为 28 d 的各类砌体以毛截面计算的抗压强度设计值用 f 表示，当施工质量控制等级为 B 级时，可按表 11-2 至表 11-7 采用。

表 11-2　烧结普通砖和烧结多孔砖砌体的抗压强度设计值 f　　　　MPa

强度等级	砂浆强度等级					砂浆强度
	M15	M10	M7.5	M5	M2.5	0
MU30	3.94	3.27	2.93	2.59	2.26	1.15

续表

强度等级	砂浆强度等级					砂浆强度
	M15	M10	M7.5	M5	M2.5	0
MU25	3.60	2.98	2.68	2.37	2.06	1.05
MU20	3.22	2.67	2.39	2.12	1.84	0.94
MU15	2.79	2.31	2.07	1.83	1.60	0.82
MU10	—	1.89	1.69	1.50	1.30	0.67

注：当烧结多孔砖的孔洞率大于 30%，表中数值应乘以 0.9。

表 11-3　蒸压灰砂砖和蒸压粉煤灰砖砌体的抗压强度设计值 f　　MPa

砖强度等级	砂浆强度等级				砂浆强度
	M15	M10	M7.5	M5	0
MU25	3.60	2.98	2.68	2.37	1.05
MU20	3.22	2.67	2.39	2.12	0.94
MU15	2.79	2.31	2.07	1.83	0.82

表 11-4　单排孔混凝土和轻集料混凝土砌块砌体的抗压强度设计值 f　　MPa

小砌块强度等级	砂浆强度等级					砂浆强度
	Mb20	Mb15	Mb10	Mb7.5	Mb5	0
MU20	6.30	5.68	4.95	4.44	3.94	2.33
MU15	—	4.61	4.02	3.61	3.20	1.89
MU10	—	—	2.79	2.50	2.22	1.31
MU7.5	—	—	—	1.93	1.71	1.01
MU5	—	—	—	—	1.19	0.70

注：1. 对独立柱或厚度为双排组砌的砌块砌体，应按表中数值乘以 0.7。
　　2. 对 T 形截面砌体，应按表中数值乘以 0.85。
　　3. 单排孔混凝土砌块对孔砌筑时，灌孔砌体的抗压强度设计值 f_g 应按下列公式计算：

$$f_g = f + 0.6\alpha f_c$$

$$\alpha = \delta\rho$$

　　式中　f_g——灌孔砌体的抗压强度设计值，并不应大于未灌孔砌体抗压强度设计值的 2 倍；
　　　　　f——未灌孔砌体的抗压强度设计值；
　　　　　f_c——灌孔混凝土的轴心抗压强度设计值；
　　　　　α——砌块砌体中灌孔混凝土面积和砌体毛面积的比值；
　　　　　δ——混凝土砌块的孔洞率；
　　　　　ρ——混凝土砌块砌体的灌孔率，是截面灌孔混凝土面积和截面孔洞面积的比值，ρ 值不应小于 33%。
　　4. 砌块砌体的灌孔混凝土强度等级不应低于 Cb20，也不宜低于块体强度等级的 2 倍。
　　5. 灌孔混凝土的强度等级 Cb×× 等同于对应的混凝土强度等级 C×× 的强度指标。
　　6. 单排孔混凝土砌块对孔砌筑时，灌孔砌体的抗剪强度设计值 f_{vg} 应按下列公式计算：

$$f_{vg} = 0.2 f_g^{0.55}$$

　　式中　f_g——灌孔砌体的抗压强度设计值(MPa)。

表 11-5　双排孔或多排孔轻集料混凝土砌块砌体的抗压强度设计值 f　　　　MPa

砌块强度等级	砂浆强度等级			砂浆强度
	Mb10	Mb7.5	Mb5	0
MU10	3.08	2.76	2.45	1.44
MU7.5	—	2.13	1.88	1.12
MU5	—	—	1.31	0.78
MU3.5	—	—	0.95	0.56

注：1. 表中的砌块为火山渣、浮石和陶粒轻集料混凝土砌块；
　　2. 对厚度方向为双排组砌的轻集料混凝土砌块砌体的抗压强度设计值，按表中数值乘以 0.8。

表 11-6　毛料石砌体的抗压强度设计值 f　　　　MPa

毛料石强度等级	砂浆强度等级			砂浆强度
	M7.5	M5	M2.5	0
MU100	5.42	4.80	4.18	2.13
MU80	4.85	4.29	3.73	1.91
MU60	4.20	3.71	3.23	1.65
MU50	3.83	3.39	2.95	1.51
MU40	3.43	3.04	2.64	1.35
MU30	2.97	2.63	2.29	1.17
MU20	2.42	2.15	1.87	0.95

注：对下列各类料石砌体，应按表中数值分别乘以系数：细料石砌体为 1.4，粗料石砌体为 1.2，干砌勾缝石砌体为 0.8。

表 11-7　毛石砌体的抗压强度设计值 f　　　　MPa

毛石强度等级	砂浆强度等级			砂浆强度
	M7.5	M5	M2.5	0
MU100	1.27	1.12	0.98	0.34
MU80	1.13	1.00	0.87	0.30
MU60	0.98	0.87	0.76	0.26
MU50	0.90	0.80	0.69	0.23
MU40	0.80	0.71	0.62	0.21
MU30	0.69	0.61	0.53	0.18
MU20	0.56	0.51	0.44	0.15

(二)砌体轴心受拉性能

与砌体的抗压强度相比,砌体的抗拉强度很低。按照力作用于砌体方向的不同,砌体可能发生图 11-7 所示的三种破坏。当轴向拉力与砌体的水平灰缝平行时,砌体可能发生沿竖向及水平向灰缝的齿缝截面破坏,如图 11-7(a)所示;或沿块体和竖向灰缝截面破坏,如图 11-7(b)所示。通常,当块体的强度等级较高而砂浆的强度等级较低时,砌体发生前一种破坏形态;当块体的强度等级较低而砂浆的强度等级较高时,砌体则发生后一种破坏形态。当轴向拉力与砌体的水平灰缝垂直时,砌体可能沿通缝截面破坏,如图 11-7(c)所示。

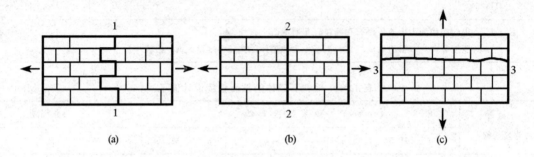

图 11-7 砖砌体轴心受拉破坏特点
(a)沿齿缝截面破坏;(b)沿块体和竖向灰缝截面破坏;(c)沿通缝截面破坏

在水平灰缝内和在竖向灰缝内,砂浆与块体的粘结强度是不同的。在竖向灰缝内,由于砂浆未能很好地填满及砂浆硬化时的收缩,大大削弱甚至完全破坏了两者的粘结,因此,在计算中对竖向灰缝的粘结强度不予考虑。在水平灰缝中,当砂浆在硬化过程中收缩时,砌体不断发生沉降,因此,灰缝中砂浆和砖石的粘结不仅未遭破坏,而且不断增强,因而在计算中仅考虑水平灰缝的粘结强度。

《砌体规范》对砌体的轴心抗拉强度只考虑沿齿缝截面破坏的情况。表 11-8 中列出了规范采用的砌体轴心抗拉强度平均值 $f_{t,m}$ 计算公式。

表 11-8 砌体轴心抗拉强度平均值 $f_{t,m}$ 计算公式

块 体 类 别	$f_{t,m}=k_3\sqrt{f_2}$
	k_3
烧结普通砖、烧结多孔砖、混凝土普通砖、混凝土多孔砖	0.141
蒸压灰砂普通砖、蒸压粉煤灰普通砖	0.090
混凝土砌块	0.069
毛料石	0.075

注:f_2 为砂浆抗压强度平均值(MPa)。

砌体沿齿缝截面破坏时,其轴心抗拉强度还与砌体的砌筑方式有关。当采用不同的砌筑方式时,块体搭接长度 l 与块体高度 h 的比值 l/h 不同,该值实际上反映了承受拉力的水平灰缝的面积大小。试验研究表明,当采用三顺一丁和全部顺砖砌筑时,砌体沿齿缝截面的轴心抗拉强

度可比采用一顺一丁砌合方式时提高 20%～50%。设计时，一般可不考虑砌筑方式对砌体轴心抗拉强度的影响；但当 l/h 值小于 1 时，《砌体规范》规定，应将砌体沿齿缝截面破坏时的轴心抗拉设计强度乘该比值予以降低。

(三) 砌体弯曲抗拉性能

与轴心受拉相似，砌体弯曲受拉时，也可能发生三种破坏形态：沿齿缝截面破坏，如图 11-8(a) 所示；沿砌体和竖向灰缝截面破坏，如图 11-8(b) 所示；沿通缝截面破坏，如图 11-8(c) 所示。砌体的弯曲受拉破坏形态也与块体和砂浆的强度等级有关。

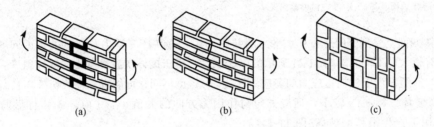

图 11-8 砖砌体的弯曲受拉破坏形态

(a) 沿齿缝截面破坏；(b) 沿砌体和竖向灰缝截面破坏；(c) 沿通缝截面破坏

《砌体规范》采用的砌体弯曲抗拉强度平均值 $f_{tm,m}$ 计算公式见表 11-9。对砌体的弯曲受拉破坏，规范考虑了沿齿缝截面破坏和沿通缝截面破坏两种情况。

表 11-9 砌体弯曲抗拉强度平均值 $f_{tm,m}$ 计算公式

块 体 类 别	$f_{tm,m}=k_4\sqrt{f_2}$	
	k_4	
	沿齿缝	沿通缝
烧结普通砖、烧结多孔砖、混凝土普通砖、混凝土多孔砖	0.250	0.125
蒸压灰砂普通砖、蒸压粉煤灰普通砖	0.180	0.090
混凝土砌块	0.081	0.056
毛料石	0.113	—

注：f_2 为砂浆抗压强度平均值(MPa)。

(四) 砌体抗剪性能

1. 砌体的两种受剪破坏形态

砌体的受剪破坏有两种形态：一种是沿通缝截面破坏[图 11-9(a)]；另一种是沿阶梯形截面破坏[图 11-9(b)]，其抗剪强度由水平灰缝和竖向灰缝共同决定。如上所述，由于竖向灰缝不饱满，抗剪能力很低，竖向灰缝强度可不予考虑。因此，可以认为这两种破坏的砌体抗剪强度相同。

沿通缝截面的受剪试验有多种方案，砌体可以有一个受剪面(单剪)或两个受剪面(双剪)，如图 11-10 所示。无论哪种方案，都不能做到真正的"纯剪"。

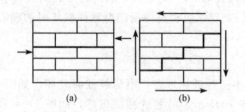 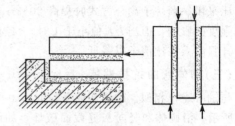

图 11-9　砌体的受剪破坏　　　　　　图 11-10　沿通缝截面的受剪试验方案
(a)沿通缝截面破坏；(b)沿阶梯形截面破坏

通常砌体截面上受到竖向压力和水平力的共同作用，即在压弯受力状态下的抗剪问题，其破坏特征与纯剪有很大的不同。对图 11-11 所示的砌体试件，由于砌体灰缝具有不同的倾斜度，在竖向压力的作用下，通缝截面上法向应力与剪应力之比(σ_y/τ)也不同，可能有三种剪切破坏状态。

(1)剪摩破坏。当 σ_y/τ 较小，通缝方向与作用力方向的夹角 $\theta \leqslant 45°$时，砌体将沿通缝受剪且在摩擦力作用下产生滑移而破坏[图 11-11(a)]。

(2)剪压破坏。当 σ_y/τ 较大，$45° < \theta \leqslant 60°$时，砌体将沿阶梯形裂缝破坏[图 11-11(b)]。

(3)斜压破坏。当 σ_y/τ 更大时，砌体将沿压应力作用方向产生裂缝而破坏[图 11-11(c)]。

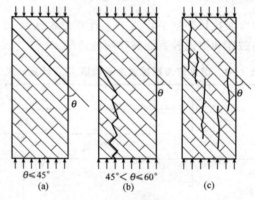

图 11-11　砌体的剪切破坏形态
(a)剪摩破坏；(b)剪压破坏；(c)斜压破坏

2. 影响砌体抗剪强度的因素

(1)砂浆和块体的强度。对于剪摩和剪压破坏形态，由于破坏沿砌体灰缝截面发生，因此砂浆强度高，抗剪强度也随之增大。此时，块体强度影响很小。对于斜压破坏形态，由于砌体沿压力作用方向裂开，因此块体强度高，抗剪强度也随之提高。此时，砂浆强度影响很小。

(2)法向压应力。在法向压应力小于砌体抗压强度 60%的情况下，压应力越大，砌体抗剪强度越高。当 σ_y 增加到一定数值后，砌体的斜面上有可能因抵抗主拉应力的强度不足而产生剪压破坏，此时，竖向压力的增大，对砌体抗剪强度增加幅度不大；当 σ_y

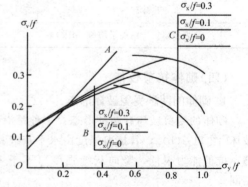

图 11-12　法向压应力对砌体抗剪强度的影响
A—剪摩破坏；B—剪压破坏；C—斜压破坏

更大时，砌体产生斜压破坏，此时，随 σ_y 的增大，砌体抗剪强度将降低(图 11-12)。

(3)砌筑质量。砌体的灰缝饱满度及砌筑时块体的含水率对砌体的抗剪强度影响很大。例如，南京某新型建材厂的试验表明，对于多孔砖砌体，当水平向和竖向的灰缝饱满度均为 80% 时，与灰缝饱满度为 100% 的砌体相比，抗剪强度降低 26%。综合国内外的研究结果，砌筑时砖的含水率在 8%～10% 时，砌体的抗剪强度最高。

(4)其他因素。砌体抗剪强度除与上述因素有关外，还与试件形式、尺寸及加载方式等有关。

3. 砌体抗剪强度平均值

《砌体规范》采用的砌体抗剪强度平均值 $f_{v,m}$ 计算公式见表 11-10。

表 11-10 砌体抗剪强度平均值 $f_{v,m}$ 计算公式

块 体 类 别	$f_{v,m}=k_5\sqrt{f_2}$
	k_5
烧结普通砖、烧结多孔砖、混凝土普通砖、混凝土多孔砖	0.125
蒸压灰砂普通砖、蒸压粉煤灰普通砖	0.090
混凝土砌块	0.069
毛料石	0.188

注：f_2 为砂浆抗压强度平均值(MPa)。

各地区灰砂砖砌体的抗剪强度试验数据有差异，主要原因是各地区生产的灰砂砖所用砂的细度和生产工艺不同，以及采用的试验方法和砂浆试块采用的底模砖不同。《砌体规范》是以双剪方法和以灰砂砖作砂浆试块底模的试验数据为依据，并考虑了灰砂砖砌体通缝抗剪强度的变异。

此外，必须注意的是：龄期为 28 d 以毛截面计算的各类砌体的轴心抗拉、弯曲抗拉和抗剪强度设计值，当施工质量控制等级为 B 级时，可按表 11-11 采用。

表 11-11 沿砌体灰缝截面破坏时砌体的轴心抗拉强度设计值、
弯曲抗拉强度设计值和抗剪强度设计值　　　　　　　　　　MPa

强度类别	破坏特征及砌体种类		砂浆强度等级			
			≥M10	M7.5	M5	M2.5
轴心抗拉	沿齿缝	烧结普通砖、烧结多孔砖	0.19	0.16	0.13	0.09
		混凝土普通砖、混凝土多孔砖	0.19	0.16	0.13	—
		蒸压灰砂普通砖、蒸压粉煤灰普通砖	0.12	0.10	0.08	—
		混凝土和轻集料混凝土砌块	0.09	0.08	0.07	—
		毛石	—	0.07	0.06	0.04

续表

强度类别	破坏特征及砌体种类		砂浆强度等级			
			≥M10	M7.5	M5	M2.5
弯曲抗拉	沿齿缝	烧结普通砖、烧结多孔砖	0.33	0.29	0.23	0.17
		混凝土普通砖、混凝土多孔砖	0.33	0.29	0.23	—
		蒸压灰砂普通砖、蒸压粉煤灰普通砖	0.24	0.20	0.16	—
		混凝土和轻集料混凝土砌块	0.11	0.09	0.08	—
		毛石	—	0.11	0.09	0.07
	沿通缝	烧结普通砖、烧结多孔砖	0.17	0.14	0.11	0.08
		混凝土普通砖、混凝土多孔砖	0.17	0.14	0.11	—
		蒸压灰砂普通砖、蒸压粉煤灰普通砖	0.12	0.10	0.08	—
		混凝土和轻集料混凝土砌块	0.08	0.06	0.05	—
抗剪	烧结普通砖、烧结多孔砖		0.17	0.14	0.11	0.08
	混凝土普通砖、混凝土多孔砖		0.17	0.14	0.11	—
	蒸压灰砂普通砖、蒸压粉煤灰普通砖		0.12	0.10	0.08	—
	混凝土和轻集料混凝土砌块		0.09	0.08	0.06	—
	毛石		—	0.19	0.16	0.11

注:1. 对于用形状规则的块体砌筑的砌体,当搭接长度与块体高度的比值小于1时,其轴心抗拉强度设计值 f 和弯曲抗拉强度设计值 f_{tm} 应按表中数值乘以搭接长度与块体高度比值后采用;
2. 表中数值依据普通砂浆砌筑的砌体确定,采用经研究性试验且通过技术鉴定的专用砂浆砌筑的蒸压灰砂普通砖、蒸压粉煤灰普通砖砌体,其抗剪强度设计值按相应普通砂浆强度等级砌筑的烧结普通砖砌体采用;
3. 对混凝土普通砖、混凝土多孔砖、混凝土和轻集料混凝土砌块砌体,表中的砂浆强度等级分别≥Mb10、Mb7.5、Mb5。

第二节　砌体结构构件承载力计算

一、无筋砌体受压构件承载力计算

无筋砌体受压构件承载力应按下式计算:

$$N \leqslant \varphi f A \tag{11-1}$$

式中　N——轴向力设计值;
　　　φ——高厚比 β 和轴向力的偏心距 e 对受压构件承载力的影响系数,应根据受力条件按表 11-12～表 11-14 选用;
　　　f——砌体的抗压强度设计值;

A——截面面积(对各类砌体均按毛截面计算;对带壁柱墙,其翼缘宽度取定要求为:多层房屋,当有门窗洞口时,可取窗间墙宽度;当无门窗洞口时,每侧翼墙宽度可取壁柱高度的1/3;单层房屋,可取壁柱宽加2/3墙高,但不大于窗间墙宽度和相邻壁柱间距离。计算带壁柱墙的条形基础时,可取相邻壁柱间的距离)。

表 11-12 影响系数 φ(砂浆强度等级≥M5)

β	$\dfrac{e}{h}$ 或 $\dfrac{e}{h_T}$												
	0	0.025	0.05	0.075	0.1	0.125	0.15	0.175	0.2	0.225	0.25	0.275	0.3
≤0.3	1	0.99	0.97	0.94	0.89	0.84	0.79	0.73	0.68	0.62	0.57	0.52	0.48
4	0.98	0.95	0.90	0.85	0.80	0.74	0.69	0.64	0.58	0.53	0.49	0.45	0.41
6	0.95	0.91	0.86	0.81	0.75	0.69	0.64	0.59	0.54	0.49	0.45	0.42	0.38
8	0.91	0.86	0.81	0.76	0.70	0.64	0.59	0.54	0.50	0.46	0.42	0.39	0.36
10	0.87	0.82	0.76	0.71	0.65	0.60	0.55	0.50	0.46	0.42	0.39	0.36	0.33
12	0.82	0.77	0.71	0.66	0.60	0.55	0.51	0.47	0.43	0.39	0.36	0.33	0.31
14	0.77	0.72	0.66	0.61	0.56	0.51	0.47	0.43	0.40	0.36	0.34	0.31	0.29
16	0.72	0.67	0.61	0.56	0.52	0.47	0.44	0.40	0.37	0.34	0.31	0.29	0.27
18	0.67	0.62	0.57	0.52	0.48	0.44	0.40	0.37	0.34	0.31	0.29	0.27	0.25
20	0.62	0.57	0.53	0.48	0.44	0.40	0.37	0.34	0.32	0.29	0.27	0.25	0.23
22	0.58	0.53	0.49	0.45	0.41	0.38	0.35	0.32	0.30	0.27	0.25	0.24	0.22
24	0.54	0.49	0.45	0.41	0.38	0.35	0.32	0.30	0.28	0.26	0.24	0.22	0.21
26	0.50	0.46	0.42	0.38	0.35	0.33	0.30	0.28	0.26	0.24	0.22	0.21	0.19
28	0.46	0.42	0.39	0.36	0.33	0.30	0.28	0.26	0.24	0.22	0.21	0.19	0.18
30	0.42	0.39	0.36	0.33	0.31	0.28	0.26	0.24	0.22	0.21	0.20	0.18	0.17

表 11-13 影响系数 φ(砂浆强度等级 M2.5)

β	$\dfrac{e}{h}$ 或 $\dfrac{e}{h_T}$												
	0	0.025	0.05	0.075	0.1	0.125	0.15	0.175	0.2	0.225	0.25	0.275	0.3
≤3	1	0.99	0.97	0.94	0.89	0.84	0.79	0.73	0.68	0.62	0.57	0.52	0.48
4	0.97	0.94	0.89	0.84	0.78	0.73	0.67	0.62	0.57	0.52	0.48	0.44	0.40
6	0.93	0.89	0.84	0.78	0.73	0.67	0.62	0.57	0.52	0.48	0.44	0.40	0.37
8	0.89	0.84	0.78	0.72	0.67	0.62	0.57	0.52	0.48	0.44	0.40	0.37	0.34
10	0.83	0.78	0.72	0.67	0.61	0.56	0.52	0.47	0.43	0.40	0.37	0.34	0.31
12	0.78	0.72	0.67	0.61	0.56	0.52	0.47	0.43	0.40	0.37	0.34	0.31	0.29
14	0.72	0.66	0.61	0.56	0.51	0.47	0.43	0.40	0.36	0.34	0.31	0.29	0.27
16	0.66	0.61	0.56	0.51	0.47	0.43	0.40	0.36	0.34	0.31	0.29	0.26	0.25

续表

β	$\frac{e}{h}$ 或 $\frac{e}{h_T}$												
	0	0.025	0.05	0.075	0.1	0.125	0.15	0.175	0.2	0.225	0.25	0.275	0.3
18	0.61	0.56	0.51	0.47	0.43	0.40	0.36	0.33	0.31	0.29	0.26	0.24	0.23
20	0.56	0.51	0.47	0.43	0.39	0.36	0.33	0.31	0.28	0.26	0.24	0.23	0.21
22	0.51	0.47	0.43	0.39	0.36	0.33	0.31	0.28	0.26	0.24	0.23	0.21	0.20
24	0.46	0.43	0.39	0.36	0.33	0.31	0.28	0.26	0.24	0.23	0.21	0.20	0.18
26	0.42	0.39	0.36	0.33	0.31	0.28	0.26	0.24	0.22	0.21	0.20	0.18	0.17
28	0.39	0.36	0.33	0.30	0.28	0.26	0.24	0.22	0.21	0.20	0.18	0.17	0.16
30	0.36	0.33	0.30	0.28	0.26	0.24	0.22	0.21	0.20	0.18	0.17	0.16	0.15

表 11-14 影响系数 φ(砂浆强度等级 0)

β	$\frac{e}{h}$ 或 $\frac{e}{h_T}$												
	0	0.025	0.05	0.075	0.1	0.125	0.15	0.175	0.2	0.225	0.25	0.275	0.3
≤3	1	0.99	0.97	0.94	0.89	0.84	0.79	0.73	0.68	0.62	0.57	0.52	0.48
4	0.87	0.82	0.77	0.71	0.66	0.60	0.55	0.51	0.46	0.43	0.39	0.36	0.33
6	0.76	0.70	0.65	0.59	0.54	0.50	0.46	0.42	0.39	0.36	0.33	0.30	0.28
8	0.63	0.58	0.54	0.49	0.45	0.41	0.38	0.35	0.32	0.30	0.28	0.25	0.24
10	0.53	0.48	0.44	0.41	0.37	0.34	0.32	0.29	0.27	0.25	0.23	0.22	0.20
12	0.44	0.40	0.37	0.34	0.31	0.29	0.27	0.25	0.23	0.21	0.20	0.19	0.17
14	0.36	0.33	0.31	0.28	0.26	0.24	0.23	0.21	0.20	0.18	0.17	0.16	0.15
16	0.30	0.28	0.26	0.24	0.22	0.21	0.19	0.18	0.17	0.16	0.15	0.14	0.13
18	0.26	0.24	0.22	0.21	0.19	0.18	0.17	0.16	0.15	0.14	0.13	0.12	0.12
20	0.22	0.20	0.19	0.18	0.17	0.16	0.15	0.14	0.13	0.12	0.12	0.11	0.10
22	0.19	0.18	0.16	0.15	0.14	0.14	0.13	0.12	0.12	0.11	0.10	0.10	0.09
24	0.16	0.15	0.14	0.13	0.13	0.12	0.11	0.11	0.10	0.10	0.09	0.09	0.08
26	0.14	0.13	0.13	0.12	0.11	0.11	0.10	0.10	0.09	0.09	0.08	0.08	0.07
28	0.12	0.12	0.11	0.11	0.10	0.10	0.09	0.09	0.08	0.09	0.08	0.07	0.07
30	0.11	0.10	0.10	0.09	0.09	0.09	0.08	0.08	0.07	0.07	0.07	0.07	0.06

1. 无筋砌体矩形截面单向偏心受压构件承载力计算

无筋砌体矩形截面单向偏心受压构件承载力影响系数除可通过查表 11-12～表 11-14 求得,还可按下列公式计算求得(图 11-13):

当 $\beta \leqslant 3$ 时

$$\varphi = \frac{1}{1 + 12\left(\dfrac{e}{h}\right)^2} \tag{11-2}$$

当 $\beta > 3$ 时

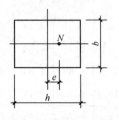

图 11-13 单向偏心受压时截面尺寸示意图

$$\varphi = \frac{1}{1+12\left[\dfrac{e}{h}+\sqrt{\dfrac{1}{12}\left(\dfrac{1}{\varphi_0}-1\right)}\right]^2} \quad (11\text{-}3)$$

$$\varphi_0 = \frac{1}{1+\alpha\beta^2} \quad (11\text{-}4)$$

式中 e——轴向力的偏心距,应按内力设计值计算,并不应大于 $0.6y$, y 为截面重心到轴向力所在偏心方向截面边缘的距离;

h——矩形截面的轴心力偏心方向的边长;

φ_0——轴心受压构件的稳定系数;

α——与砂浆强度等级有关的系数(当强度等级为 M5.0 或以上等级时,$\alpha=0.0015$;当强度等级为 M2.5 时,$\alpha=0.002$;当强度等级为 0 时,$\alpha=0.009$);

β——构件的高厚比。

其中构件的高厚比 β 应按下列规定采用:

对矩形截面

$$\beta = \gamma_\beta \frac{H_0}{h} \quad (11\text{-}5)$$

对 T 形截面

$$\beta = \gamma_\beta \frac{H_0}{h_T} \quad (11\text{-}6)$$

式中 γ_β——不同砌体材料构件高厚比修正系数,应按表 11-15 采用;

H_0——构件计算高度;

h_T——T 形截面的折算厚度,可近似按 $3.5i$(i 为截面回转半径)计算。

表 11-15 高厚比修正系数 γ_β

砌体材料类别	γ_β
烧结普通砖、烧结多孔砖	1.0
混凝土或轻集料混凝土砌块	1.1
蒸压灰砂砖、蒸压粉煤灰砖、细料石、半细料石	1.2
粗料石、毛石	1.5

注:对灌孔混凝土砌块,γ_β 取 1.0。

2. 无筋砌体矩形截面双向偏心受压构件承载力计算

矩形截面双向偏心受压时的承载力按下列公式计算(图 11-14):

$$\varphi = \frac{1}{1+12\left[\left(\dfrac{e_b+e_{ib}}{b}\right)^2+\left(\dfrac{e_h+e_{ih}}{h}\right)^2\right]} \quad (11\text{-}7)$$

$$e_{ib} = \frac{b}{\sqrt{12}}\sqrt{\frac{1}{\varphi_0}-1}\left(\frac{\dfrac{e_b}{b}}{\dfrac{e_b}{b}+\dfrac{e_b}{h}}\right) \quad (11\text{-}8)$$

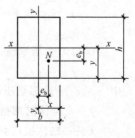

图 11-14 矩形截面双向偏心受压示意图

$$e_{ih} = \frac{h}{\sqrt{12}} \sqrt{\frac{1}{\varphi_0} - 1} \left(\frac{\frac{e_h}{h}}{\frac{e_b}{b} + \frac{e_h}{h}} \right) \tag{11-9}$$

式中 e_b、e_h——轴向力在截面重心 x 轴、y 轴方向的偏心距，e_b、e_h 宜分别不大于 $0.5x$ 和 $0.5y$；

x、y——自截面重心沿 x 轴、y 轴至轴向力所在偏心方向截面边缘的距离；

e_{ib}、e_{ih}——轴向力在截面重心 x 轴、y 轴方向的附加偏心距，以控制弯曲受拉情况的出现。

试验表明：当 $e_b > 0.3b$、$e_h > 0.3h$ 时，随荷载增大，砌体水平缝和竖向缝几乎同时出现，甚至水平缝还可能出现得早些，故设计时偏心率限值偏小（$e_b \leq 0.5x$，$e_h \leq 0.5y$）是十分必要的。

分析表明：当一方向偏心率（如 e_b/b）不大于另一方向（如 e_h/h）的 5% 时，可近似按另一方向的单向偏压（如 e_h/h）构件计算，其承载力误差小于 5%。也即，当一个方向的偏心距较小而忽略其影响时，双向偏压即可恢复到单向偏压。

二、局部受压计算

压力只作用在砌体的部分面积上称为局部受压。如承受上部柱或墙传来的压力的基础顶面；支承梁或屋架的墙柱，在梁或屋架端部支承处的砌体截面上，均产生局部受压。

1. 局部均匀受压承载力计算

当砌体截面上作用局部均匀压力时，称为局部均匀受压。局部均匀受压分为中心局部受压[图 11-15(a)]、边缘局部受压[图 11-15(b)]、中部局部受压[图 11-15(c)]、端部局部受压[图 11-15(d)]、角部局部受压[图 11-15(e)]。

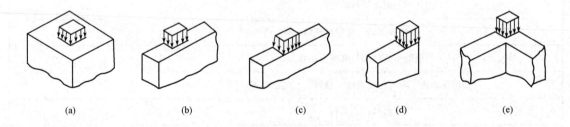

图 11-15 局部均匀受压
(a)中心局部受压；(b)边缘局部受压；(c)中部局部受压；
(d)端部局部受压；(e)角部局部受压

局部均匀受压承载力应按下列公式计算：

$$N_l \leq \gamma f A_l \tag{11-10}$$

式中 N_l——局部受压面积上的轴向力设计值；

γ——砌体局部抗压强度提高系数；

f——砌体抗压强度设计值，可不考虑强度调整系数 γ_a 的影响；

A_l——局部受压面积。

砌体局部抗压强度提高系数可按式(11-11)确定：

$$\gamma = 1 + 0.35\sqrt{\frac{A_0}{A_l} - 1} \tag{11-11}$$

式中 A_0——影响砌体局部抗压强度的计算面积。

A_0 按下列规定采用。

(1)在图 11-16 所示情况下，$A_0 = (a + c + h)h$，根据式(11-11)计算所得的 γ 值应不大于 2.5。

(2)在图 11-17 所示情况下，$A_0 = (b + 2h)h$，根据式(11-11)计算所得的 γ 值应不大于 2.0。

(3)在图 11-18 所示情况下，$A_0 = (a + h)h + (b + h_1 - h)h_1$，根据式(11-11)计算所得的 γ 值应不大于 1.5。

(4)在图 11-19 所示的情况下，$A_0 = (a + h)h$，根据式(11-11)计算所得的 γ 值应不大于 1.25。

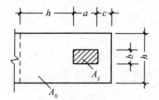

图 11-16　中心局部受压

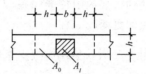

图 11-17　边缘局部受压

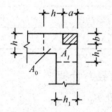

图 11-18　角部局部受压

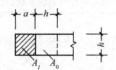

图 11-19　端部局部受压

2. 梁端支承处砌体局部受压承载力计算

$$\varphi N_0 + N_l \leqslant \eta \gamma f A_l \tag{11-12}$$

$$\varphi = 1.5 - 0.5 \frac{A_0}{A_l} \tag{11-13}$$

$$N_0 = \sigma_0 A_l \tag{11-14}$$

$$A_l = a_0 b \tag{11-15}$$

$$a_0 = 10\sqrt{\frac{h_c}{f}} \tag{11-16}$$

式中 φ——上部荷载的折减系数，当 $A_0/A_l \geqslant 3$ 时，应取 φ 等于 0；

N_0——局部受压面积内上部轴向力设计值(N)；

N_l——梁端支承压力设计值(N)；

σ_0——上部平均压应力设计值(N/mm^2)；

η——梁端底面压应力图形的完整系数，应取 0.7，对于过梁和墙梁，应取 1.0；

a_0——梁端有效支承长度(mm)，当 $a_0 > a$ 时，应取 $a_0 = a$，a 为梁端实际支承长度(mm)；

b——梁的截面宽度(mm)；

h_c——梁的截面高度(mm)；

f——砌体的抗压强度设计值(MPa)。

3. 刚性垫块下砌体局部受压承载力计算

$$N_0 + N_l \leqslant \varphi \gamma_1 f A_b \tag{11-17}$$

$$N_0 = \sigma_0 A_b \tag{11-18}$$

$$A_b = a_b b_b \tag{11-19}$$

式中 N_0——垫块面积 A_b 内上部轴向力设计值(N)；

φ——垫块上 N_0 及 N_l 合力的影响系数；

γ_1——垫块外砌体面积的有利影响系数[γ_1 应为 0.8γ，但不小于 1.0；γ 为砌体局部抗压强度提高系数，按式(11-11)以 A_b 代替 A_l 计算得出]；

A_b——垫块面积(mm^2)；

a_b——垫块伸入墙内的长度(mm)；

b_b——垫块的宽度(mm)。

梁端设有刚性垫块时，梁端有效支承长度 $a_0 = \delta_1 \sqrt{\dfrac{h}{f}}$，$\delta_1$ 的值见表 11-16。垫块上 N_l 作用点的位置可取 $0.4a_0$ 处。

表 11-16 系数 δ_1 值表

σ_0/f	0	0.2	0.4	0.6	0.8
δ_1	5.4	5.7	6.0	6.9	7.8

注：表内中间的数值可采用线性内插法求得。

4. 梁下设有长度大于 πh_0 的垫梁下砌体局部受压承载力计算

$$N_0 + N_l \leqslant 2.4 \delta_2 f b_b h_0 \tag{11-20}$$

$$N_0 = \pi b_b h_0 \sigma_0 / 2 \tag{11-21}$$

$$h_0 = 2 \sqrt[3]{\dfrac{E_b I_b}{Eh}} \tag{11-22}$$

式中 N_0——垫梁上部轴向力设计值(N)；

b_b——垫梁在墙厚方向的宽度(mm)；

δ_2——当荷载沿墙厚方向均匀分布时 δ_2 取 1.0，不均匀时 δ_2 取 0.8；

h_0——垫梁折算高度(mm)；

E_b、I_b——垫梁的混凝土弹性模量(MPa)和截面惯性矩(mm^4)；

E——砌体的弹性模量(MPa)；

h——墙厚(mm)。

本章小结

砌体是块材用砂浆砌筑而成的整体，以砌体作为房屋的主要承重骨架的结构形式，称为砌体结构。砌体结构所用材料可就地取材，造价低、耐久性好、施工工艺简单，因此，在建筑工程中应用较为广泛。本章主要介绍了砌体种类、材料、力学性能及砌体结构承载力计算。

思考与练习

一、填空题

1. 砖砌体由_____和_____用砂浆砌筑而成。
2. 是指把砌体中部分或全部砖立砌，并留有空斗而形成的墙体，其厚度通常为_____mm。
3. 石砌体有_____、_____和_____三种类型。
4. 烧结普通砖统一规格的尺寸为_____×_____×_____。
5. 烧结多孔砖以黏土、页岩、煤矸石为主要原料，经过焙烧而成，孔洞率不小于_____，孔形可为_____或_____。
6. 混凝土小型砌块主要规格尺寸为_____×_____×_____mm，空心率为25%～50%。
7. 无筋砌体受压构件承载力计算公式为_____。
8. 压力只作用在砌体的部分面积上称为_____。

二、简答题

1. 实心标准砖墙的厚度分为哪几种？砌筑方法有哪些？
2. 空斗墙的形式有哪些？
3. 砂浆按组成材料不同分为哪些？
4. 简述块体和砂浆的选择原则。
5. 砌体轴心受压从加荷开始直到破坏，大致经历哪三个阶段？
6. 影响砌体抗压强度的因素有哪些？
7. 简述砌体轴心受拉的破坏特点。
8. 砌体受剪破坏形态有哪几种？

三、计算题

1. 某钢筋混凝土柱，截面尺寸为250 mm×250 mm，支承在厚度为370 mm的砖墙上，作用位置如图1所示，砖墙用MU10烧结普通砖和M5水泥砂浆砌筑，柱传到墙上的荷载设计值为120 kN。试验算柱下砌体的局部受压承载力。

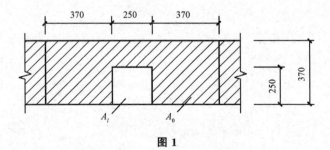

图1

2. 如图 2 所示的窗间墙，截面尺寸为 370 mm×1 200 mm，用 MU10 烧结页岩砖和 M5.0 水泥砂浆砌筑。已知梁的截面尺寸为 200 mm×550 mm，在墙上的搁置长度为 240 mm，大梁的支座反力为 100 kN，窗间墙范围内梁底截面处的上部荷载设计值为 240 kN，试对梁端部下砌体的局部受压承载力进行验算。

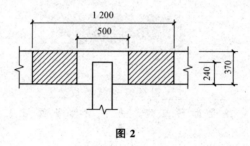

图 2

第十二章 钢结构基本构件

学习目标

了解钢结构的特点、钢结构的应用范围;熟悉钢结构材料及其选用,钢结构连接方法、焊缝连接的形式、对接焊缝的构造要求,螺栓连接及铆钉连接;掌握钢结构受弯构件、轴心受力构件、拉弯构件和压弯构件的计算。

能力目标

能阐述钢结构材料的分类及应用,能熟练进行钢构件的计算。

素养目标

1. 具有良好的团队合作、沟通交流的能力和吃苦耐劳的精神。
2. 加强检查、考核,营造诚实守信、办事公道的职业氛围。

第一节 钢结构及钢结构材料

一、钢结构的特点

(1) 自重轻、强度高。钢比混凝土、砌体和木材的强度和弹性模量高出很多倍。另外,钢结构的自重常较轻。例如,在跨度和荷载都相同时,普通钢屋架的重量只有钢筋混凝土屋架的 1/4~1/3;若采用薄壁型钢屋架,则轻得更多。由于自重小、刚度大,钢结构常用于建造大跨度和超高、超重型的建筑物,以减轻下部结构和基础的负担。

(2) 工业化程度高,降低建设成本,使工期缩短。建筑模数协调统一标准实现了钢结构工业化大规模生产,提高了钢结构预工程化,使不同形状和不同制造方法的钢结构配件具有一定的通用性和互换性。与此同时,钢结构的预工程化使材料加工和安装一体化,大大降低了建设成本,并且加快了施工速度,使工期能够缩短 40% 以上。

(3) 塑性、韧性好。钢材具有良好的塑性,钢结构在一般情况下不会发生突发性破坏,而是在事先有较大变形。此外,钢材还具有良好的韧性,能很好地承受动力荷载。

(4) 原材料可以循环使用,有助于环保和可持续发展。钢材是一种高强度、高效能的材料,具有很高的再循环价值,其边角料也有价值,不需要制模施工。

(5) 耐腐蚀性、耐火性差。一般钢材在湿度大和有侵蚀性介质的环境中容易锈蚀,因此须采取除锈、刷油漆等防护措施，而且须定期维护，故维护费用较高；当辐射热温度低于100 ℃时，即使长期作用，钢材的主要性能变化很小，其屈服点和弹性模量均降低不多。但当温度超过250 ℃时，其材质变化较大，故当结构表面长期受辐射热达150 ℃以上或在短时间内可能受到火焰作用时，须采取隔热和防火措施。

二、钢结构的应用范围

钢结构应用范围广泛，应根据钢结构的特点并结合我国国情进行合理选择。钢结构的应用范围包括以下几个方面：

(1)重型钢结构。近年来，随着网架结构的应用，许多工业车间采用了钢结构，如冶金厂房的平炉车间、转炉车间、混铁炉车间、初轧车间、重型机械厂的铸钢车间、水压机车间、锻压车间等。

(2)轻型钢结构。轻型钢结构是一种新型钢结构体系，广泛应用于中小型房屋建筑、体育场看台雨篷、小型仓库等建筑结构中。

(3)大跨度钢结构。钢结构被广泛应用于飞机装配车间、飞机库、干煤棚、大会堂、体育馆、展览馆等大跨度结构中，其结构体系为网架、悬索、拱架及框架等。

(4)高耸钢结构。大多数高耸结构(如电视塔、通信塔、石油化工塔、火箭发射塔、钻井塔、输电线路塔、大气监测塔、旅游瞭望塔等)均采用钢结构。

(5)建筑钢结构。旅馆、饭店、办公大楼等高层建筑采用钢结构的情况越来越多，一些小高层建筑(12～16层)、多层建筑(6～8层)也有采用钢结构的趋势。

(6)桥梁钢结构。桥梁钢结构的应用越来越多，特别是用于中等跨度和大跨度的斜拉桥中。

(7)板壳钢结构。钢结构在对密闭性要求较高的容器(如大型储油库、煤气库、炉壳等)及能承受很大内力的板壳结构中都有广泛的应用。

(8)移动钢结构。由于钢结构具有强度高、相对较轻的特点，在装配式房屋、水工闸门、升船机、桥式吊车及各种塔式吊车、龙门吊车、缆索吊车等移动结构中的应用也越来越多。

(9)其他构筑物。如栈桥、管道支架、井架和海上采油平台等。

三、截面板件宽厚比等级

(1)进行受弯和压弯构件计算时，截面板件宽厚比等级及限值应符合表12-1的规定，其中参数 α_0 应按下式计算：

$$\alpha_0 = \frac{\sigma_{\max} - \sigma_{\min}}{\sigma_{\max}}$$

式中　$\sigma_{\max}$——腹板计算边缘的最大压应力；

$\sigma_{\min}$——腹板计算高度另一边缘相应的应力，压应力取正值，拉应力取负值。

表 12-1　压弯和受弯构件的截面板件宽厚比等级及限值

构件	截面板件宽厚比等级		S1级	S2级	S3级	S4级	S5级
压弯构件 (框架柱)	H形截面	翼缘 b/t	$9\varepsilon_k$	$11\varepsilon_k$	$13\varepsilon_k$	$15\varepsilon_k$	20
		腹板 h_0/t_w	$(33+13\alpha_0^{1.3})\varepsilon_k$	$(38+13\alpha_0^{1.39})\varepsilon_k$	$(40+18\alpha_0^{1.5})\varepsilon_k$	$(45+25\alpha_0^{1.66})\varepsilon_k$	250
	箱形截面	壁板(腹板)间翼缘 b_0/t	$30\varepsilon_k$	$35\varepsilon_k$	$40\varepsilon_k$	$45\varepsilon_k$	—
	圆钢管截面	径厚比 D/t	$50\varepsilon_k^2$	$70\varepsilon_k^2$	$90\varepsilon_k^2$	$100\varepsilon_k^2$	—

续表

构件	截面板件宽厚比等级		S1级	S2级	S3级	S4级	S5级
受弯构件(梁)	工字形截面	翼缘 b/t	$9\varepsilon_k$	$11\varepsilon_k$	$13\varepsilon_k$	$15\varepsilon_k$	20
		腹板 h_0/t_w	$65\varepsilon_k$	$72\varepsilon_k$	$93\varepsilon_k$	$124\varepsilon_k$	250
	箱形截面	壁板(腹板)间翼缘 b_0/t	$25\varepsilon_k$	$32\varepsilon_k$	$37\varepsilon_k$	$42\varepsilon_k$	—

注：1. ε_k 为钢号修正系数，其值为235与钢材牌号中屈服点数值的比值的平方根；
2. b 为工字形、H形截面的翼缘外伸宽度，t、h_0、t_w 分别是翼缘厚度、腹板净高和腹板厚度，对轧制型截面，腹板净高不包括翼缘腹板过渡处圆弧段；对于箱形截面，b_0、t 分别为壁板间的距离和壁板厚度；D 为圆管截面外径；
3. 箱形截面梁及单向受弯的箱形截面柱，其腹板限值可根据H形截面腹板采用；
4. 腹板的宽厚比可通过设置加劲肋减小；
5. 当按国家标准《建筑抗震设计规范》(GB 50011—2010)第9.2.14条第2款的规定设计，且S5级截面的板件宽厚比小于S4级经 ε_σ 修正的板件宽厚比时，可视作C类截面，ε_σ 为应力修正因子，$\varepsilon_\sigma = \sqrt{f_y/\sigma_{\max}}$。

(2) 当按《钢结构设计标准》(GB 50017—2017)进行抗震性能化设计时，支撑截面板件宽厚比等级及限值应符合表12-2的规定。

表12-2　支撑截面板件宽厚比等级及限值

截面板件宽厚比等级		BS1级	BS2级	BS3级
H形截面	翼缘 b/t	$8\varepsilon_k$	$9\varepsilon_k$	$10\varepsilon_k$
	腹板 h_0/t_w	$30\varepsilon_k$	$35\varepsilon_k$	$42\varepsilon_k$
箱形截面	壁板间翼缘 b_0/t	$25\varepsilon_k$	$28\varepsilon_k$	$32\varepsilon_k$
角钢	角钢肢宽厚比 w/t	$8\varepsilon_k$	$9\varepsilon_k$	$10\varepsilon_k$
圆钢管截面	径厚比 D/t	$40\varepsilon_k^2$	$56\varepsilon_k^2$	$72\varepsilon_k^2$

注：w 为角钢平直段长度。

四、钢结构材料及其选用

(一)钢材的设计指标

钢材的设计用强度指标见表12-3。

表12-3　钢材的设计用强度指标　　　　　　　　　N/mm²

钢材牌号		钢材厚度或直径/mm	强度设计值			屈服强度 f_y	抗拉强度 f_u
			抗拉、抗压、抗弯 f	抗剪 f_v	端面承压(刨平顶紧) f_{ce}		
碳素结构钢	Q235	≤16	215	125	320	235	370
		>16, ≤40	205	120		225	
		>40, ≤100	200	115		215	

续表

钢材牌号		钢材厚度或直径/mm	强度设计值		端面承压（刨平顶紧）f_{ce}	屈服强度 f_y	抗拉强度 f_u
			抗拉、抗压、抗弯 f	抗剪 f_v			
低合金高强度结构钢	Q345	≤16	305	175	400	345	470
		>16, ≤40	305	175		335	
		>40, ≤63	295	170		325	
		>63, ≤80	280	160		315	
		>80, ≤100	270	155		305	
	Q390	≤16	345	200	415	390	490
		>16, ≤40	330	190		370	
		>40, ≤63	310	180		350	
		>63, ≤100	295	170		330	
	Q420	≤16	375	215	440	420	520
		>16, ≤40	355	205		400	
		>40, ≤63	320	185		380	
		>63, ≤100	305	175		360	
	Q460	≤16	410	235	470	460	550
		>16, ≤40	390	225		440	
		>40, ≤63	355	205		420	
		>63, ≤100	340	195		400	

注：1. 表中直径指实芯棒材直径，厚度系数值计算点的钢材或钢管壁厚度，对轴心受拉或轴心受压构件系指截面中较厚板件的厚度；
    2. 冷弯型材和冷弯钢管，其强度设计值应按国家现行有关标准的规定采用。

焊缝的强度指标见表12-4。

表12-4 焊缝的强度指标   N/mm²

焊接方法和焊条型号	构件钢材		对接焊缝强度设计值			角焊缝强度设计值	对接焊缝抗拉强度 f_u^w	角焊缝抗拉、抗压和抗剪强度 f_u^f
	牌号	厚度或直径/mm	抗压 f_c^w	焊缝质量为下列等级时，抗拉 f_t^w		抗剪 f_v^w		
				一级、二级	三级			
自动焊、半自动焊和E43型焊条手工焊	Q235	≤16	215	215	185	125	160	415	240
		>16, ≤40	205	205	175	120			
		>40, ≤100	200	200	170	115			

续表

焊接方法和焊条型号	构件钢材		对接焊缝强度设计值				角焊缝强度设计值 抗拉、抗压和抗剪 f_f^w	对接焊缝抗拉强度 f_u^w	角焊缝抗拉、抗压和抗剪强度 f_u^f
	牌号	厚度或直径 /mm	抗压 f_c^w	焊缝质量为下列等级时，抗拉 f_t^w		抗剪 f_v^w			
				一级、二级	三级				
自动焊、半自动焊和 E50、E55 型焊条手工焊	Q345	≤16	305	305	260	175	200	480(E50) 540(E55)	280(E50) 315(E55)
		>16, ≤40	295	295	250	170			
		>40, ≤63	290	290	245	165			
		>63, ≤80	280	280	240	160			
		>80, ≤100	270	270	230	155			
	Q390	≤16	345	345	295	200	200(E50) 220(E55)		
		>16, ≤40	330	330	280	190			
		>40, ≤63	310	310	265	180			
		>63, ≤100	295	295	250	170			
自动焊、半自动焊和 E55、E60 型焊条手工焊	Q420	≤16	375	375	320	215	220(E55) 240(E60)	540(E55) 590(E60)	315(E55) 340(E60)
		>16, ≤40	355	355	300	205			
		>40, ≤63	320	320	270	185			
		>63, ≤100	305	305	260	175			
自动焊、半自动焊和 E55、E60 型焊条手工焊	Q460	≤16	410	410	350	235	220(E55) 240(E60)	540(E55) 590(E60)	315(E55) 340(E60)
		>16, ≤40	390	390	330	225			
		>40, ≤63	355	355	300	205			
		>63, ≤100	340	340	290	195			
自动焊、半自动焊和 E50、E60 型焊条手工焊	Q345GJ	>16, ≤35	310	310	265	180	200	480(E50) 540(E55)	280(E50) 315(E55)
		>35, ≤50	290	290	245	170			
		>50, ≤100	285	285	240	165			

注：表中厚度系指计算点钢材厚度，对轴心受拉和轴心受压构件系指截面中较厚板件的厚度。

螺栓连接的强度设计值见表 12-5。

表 12-5　螺栓连接的强度设计值　　　　　　　　　　　　　N/mm²

螺栓的性能等级、锚栓和构件钢材的牌号		强度设计值										高强度螺栓的抗拉强度 f_u^b
		普通螺栓						锚栓		承压型连接或网架用高强度螺栓		
		C 级螺栓			A 级、B 级螺栓							
		抗拉 f_t^b	抗剪 f_v^b	承压 f_c^b	抗拉 f_t^b	抗剪 f_v^b	承压 f_c^b	抗拉 f_t^a	抗拉 f_t^b	抗剪 f_v^b	承压 f_c^b	
普通螺栓	4.6 级、4.8 级	170	140	—	—	—	—	—	—	—	—	
	5.6 级	—	—	—	210	190	—	—	—	—	—	
	8.8 级	—	—	—	400	320	—	—	—	—	—	

续表

螺栓的性能等级、锚栓和构件钢材的牌号		强度设计值										高强度螺栓的抗拉强度 f_u^b
		普通螺栓						锚栓	承压型连接或网架用高强度螺栓			
		C级螺栓			A级、B级螺栓							
		抗拉 f_t^b	抗剪 f_v^b	承压 f_c^b	抗拉 f_t^b	抗剪 f_v^b	承压 f_c^b	抗拉 f_t^a	抗拉 f_t^b	抗剪 f_v^b	承压 f_c^b	
锚栓	Q235	—	—	—	—	—	—	140	—	—	—	—
	Q345	—	—	—	—	—	—	180	—	—	—	—
	Q390	—	—	—	—	—	—	185	—	—	—	—
承压型连接高强度螺栓	8.8级	—	—	—	—	—	—	—	400	250	—	830
	10.9级	—	—	—	—	—	—	—	500	310	—	1040
螺栓球节点用高强度螺栓	9.8级	—	—	—	—	—	—	—	385	—	—	—
	10.9级	—	—	—	—	—	—	—	430	—	—	—
构件钢材牌号	Q235	—	305	—	—	405	—	—	—	—	470	—
	Q345	—	385	—	—	510	—	—	—	—	590	—
	Q390	—	400	—	—	530	—	—	—	—	615	—
	Q420	—	425	—	—	560	—	—	—	—	655	—
	Q460	—	450	—	—	595	—	—	—	—	695	—
	Q345CJ	—	400	—	—	530	—	—	—	—	615	—

注：1. A级螺栓用于 $d \leqslant 24$ mm 和 $L \leqslant 10d$ 或 $L \leqslant 150$ mm（按较小值）的螺栓；B级螺栓用于 $d > 24$ mm 和 $L > 10d$ 或 $L > 150$ mm（按较小值）的螺栓；d 为公称直径，L 为螺栓公称长度。

2. A级、B级螺栓孔的精度和孔壁表面粗糙度，C级螺栓孔的允许偏差和孔壁表面粗糙度，均应符合现行国家标准《钢结构工程施工质量验收规范》(GB 50205—2001)的要求；

3. 用于螺栓球节点网架的高强度螺栓，M112～M36 为 10.9 级，M39～M64 为 9.8 级。

（二）钢材的选用

结构钢材的选用应遵循技术可靠、经济合理的原则，综合考虑结构的重要性、荷载特征、结构形式、应力状态、连接方法、工作环境、钢材厚度和价格等因素，选用合适的钢材牌号和材性保证项目。

承重结构所用的钢材应具有屈服强度、抗拉强度、断后伸长率和硫、磷含量的合格保证，对焊接结构尚应具有碳当量的合格保证。焊接承重结构以及重要的非焊接承重结构采用的钢材应具有冷弯试验的合格保证；对直接承受动力荷载或需验算疲劳的构件所用钢材尚应具有冲击韧性的合格保证。

(1)钢材质量等级的选用应符合下列规定：

1)A级钢仅可用于结构工作温度高于 0 ℃ 的不需要验算疲劳的结构，且 Q235 A 钢不宜用于焊接结构。

2)需验算疲劳的焊接结构用钢材应符合下列规定：

①当工作温度高于 0 ℃ 时，其质量等级不应低于 B 级；

②当工作温度不高于 0 ℃ 但高于 −20 ℃ 时，Q235、Q345 钢不应低于 C 级，Q390、Q420 及 Q460 钢不应低于 D 级；

③当工作温度不高于 −20 ℃ 时，Q235 钢和 Q345 钢不应低于 D 级，Q390 钢、Q420 钢、

Q460钢应选用E级。

3)需验算疲劳的非焊接结构,其钢材质量等级要求可较上述焊接结构降低一级但不应低于B级。吊车起重量不小于50 t的中级工作制吊车梁,其质量等级要求应与需要验算疲劳的构件相同。

(2)工作温度不高于-20 ℃的受拉构件及承重构件的受拉板材应符合下列规定:

1)所用钢材厚度或直径不宜大于40 mm,质量等级不宜低于C级;

2)当钢材厚度或直径不小于40 mm时,其质量等级不宜低于D级;

3)重要承重结构的受拉板材宜满足现行国家标准《建筑结构用钢板》(GB/T 19879—2015)的要求。

(3)连接材料的选用应符合下列规定:

1)焊条或焊丝的型号和性能应与相应母材的性能相适应,其熔敷金属的力学性能应符合设计规定,且不应低于相应母材标准的下限值;

2)对直接承受动力荷载或需要验算疲劳的结构,以及低温环境下工作的厚板结构,宜采用低氢型焊条;

3)连接薄钢板采用的自攻螺钉、钢拉铆钉(环槽铆钉)、射钉等应符合有关标准的规定。

第二节 钢构件计算

一、受弯构件的计算

受弯构件是指受弯矩作用或受弯矩与剪力共同作用的构件。在实际工程中,以受弯、受剪为主但作用有很小轴力的构件,也称为受弯构件。

(一)受弯构件的强度计算

受弯构件的强度计算包括抗弯强度计算、抗剪强度计算、局部承压强度计算、折算应力计算。

1. 抗弯强度计算

在单向弯曲作用下:

$$\frac{M_x}{\gamma_x W_{nx}} \leq f \tag{12-1}$$

在双向弯曲作用下:

$$\frac{M_x}{\gamma_x W_{nx}} + \frac{M_y}{\gamma_y W_{ny}} \leq f \tag{12-2}$$

式中 M_x、M_y——同一截面处绕x轴和y轴的弯矩设计值;

W_{nx}、W_{ny}——对x轴和y轴的净截面模量,当截面板件宽厚比等级为S1级、S2级、S3级或S4级时,JP]应取全截面模量,当截面板件宽厚比等级为S5级时,应取有效截面模量,均匀受压翼缘有效外伸宽度可取$15\varepsilon_k$,腹板有效截面可按《钢结构设计标准》(GB 50017—2017)第8.4.2条的规定采用;

f——钢材的抗弯强度设计值;

γ_x、γ_y——对主轴x、y的截面塑性发展系数,应按下列规定取值。

(1)对工字形和箱形截面,当截面板件宽厚比等级为 S4 或 S5 级时,截面塑性发展系数应取为 1.0,当截面板件宽厚比等级为 S1 级、S2 级及 S3 级时,截面塑性发展系数应按下列规定取值:

1)工字形截面(x 轴为强轴,y 轴为弱轴):$\gamma_x=1.05$,$\gamma_y=1.20$;

2)箱形截面:$\gamma_x=\gamma_y=1.05$。

(2)其他截面的塑性发展系数可按《钢结构设计标准》(GB 50017—2017)表 8.1.1 采用。

(3)对需要计算疲劳的梁,宜取 $\gamma_x=\gamma_y=1.0$。

2. 抗剪强度计算

在主平面内受弯的实腹构件,除考虑腹板屈曲后强度者外,其受剪强度计算公式为

$$\tau=\frac{VS}{It_w}\leqslant f_v \tag{12-3}$$

式中 V——计算截面沿腹板平面作用的剪力设计值;

S——计算切应力处以上(或以下)毛截面对中和轴的面积矩;

I——构件的毛截面惯性矩;

t_w——构件的腹板厚度;

f_v——钢材的抗剪强度设计值,见表 12-3。

当梁的抗剪强度不满足设计要求时,常采用加大腹板厚度的办法来增大梁的抗剪强度。

3. 局部承压强度计算

(1)当梁上翼缘受有沿腹板平面作用的集中荷载且该荷载处又未设置支承加劲肋,腹板计算高度上边缘的局部承压强度,其计算公式为

$$\sigma_c=\frac{\psi F}{t_w l_z}\leqslant f \tag{12-4}$$

$$l_z=3.25\sqrt[3]{\frac{I_R+I_f}{t_w}} \tag{12-5a}$$

或

$$l_z=a+5h_y+2h_R \tag{12-5b}$$

式中 F——集中荷载设计值,动力荷载需考虑动力系数;

φ——集中荷载增大系数,重级工作制吊车梁,$\psi=1.35$,对其他梁,$\psi=1.0$;

l_z——集中荷载在腹板计算高度上边缘的假定分布长度,宜按式(12-5a)计算,也可采用简化式(12-5b)计算;

I_R——轨道绕自身形心轴的惯性矩;

I_f——梁上翼缘绕翼缘中面的惯性矩;

a——集中荷载沿梁跨度方向的支承长度,对钢轨上的轮压可取 50 mm;

h_y——自梁顶面至腹板计算高度上边缘的距离;对焊接梁为上翼缘厚度,对轧制工字形截面梁,是梁顶面到腹板过渡完成点的距离;

h_R——轨道的高度,对梁顶无轨道的梁取值为 0;

f——钢材的抗压强度设计值,见表 12-3。

(2)在梁的支座处,当不设置支承加劲肋时,也应按式(12-4)计算腹板计算高度下边缘的局部压应力,但 ψ 取 1.0。支座集中反力的假定分布长度,应根据支座具体尺寸按式(12-5a)计算。

4. 折算应力计算

在梁的腹板计算高度边缘处,当同时受较大的正应力 σ、剪应力 τ 和局部压应力 σ_c,或同时受较大的正应力 σ 和剪应力 τ 时(如连续梁的支座处或梁的翼缘截面改变处等),应按下式验算该

处的折算应力：

$$\sqrt{\sigma^2+\sigma_c^2-\sigma\sigma_c+3\tau^2} \leqslant \beta_1 f \tag{12-6}$$

$$\sigma = \frac{My_1}{I_n} \tag{12-7}$$

式中　σ、τ、σ_c——腹板计算高度边缘同一点上同时产生的正应力、剪应力和局部压应力；

　　　β_1——计算折算应力的强度设计值增大系数（σ、σ_c 异号时，$\beta_1=1.2$；当 σ 与 σ_c 同号或 $\sigma_c=0$ 时，$\beta_1=1.1$；σ、σ_c 以拉应力为正值，压应力为负值）；

　　　I_n——梁净截面惯性矩；

　　　y_1——计算点至梁中和轴的距离。

【例 12-1】　有一跨度为 6 m 已知的简支梁，焊接组合截面 150 mm×420 mm×10 mm×16 mm，如图 12-1 所示。梁上作用均布恒荷载 16.8 kN/m（未含梁自重），均布活荷载 7 kN/m。距一端 2 m 处尚有恒荷载 70 kN，支撑长度 0.2 m，荷载作用面距钢梁顶面 12 cm。此外，梁两端的支承长度各 0.1 m。钢材抗拉设计强度为 215 N/mm²，抗剪设计强度为 125 N/mm²。在工程设计时，荷载系数对恒荷载取 1.2，对活荷载取 1.4。试设计钢梁截面的强度。

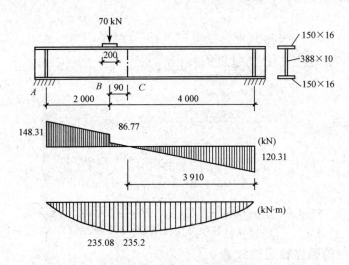

图 12-1　例 12-1 示意图

【解】　(1) 计算截面模量。

$$A = 150 \times 16 \times 2 + 388 \times 10 = 8\,680\,(\text{mm}^2)$$

$$I = \frac{1}{12} \times (150 \times 420^3 - 140 \times 388^3) = 244\,637\,493\,(\text{mm}^4)$$

$$W_{nx} = 1\,164\,940\,(\text{mm}^3)$$

$$S_{x_1} = 150 \times 16 \times \frac{420-16}{2} = 484\,800\,(\text{mm}^3)$$

$$S_{x_2} = 484\,800 + \frac{10 \times \left(\frac{388}{2}\right)^2}{2} = 672\,980\,(\text{mm}^3)$$

(2) 计算荷载与内力。

自重　　　　　　　　　　$g_k = 0.679\,(\text{kN/m})$

均布荷载（设计值）　　　$q = 1.2 \times (16.8 + 0.679) + 1.4 \times 7 = 30.77\,(\text{kN/m})$

集中荷载（设计值） $F=1.2\times70=84(\text{kN})$

(3)验算截面强度。

①抗压强度。

$$f=215 \text{ N/mm}^2$$
$$M_x=235.2 \text{ kN}\cdot\text{m}$$
$$\frac{M_x}{W_{nx}}=\frac{235.2\times10^6}{1\,164\,940}=201.9(\text{N/mm}^2)<f=215 \text{ N/mm}^2$$
$$\frac{M_x}{\gamma_x W_{nx}}=\frac{235.2\times10^6}{1.05\times1\,164\,940}=192(\text{N/mm}^2)<f=215 \text{ N/mm}^2$$

②抗剪强度。

$$V=148.31 \text{ kN}$$
$$\tau_{max}=\frac{148\,310\times672\,980}{244\,637\,493\times10}=40.8(\text{N/mm}^2)<f_v=125 \text{ N/mm}^2$$

③局部承压强度。

A 处设置了加劲肋，可不计算局部承压应力。

B 处截面

$$l_z=a+5h_y+2h_R=200+5\times16+2\times120=520(\text{mm})$$
$$\sigma_c=\frac{\varphi F}{l_z t_w}=\frac{1.0\times84\,000}{520\times10}=16.2(\text{N/mm}^2)<f=215 \text{ N/mm}^2$$

④折算应力。

$$\sigma=\frac{M_x}{I}\cdot y_1=\frac{235.2\times10^6}{244\,637\,493}\times\frac{388}{2}=186.5(\text{N/mm}^2)$$
$$\tau_1=\frac{VS_{x_1}}{It_w}=\frac{86\,770\times484\,800}{244\,637\,493\times10}=17.2(\text{N/mm}^2)$$
$$\sigma_c=16.2 \text{ N/mm}^2$$

所以

$$\sqrt{\sigma^2+\sigma_c^2-\sigma\sigma_c+3\tau^2}=\sqrt{186.5^2+16.2^2-186.5\times16.2+3\times17.2^2}$$
$$=181.4(\text{N/mm}^2)<1.1\times215=236.5(\text{N/mm}^2)$$

(二)受弯构件的整体稳定性计算

梁的整体稳定性计算是使梁的最大弯曲纤维压应力小于或等于使梁侧扭失稳的临界应力，从而保证梁不致因侧扭而失去整体稳定性。

(1)当铺板密铺在梁的受压翼缘上并与其牢固相连，能阻止梁受压翼缘的侧向位移时，可不计算梁的整体稳定性。

(2)除上述第(1)条所规定情况外，在最大刚度主平面内受弯的构件，其整体稳定性应按下式计算：

$$\frac{M_x}{\varphi_b W_x f}\leqslant1.0 \tag{12-8}$$

式中 M_x——绕强轴作用的最大弯矩设计值；

W_x——按受压最大纤维确定的梁毛截面模量，当截面板件宽厚比等级为 S1 级、S2 级、S3 级或 S4 级时，应取全截面模量；当截面板件宽厚比等级为 S5 级时，应取有效截面模量，均匀受压翼缘有效外伸宽度可取 $15\varepsilon_k$，腹板有效截面可按《钢结构设计标准》(GB 50017—2017)第 8.4.2 条的规定采用；

φ_b——梁的整体稳定性系数，应按《钢结构设计标准》(GB 50017—2017)附录 C 确定。

(3)除上述第(1)条所指情况外,在两个主平面受弯的 H 型钢截面或工字形截面构件,其整体稳定性应按下式计算:

$$\frac{M_x}{\varphi_b W_x f}+\frac{M_y}{\gamma_y W_y f} \leqslant 1.0 \tag{12-9}$$

式中 W_y——按受压最大纤维确定的对 y 轴的毛截面模量;

φ_b——绕强轴弯曲所确定的梁整体稳定系数,应按《钢结构设计标准》(GB 50017—2017)附录 C 计算。

(4)当箱形截面简支梁符合上述第(1)条的要求或其截面尺寸(图 12-2)满足 $h/b_0 \leqslant 6$, $l_1/b_0 \leqslant 95\varepsilon_k^2$ 时,可不计算整体稳定性,l_1 为受压翼缘侧向支承点间的距离(梁的支座处视为有侧向支承)。

(5)梁的支座处应采取构造措施,以防止梁端截面的扭转。当简支梁仅腹板与相邻构件相连,钢梁稳定性计算时侧向支承点距离应取实际距离的 1.2 倍。

(6)用作减小梁受压翼缘自由长度的侧向支撑,其支撑力应将梁的受压翼缘视为轴心压杆计算。

(7)支座承担负弯矩且梁顶有混凝土楼板时,框架梁下翼缘的稳定性计算应符合下列规定:

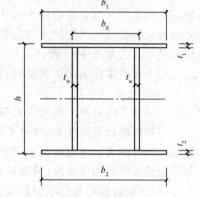

图 12-2 箱形截面

1)当 $\lambda_{n,b} \leqslant 0.45$ 时,可不计算框架梁下翼缘的稳定性。

2)当不满足上述第 1)款时,框架梁下翼缘的稳定性应按下列公式计算:

$$\frac{M_x}{\varphi_d W_{1x} f} \leqslant 1.0 \tag{12-10}$$

$$\lambda_c = \pi \lambda_{n,b} \sqrt{\frac{E}{f_y}} \tag{12-11}$$

$$\lambda_{n,b} = \sqrt{\frac{f_y}{\sigma_{cr}}} \tag{12-12}$$

$$\sigma_{cr} = \frac{3.46 b_1 t_1^3 + h_w t_w^3 (7.27\gamma + 3.3)\varphi_1}{h_w^2 (12 b_1 t_1 + 1.78 h_w t_w)} E \tag{12-13}$$

$$\gamma = \frac{b_1}{t_w}\sqrt{\frac{b_1 t_1}{h_w t_w}} \tag{12-14}$$

$$\varphi_1 = \frac{1}{2}\left(\frac{5.436\gamma h_w^2}{l^2} + \frac{l^2}{5.436\gamma h_w^2}\right) \tag{12-15}$$

式中 b_1——受压翼缘的宽度;

t_1——受压翼缘的厚度;

W_{1x}——弯矩作用平面内对受压最大纤维的毛截面模量;

φ_d——稳定系数,根据换算长细比 λ_c 按《钢结构设计标准》(GB 50017—2017)附录 D 中表 D.0.2 采用;

$\lambda_{n,b}$——正则化长细比;

σ_{cr}——畸变屈曲临界应力;

l——当框架主梁支承次梁且次梁高度不小于主梁高度一半时,取次梁到框架柱的净距;除此情况外,取梁净距的一半。

3)当不满足上述第 1)款、第 2)款时,在侧向未受约束的受压翼缘区段内,应设置隅撑或沿梁长设间距不大于 2 倍梁高并与梁等宽的横向加劲肋。

(三)受弯构件的局部稳定性计算

(1)焊接截面梁腹板配置加劲肋应符合下列规定：

1)当 $h_0/t_w \leqslant 80\varepsilon_k$ 时，对有局部压应力的梁，应按构造配置横向加劲肋；但对无局部压应力的梁，可不配置加劲肋。

2)直接承受动力荷载的吊车梁及类似构件，应按下列规定配置加劲肋：

①当 $h_0/t_w > 80\varepsilon_k$ 时，应配置横向加劲肋；

②当受压翼缘扭转受到约束且 $h_0/t_w > 170\varepsilon_k$、受压翼缘扭转未受到约束且 $h_0/t_w > 150\varepsilon_k$，或按计算需要时，应在弯曲应力较大区格的受压区增加配置纵向加劲肋。局部压应力很大的梁，必要时尚宜在受压区配置短加劲肋；对单轴对称梁，当确定是否要配置纵向加劲肋时，h_0 应取腹板受压区高度 h_c 的2倍。

3)不考虑腹板屈曲后强度时，当 $h_0/t_w > 80\varepsilon_k$ 时，宜配置横向加劲肋。

4)h_0/t_w 不宜超过250。

5)梁的支座处和上翼缘受有较大固定集中荷载处，宜设置支承加劲肋。

6)腹板的计算高度 h_0 应按下列规定采用：对轧制型钢梁，为腹板与上、下翼缘相接处两内弧起点间的距离；对焊接截面梁，为腹板高度；对高强度螺栓连接(或铆接)梁，为上、下翼缘与腹板连接的高强度螺栓(或铆钉)线间最近距离。

(2)仅配置横向加劲肋的腹板，其各区格的局部应按下式计算。

$$\left(\frac{\sigma}{\sigma_{cr}}\right)^2 + \left(\frac{\tau}{\tau_{cr}}\right)^2 + \frac{\sigma_c}{\sigma_{c,cr}} \leqslant 1 \tag{12-16}$$

式中 σ——所计算腹板区格内，由平均弯矩产生的腹板计算高度边缘的弯曲压应力；

τ——所计算腹板区格内，由平均剪力产生的腹板平均剪应力，应按 $\tau = V/(h_w t_w)$ 计算，h_w 为腹板高度；

σ_c——腹板计算高度边缘的局部压应力；

σ_{cr}、τ_{cr}、$\sigma_{c,cr}$——各种应力单独作用下的临界应力。

各种应力单独作用下的临界应力按下列方法计算。

1) $$\sigma_{cr} = \begin{cases} f & (\lambda_{n,b} \leqslant 0.85) \\ [1-0.75(\lambda_{n,b}-0.85)]f & (0.85 < \lambda_{n,b} \leqslant 1.25) \\ 1.1f/\lambda_{n,b}^2 & (\lambda_{n,b} > 1.25) \end{cases} \tag{12-17}$$

式中 λ_b——用于腹板受弯计算时的正则化高厚比。

当梁受压翼缘扭转受到约束时

$$\lambda_{n,b} = \frac{2h_c/t_w}{177} \cdot \frac{1}{\varepsilon_k} \tag{12-18}$$

当梁受压翼缘扭转未受到约束时

$$\lambda_{n,b} = \frac{2h_c/t_w}{138} \cdot \frac{1}{\varepsilon_k} \tag{12-19}$$

式中 h_c——梁腹板弯曲受压区高度，对双轴对称截面 $2h_c = h_0$。

2) $$\tau_{cr} = \begin{cases} f_v & (\lambda_{n,s} \leqslant 0.8) \\ [1-0.59(\lambda_{n,s}-0.8)]f_v & (0.8 < \lambda_{n,s} \leqslant 1.2) \\ 1.1f_v/\lambda_{n,s}^2 & (\lambda_{n,s} > 1.2) \end{cases} \tag{12-20}$$

式中 $\lambda_{n,s}$——用于腹板受剪计算时的正则化高厚比。

当 $a/h_0 \leqslant 1.0$ 时

$$\lambda_{n,s} = \frac{h_0/t_w}{37\sqrt{4+5.34(h_0/a)^2}} \cdot \frac{1}{\varepsilon_k} \tag{12-21}$$

当 $a/h_0 > 1.0$ 时

$$\lambda_{n,s} = \frac{h_0/t_w}{37\eta \sqrt{5.34+4(h_0/a)^2}} \cdot \frac{1}{\varepsilon_k} \tag{12-22}$$

3) $\sigma_{c,cr} = \begin{cases} f & (\lambda_{n,c} \leqslant 0.9) \\ [1-0.79(\lambda_{n,c}-0.9)]f & (0.9 < \lambda_{n,c} \leqslant 1.2) \\ 1.1f/\lambda_{n,c}^2 & (\lambda_{n,c} > 1.2) \end{cases} \tag{12-23}$

式中 $\lambda_{n,c}$——用于腹板受局部压力计算时的正则化高厚比。

当 $0.5 \leqslant a/h_0 \leqslant 1.5$ 时

$$\lambda_{n,c} = \frac{h_0/t_w}{28\sqrt{10.9+13.4(1.83-a/h_0)^3}} \cdot \frac{1}{\varepsilon_k} \tag{12-24}$$

当 $1.5 < a/h_0 \leqslant 2.0$ 时

$$\lambda_{n,c} = \frac{h_0/t_w}{28\sqrt{18.9-5a/h_0}} \cdot \frac{1}{\varepsilon_k} \tag{12-25}$$

(3) 同时用横向加劲肋和纵向加劲肋加强的腹板，其局部稳定性应按下列公式计算。

1) 受压翼缘与纵向加劲肋之间的区格：

$$\frac{\sigma}{\sigma_{cr1}} + \left(\frac{\tau}{\tau_{cr1}}\right)^2 + \left(\frac{\sigma_c}{\sigma_{c,cr1}}\right)^2 \leqslant 1.0 \tag{12-26}$$

2) 受拉翼缘与纵向加劲肋之间的区格：

$$\left(\frac{\sigma_2}{\sigma_{cr2}}\right)^2 + \left(\frac{\tau}{\tau_{cr2}}\right)^2 + \frac{\sigma_{c2}}{\sigma_{c,cr2}} \leqslant 1.0 \tag{12-27}$$

式中 σ_2——所计算区格内由平均弯矩产生的腹板在纵向加劲肋处的弯曲压应力；

σ_{c2}——腹板在纵向加劲肋处的横向压应力，取 $0.3\sigma_c$。

(四) 焊接截面梁腹板考虑屈曲后程度的计算

(1) 腹板仅配置支承加劲肋且较大荷载处尚有中间横向加劲肋，同时考虑屈曲后强度的工字形截面焊接截面梁，应按下列公式验算受弯和受剪承载能力：

$$\left(\frac{V}{0.5V_u}-1\right)^2 + \frac{M-M_f}{M_{eu}-M_f} \leqslant 1 \tag{12-28}$$

$$M_f = \left(A_{f1}\frac{h_{m1}^2}{h_{m2}} + A_{f2}h_{m2}\right)f \tag{12-29}$$

式中 M、V——梁的同一截面上同时产生的弯矩和剪力设计值（计算时，当 $V < 0.5V_u$ 时，取 $V=0.5V_u$；当 $M < M_f$ 时，取 $M=M_f$）；

M_f——梁两翼缘所承担的弯矩设计值；

A_{f1}、h_{m1}——较大翼缘的截面面积及其形心至梁中和轴的距离；

A_{f2}、h_{m2}——较小翼缘的截面面积及其形心至梁中和轴的距离；

M_{eu}、V_u——梁抗弯和抗剪承载力设计值。

1) M_{eu} 应按下列公式计算：

$$M_{eu} = \gamma_x \alpha_e W_x f \tag{12-30}$$

$$\alpha_e = 1 - \frac{(1-\rho)h_c^3 t_w}{2I_x} \tag{12-31}$$

$$\rho = \begin{cases} 1.0 & (\lambda_{n,b} \leqslant 0.31) \\ 1-0.82(\lambda_{n,b}-0.85) & (0.85 < \lambda_{n,b} \leqslant 1.25) \\ \dfrac{1}{\lambda_{n,b}}\left(1-\dfrac{0.2}{\lambda_{n,b}}\right) & (\lambda_{n,b} > 1.25) \end{cases} \tag{12-32}$$

式中 α_e——梁截面模量考虑腹板有效高度的折减系数；
I_x——按梁截面全部有效算得的绕 x 轴的惯性矩；
h_c——按梁截面全部有效算得的腹板受压区高度；
γ_x——梁截面塑性发展系数；
ρ——腹板受压区有效高度系数；
$\lambda_{n,b}$——用于腹板受弯计算时的正则化高厚比，按式(12-18)或式(12-19)计算。

2) V_u 应按下列公式计算：

$$V_u = \begin{cases} h_w t_w f_v & (\lambda_{n,s} \leq 0.8) \\ h_w t_w f_v [1 - 0.5(\lambda_{n,s} - 0.8)] & (0.8 < \lambda_{n,s} \leq 1.2) \\ \dfrac{h_w t_w f_v}{\lambda_{n,s}^{1.2}} & (\lambda_{n,s} > 1.2) \end{cases} \quad (12\text{-}33)$$

式中 λ_s——用于腹板受剪计算时的正则化高厚比，按式(12-21)或式(12-22)计算，当焊接截面梁仅配置支座加劲肋时，取式(12-22)中的 $h_0/a = 0$。

(2) 当仅配置支承加劲肋不能满足式(12-28)的要求时，应在两侧成对配置中间横向加劲肋。中间横向加劲肋和上端受有集中压力的中间支承加劲肋，其截面尺寸应按轴心受压构件参照《钢结构设计标准》(GB 50017—2017)第 6.3.6 条的要求外，尚应按轴心受压构件计算其在腹板平面外的稳定性，轴心压力应按下式计算：

$$N_s = V_u - \tau_{cr} h_w t_w + F \quad (12\text{-}34)$$

式中 V_u——抗剪承载力设计值，按式(12-33)计算；
h_w——腹板高度；
τ_{cr}——单独作用下的临界应力，按式(12-20)计算；
F——作用于中间支承加劲肋上端的集中压力。

当腹板在支座旁的区格利用屈曲后强度亦即 $\lambda_{n,s} > 0.8$ 时，支座加劲肋除承受梁的支座反力外，还应承受拉力场的水平分力 H，按压弯构件计算强度和在腹板平面外的稳定性，支座加劲肋截面和计算长度应符合《钢结构设计标准》(GB 50017—2017)第 6.3.6 条的规定，H 的作用点在腹板计算高度上的边缘 $h_0/4$ 处，其值应按下式计算：

$$H = (V_u - \tau_{cr} h_w t_w)\sqrt{1 + \left(\dfrac{a}{h_0}\right)^2} \quad (12\text{-}35)$$

对设中间横向加劲肋的梁，a 取支座端区格的加劲肋间距。对不设中间加劲肋的腹板，a 取梁支座至跨内剪力为零点的距离。

当支座加劲肋采用图 12-3 的构造形式时，可按下述简化方法进行计算：加劲肋 1 作为承受支座反力 R 的轴心压杆计算，封头肋板 2 的截面面积不应小于按下式计算的数值。

$$A_c = \dfrac{3h_0 H}{16ef} \quad (12\text{-}36)$$

考虑腹板屈曲后强度的梁，腹板高厚比不应大于 250，可按构造需要设置中间横向加劲肋。中间横向加劲肋间距较大($a > 2.5h_0$)和不设中间横向加劲肋的腹板，当满足式(12-16)时，可取水平分力为 $H = 0$。

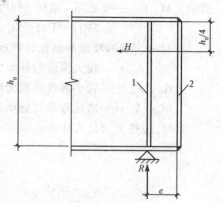

图 12-3 设置封头肋板的梁端构造

二、轴心受力构件的计算

轴心受力构件是指通过构件形心轴线的轴向力作用的构件,包括轴心受压构件和轴心受拉构件。

(一)轴心受力构件的强度计算

(1)除采用高强度螺栓摩擦型连接者外,其截面强度应采用下列公式计算:

毛截面屈服:

$$\sigma = \frac{N}{A} \leqslant f \tag{12-37}$$

净截面断裂:

$$\sigma = \frac{N}{A_n} \leqslant 0.7 f_u \tag{12-38}$$

(2)采用高强度螺栓摩擦型连接的构件,其毛截面强度计算应采用式(12-37),净截面断裂应按下式计算:

$$\sigma = \left(1 - 0.5 \frac{n_1}{n}\right) \frac{N}{A_n} \leqslant 0.7 f_u \tag{12-39}$$

(3)当构件为沿全长都有排列较密螺栓的组合构件时,其截面强度应按下式计算:

$$\frac{N}{A_n} \leqslant f \tag{12-40}$$

式中 N——所计算截面处的拉力设计值;
f——钢材的抗拉强度设计值;
A——构件的毛截面面积(mm^2);
A_n——构件的净截面面积,当构件多个截面有孔时,取最不利的截面;
f_u——钢材的抗拉强度最小值;
n——在节点或拼接处,构件一端连接的高强度螺栓数目;
n_1——所计算截面(最外列螺栓处)高强度螺栓数目。

(二)轴心受力构件的稳定性计算

(1)除可考虑屈服后强度的实腹式构件外,轴心受压构件的稳定性计算应符合下式要求:

$$\frac{N}{\varphi A f} \leqslant 1.0 \tag{12-41}$$

式中 N——轴心拉力或轴心压力;
φ——轴心受压构件的稳定系数(取截面两主轴稳定系数中的较小者),根据构件的长细比(或换算长细比)、钢材屈服强度和截面分类,按《钢结构设计标准》(GB 50017—2017)附录 D 采用。

(2)格构式轴心受压构件的稳定性应按式(12-41)计算,对实轴的长细比应按式(12-42)或式(12-43)计算。

$$\lambda_x = \frac{l_{0x}}{i_x} \tag{12-42}$$

$$\lambda_y = \frac{l_{0y}}{i_y} \tag{12-43}$$

对虚轴[图 12-4(a)]的 x 轴及图 12-4(b)、(c)的 x 轴和 y 轴应取换算长细比。换算长细比应按下列公式计算:

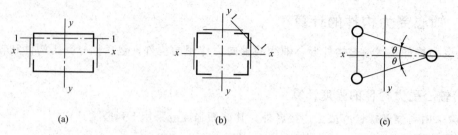

图 12-4 格构式组合构件截面
(a)双肢组合构件；(b)四肢组合构件；(c)三肢组合构件

1)双肢组合构件。
当缀件为缀板时：

$$\lambda_{0x} = \sqrt{\lambda_x^2 + \lambda_1^2} \tag{12-44}$$

当缀件为缀条时：

$$\lambda_{0x} = \sqrt{\lambda_x^2 + 27\frac{A}{A_{1x}}} \tag{12-45}$$

式中　λ_x——整个构件对 x 轴的长细比；

　　　λ_1——分肢对最小刚度轴 1—1 的长细比(其计算长度取为：焊接时，为相邻两缀板的净距离；螺栓连接时，为相邻两缀板边缘螺栓的距离)；

　　　A_{1x}——构件截面中垂直于 x 轴的各斜缀条毛截面面积之和。

2)由三肢或四肢组成的格构式轴心受压构件，其对虚轴的换算长细比可参考相关规范计算。

三、拉弯构件和压弯构件的计算

1. 截面强度计算

弯矩作用在两个主平面内的拉弯构件和压弯构件，其截面强度应符合下列规定：

(1)除圆管截面外，弯矩作用在两个主平面内的拉弯构件和压弯构件，其截面强度应按下式计算：

$$\frac{N}{A_n} \pm \frac{M_x}{\gamma_x W_{nx}} \pm \frac{M_y}{\gamma_y W_{ny}} \leqslant f \tag{12-46}$$

(2)弯矩作用在两个主平面内的圆形截面拉弯构件和压弯构件，其截面强度应按下式计算：

$$\frac{N}{A_n} \pm \frac{\sqrt{M_x^2 + M_y^2}}{\gamma_m W_n} \leqslant f \tag{12-47}$$

式中　N——同一截面处轴心压力设计值；

　　　M_x、M_y——分别为同一截面处对 x 轴和 y 轴的弯矩设计值；

　　　γ_x、γ_y——截面塑性发展系数，根据其受压板件的内力分布情况确定其截面板件宽厚比等级，当截面板件宽厚比等级不满足 S3 级要求时，取 1.0；满足 S3 级要求时，可按《钢结构设计标准》(GB 50017—2017)表 8.1.1 采用；需要验算疲劳强度的拉弯、压弯构件，宜取 1.0；

　　　γ_m——圆形构件的截面塑性发展系数，对于实腹圆形截面取 1.2，当圆管截面板件宽厚比等级不满足 S3 级要求时取 1.0，满足 S3 级要求时取 1.15；需要验算疲劳强度的拉弯、压弯构件，宜取 1.0。

A_n——构件的净截面面积；

W_n——构件的净截面模量。

2. 构件的稳定性计算

（1）除圆管截面外，弯矩作用在对称轴平面内的实腹式压弯构件，弯矩作用平面内稳定性应按式（12-48）计算，弯矩作用平面外稳定性应按式（12-50）计算；对于《钢结构设计标准》（GB 50017—2017）表8.1.1第3项、第4项中的单轴对称压弯构件，当弯矩作用在对称平面内且翼缘受压时，除应按式（12-48）计算外，尚应按式（12-51）计算；当框架内力采用二阶弹性分析时，柱弯矩由无侧移弯矩和放大的侧移弯矩组成，此时可对两部分弯矩分别乘以无侧移柱和有侧移柱的等效弯矩系数。

平面内稳定性计算：

$$\frac{N}{\varphi_x A f} + \frac{\beta_{mx} M_x}{\gamma_x W_{1x}(1-0.8N/N'_{Ex})f} \leqslant 1.0 \qquad (12\text{-}48)$$

$$N'_{Ex} = \pi^2 EA/(1.1\lambda_x^2) \qquad (12\text{-}49)$$

平面外稳定性计算：

$$\frac{N}{\varphi_y A f} + \eta \frac{\beta_{tx} M_x}{\varphi_b W_{1x} f} \leqslant 1.0 \qquad (12\text{-}50)$$

$$\left| \frac{N}{A f} - \frac{\beta_{mx} M_x}{\gamma_x W_{2x}(1-1.25N/N'_{Ex})f} \right| \leqslant 1.0 \qquad (12\text{-}51)$$

式中 N——所计算构件范围内轴心压力设计值；

N'_{Ex}——参数，按式（12-49）计算；

φ_x——弯矩作用平面内轴心受压构件稳定系数；

M_x——所计算构件段范围内的最大弯矩设计值；

W_{1x}——在弯矩作用平面内对受压最大纤维的毛截面模量；

φ_y——弯矩作用平面外的轴心受压构件稳定系数；

φ_b——均匀弯曲的受弯构件整体稳定系数，按《钢结构设计标准》（GB 50017—2017）附录C计算，其中工字形和T形截面的非悬臂构件，可按《钢结构设计标准》（GB 50017—2017）附录C第C.0.5条的规定确定；对闭口截面，$\varphi_b = 1.0$；

η——截面影响系数，闭口截面 $\eta = 0.7$，其他截面 $\eta = 1.0$；

W_{2x}——无翼缘端的毛截面模量。

等效弯矩系数 β_{mx} 应按下列规定采用：

1）无侧移框架柱和两端支承的构件：

①无横向荷载作用时，β_{mx} 应按下式计算：

$$\beta_{mx} = 0.6 + 0.4 \frac{M_2}{M_1} \qquad (12\text{-}52)$$

式中 M_1，M_2——端弯矩，构件无反弯点时取同号；构件有反弯点时取异号，$|M_1| \geqslant |M_2|$。

②无端弯矩但有横向荷载作用时，β_{mx} 应按下列公式计算：

跨中单个集中荷载：

$$\beta_{mx} = 1 - 0.36 N/N_{cr} \qquad (12\text{-}53)$$

全跨均布荷载：

$$\beta_{mx} = 1 - 0.18 N/N_{cr} \qquad (12\text{-}54)$$

$$N_{cr} = \frac{\pi^2 EI}{(\mu l)^2} \qquad (12\text{-}55)$$

式中 N_{cr}——弹性临界力；

μ——构件的计算长度系数。

③端弯矩和横向荷载同时作用时，式(12-48)中的 $\beta_{mx}M_x$ 应按下式计算：

$$\beta_{mx}M_x = \beta_{mqx}M_{qx} + \beta_{m1x}M_1 \tag{12-56}$$

式中 M_{qx}——横向均布荷载产生的弯矩最大值；

M_1——跨中单个横向集中荷载产生的弯矩；

β_{m1x}——取按上述第①项计算的等效弯矩系数；

β_{mqx}——取按上述第②项计算的等效弯矩系数。

2)有侧移框架柱和悬臂构件，等效弯矩系数 β_{mx} 应按下列规定采用：

①除下述第②项规定之外的框架柱，β_{mx} 应按下式计算：

$$\beta_{mx} = 1 - 0.36 N/N_{cr} \tag{12-57}$$

②有横向荷载的柱脚铰接的单层框架柱和多层框架的底层柱，$\beta_{mx}=1.0$。

③自由端作用有弯矩的悬臂柱，β_{mx} 应按下式计算：

$$\beta_{mx} = 1 - 0.36(1-m)N/N_{cr} \tag{12-58}$$

式中 m——自由端弯矩与固定端弯矩之比，当弯矩图无反弯点时取正号，有反弯点时取负号。

等效弯矩系数 β_{tx} 应按下列规定采用：

1)在弯矩作用平面外有支承的构件，应根据两相邻支承间构件段内的荷载和内力情况确定：

①无横向荷载作用时，β_{tx} 应按下式计算：

$$\beta_{tx} = 0.65 + 0.35 \frac{M_2}{M_1} \tag{12-59}$$

②端弯矩和横向荷载同时作用时，β_{tx} 应按下列规定取值：使构件产生同向曲率时，$\beta_{tx}=1.0$；使构件产生反向曲率时，$\beta_{tx}=0.85$。

③无端弯矩有横向荷载作用时，$\beta_{tx}=1.0$。

2)弯矩作用平面外为悬臂的构件，$\beta_{tx}=1.0$。

(2)弯矩绕虚轴作用的格构式压弯构件整体稳定性计算应符合下列规定：

1)弯矩作用平面内的整体稳定性应按下列公式计算：

$$\frac{N}{\varphi_x A f} + \frac{\beta_{mx}M_x}{W_{1x}(1-N/N'_{Ex})f} \leqslant 1.0 \tag{12-60}$$

$$W_{1x} = I_x/y_0 \tag{12-61}$$

式中 I_x——对虚轴的毛截面惯性矩；

y_0——由虚轴到压力较大分肢的轴线距离或者到压力较大分肢腹板外边缘的距离，二者取较大者；

φ_x、N'_{Ex}——分别为弯矩作用平面内轴心受压构件稳定系数和参数，由换算长细比确定。

2)弯矩作用平面外的整体稳定性可不计算，但应计算分肢的稳定性，分肢的轴心力应按桁架的弦杆计算。对缀板柱的分肢尚应考虑由剪力引起的局部弯矩。

(3)弯矩绕实轴作用的格构式压弯构件，其弯矩作用平面内和平面外的稳定性计算均与实腹式构件相同，但在计算弯矩作用平面外的整体稳定性时，长细比应取换算长细比，φ_b 应取 1.0。

(4)当柱段中没有很大横向力或集中弯矩时，双向压弯圆管的整体稳定按下列公式计算：

$$\frac{N}{\varphi A f} + \frac{\beta M}{\gamma_m W(1-0.8N/N'_{Ex})f} \leqslant 1.0 \tag{12-62}$$

$$M = \max\left(\sqrt{M_{xA}^2 + M_{yA}^2}, \sqrt{M_{xB}^2 + M_{yB}^2}\right) \tag{12-63a}$$

$$\beta = \beta_x \beta_y$$

$$\beta_x = 1 - 0.35\sqrt{N/N_E} + 0.35\sqrt{N/N_E}(M_{2x}/M_{1x}) \tag{12-63b}$$

$$\beta_y = 1 - 0.35\sqrt{N/N_E} + 0.35\sqrt{N/N_E}(M_{2y}/M_{1y}) \tag{12-63c}$$

$$N_E = \frac{\pi^2 EA}{\lambda^2} \tag{12-63d}$$

式中 φ——轴心受压构件的整体稳定系数,按构件最大长细比取值;

M——计算双向压弯圆管构件整体稳定时采用的弯矩值,按式(12-63a)计算;

M_{xA}、M_{yA}、M_{xB}、M_{yB}——分别为构件 A 端关于 x 轴、y 轴的弯矩和构件 B 端关于 x 轴、y 轴的弯矩;

β——计算双向压弯整体稳定时采用的等效弯矩系数;

M_{1x}、M_{2x}、M_{1y}、M_{2y}——分别为 x 轴、y 轴端弯矩;构件无反弯点时取同号,构件有反弯点时取异号;$|M_{1x}| \geq |M_{2x}|$,$|M_{1y}| \geq |M_{2y}|$;

N_E——根据构件最大长细比计算的欧拉力,按式(12-63d)计算。

(5)弯矩作用在两个主平面内的双轴对称实腹式工字形和箱形截面的压弯构件,其稳定性应按下列公式计算:

$$\frac{N}{\varphi_x Af} + \frac{\beta_{mx} M_x}{\gamma_x W_x (1 - 0.8 N/N'_{Ex})f} + \eta \frac{\beta_{ty} M_y}{\varphi_{by} W_y f} \leq 1.0 \tag{12-64}$$

$$\frac{N}{\varphi_y Af} + \eta \frac{\beta_{tx} M_x}{\varphi_{bx} W_x f} + \frac{\beta_{my} M_y}{\gamma_y W_y (1 - 0.8 N/N'_{Ey})f} \leq 1.0 \tag{12-65}$$

$$N'_{Ey} = \pi^2 EA/(1.1\lambda_y^2) \tag{12-66}$$

式中 φ_x、φ_y——对强轴 $x-x$ 和弱轴 $y-y$ 的轴心受压构件整体稳定系数;

φ_{bx}、φ_{by}——均匀弯曲的受弯构件整体稳定性系数,应按《钢结构设计标准》(GB 50017—2017)附录 C 计算,其中工字形截面的非悬臂构件的 φ_{bx} 可按《钢结构设计标准》(GB 50017—2017)附录 C 第 C.0.5 条的规定确定,φ_{by} 可取为 1.0;对闭合截面,取 $\varphi_{bx} = \varphi_{by} = 1.0$;

M_x、M_y——所计算构件段范围内对强轴和弱轴的最大弯矩设计值;

W_x、W_y——对强轴和弱轴的毛截面模量;

β_{mx}、β_{my}——等效弯矩系数;

β_{tx}、β_{ty}——等效弯矩系数,应按《钢结构设计标准》(GB 50017—2017)第 8.2.1 条弯矩作用平面外的稳定计算有关规定采用。

(6)弯矩作用在两个主平面内的双肢格构式压弯构件,其稳定性应按下列规定计算:

1)按整体计算:

$$\frac{N}{\varphi_x Af} + \frac{\beta_{mx} M_x}{W_{1x}(1 - N/N'_{Ex})f} + \frac{\beta_{ty} M_y}{W_{1y} f} \leq 1.0 \tag{12-67}$$

式中 W_{1y}——在 M_y 作用下,对较大受压纤维的毛截面模量。

2)按分肢计算:

在 N 和 M_x 作用下,将分肢作为桁架弦杆计算其轴心力,M_y 按式(12-68)和式(12-69)分配给两分肢(图 12-5),然后按上述第(1)条的规定计算分肢稳定性。

分肢 1:

$$M_{y1} = \frac{I_1/y_1}{I_1/y_1 + I_2/y_2} \cdot M_y \tag{12-68}$$

分肢2：

$$M_{y2} = \frac{I_2/y_2}{I_1/y_1 + I_2/y_2} \cdot M_y \tag{12-69}$$

式中　I_1、I_2——分肢1、分肢2对y轴的惯性矩；
　　　y_1、y_2——M_y作用的主轴平面至分肢1、分肢2的轴线距离。

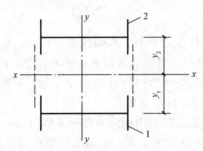

图12-5　格构式构件截面
1—分肢1；2—分肢2

(7)计算格构式缀件时，应取构件的实际剪力和按《钢结构设计标准》(GB 50017—2017)计算的剪力两者中的较大值进行计算。

第三节　钢结构连接

钢结构的连接方法有焊接连接、螺栓连接和铆钉连接三种，目前铆钉连接已基本不用，因此本节着重介绍焊接连接及螺栓连接。

一、焊接连接

(一)焊接连接的方法

1. 手工电弧焊

手工电弧焊是指以手工操作的方法，利用焊接电弧产生的热量使焊条和焊件熔化，并凝固成牢固接头的工艺过程。

手工电弧焊是一种适应性很强的焊接方法，它的焊接设备简单，使用灵活、方便；不足之处是生产效率低、劳动强度大、对焊工的操作技能要求较高。

钢结构焊接规范

手工电弧焊在建筑钢结构中得到广泛使用，可在室内、室外及高空中平、横、立、仰的位置进行施焊。

焊条电弧焊所用焊条应与焊接钢材相适应：对Q235钢材采用E43型焊条(E4300～E4328)；对Q345钢材采用E50型焊条(E5001～E5048)；对Q390钢材和Q420钢材采用E55型焊条(E5500～E5518)。不同钢种的钢材相焊接时，如Q235钢材与Q345钢材相焊接，宜采用与低强度钢材相适应的E43型焊条。

2. 埋弧焊(自动或半自动电弧焊)

埋弧焊是电弧在焊剂层下燃烧的一种电弧焊方法。

自动电弧焊是将电弧焊的设备装在小车上,使小车按规定速度沿轨道移动,通电引弧后,焊丝附件的构件熔化,焊渣浮于熔化的金属表面,将焊剂埋盖,保护熔化后的金属。若焊机的移动是通过人工操作实现的,则称为半自动电弧焊。

自动(半自动)电弧焊的焊接质量明显高于手工电弧焊,特别适用于焊缝较长的直线焊缝。

自动(半自动)电弧焊的焊丝一般采用专门的焊接用钢丝。对 Q235 钢,可采用 H08A、H08MnA、H08E 等焊丝,相应的焊剂分别为 HJ431、HJ430 和 SJ401。对 Q345 钢,厚板深坡口对接时可用 H08MnMoA、H10Mn2 焊丝,焊剂可用 HJ350;中厚板开坡口对接时可用 H08MnA、H10Mn2 和 H10MnSi 焊丝,不开坡口的对接焊缝,可用 H08A 焊丝,焊剂可用 HJ430、HJ431 或 SJ301。对 Q390 钢和 Q420 钢,厚板深坡口对接时常用 H08MnMoA 焊丝,焊剂为 HJ350 或 HJ250;中厚板开坡口对接时用 H10Mn2、H10MnSi,不开坡口的对接焊缝用 H08A、H08MnA 焊丝,焊剂用 HJ430 或 HJ431。

3. 气体保护焊

气体保护焊是用喷枪喷出二氧化碳气体或其他惰性气体作为电弧的保护介质,使熔化的金属与空气隔绝,以保持焊接过程稳定。由于焊接时没有焊剂产生的熔渣,因此便于观察焊缝的成型过程,但操作时须在室内避风处,在工地则须搭设防风棚。

气体保护焊具有焊接速度快,焊件熔深大,焊缝强度比手工电弧焊高,塑性、抗腐蚀性好等特点,适用于厚钢板或特厚钢板($t>100$ mm)的焊接。

(二) 焊缝连接的形式

焊缝连接的形式主要分为对接、搭接、T 形连接和角部连接四种,如图 12-6 所示。

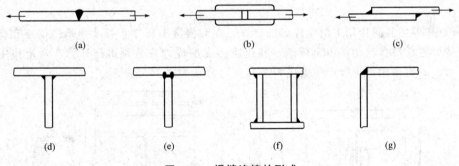

图 12-6 焊缝连接的形式

(a)对接连接;(b)拼装盖板的对接连接;(c)搭接连接;(d)、(e)T 形连接;(f)、(g)角部连接

对接连接主要用于厚度相同或接近相同的两构件的相互连接;搭接连接用于不同厚度构件的连接;T 形连接常用于制作组合截面;角部连接主要用于制作箱形截面。

(三) 对接焊缝的构造要求与计算

1. 对接焊缝的构造要求

在对接焊缝的拼接处,当焊件的宽度不同或厚度在一侧相差 4 mm 以上时,应分别在宽度方向或厚度方向从一侧或两侧做成坡度不大于 1∶2.5 的斜角,如图 12-7(a)、(b)所示。

如果两钢板厚度相差小于 4 mm,也可不做斜坡,直接用焊缝表面斜坡来找坡,如图 12-7(c)所示,焊缝的计算厚度等于较薄板的厚度。

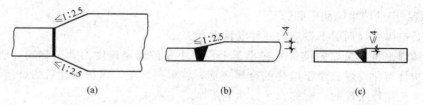

图 12-7 不同宽度或厚度钢板的拼接
(a)不同宽度；(b)、(c)不同厚度

对于较厚的焊件($t \geqslant 20$ mm，t 为钢板厚度)，应采用 V 形缝、U 形缝、K 形缝、X 形缝。其中，V 形缝和 U 形缝为单面施焊，但在焊缝根部还需补焊。对于没有条件补焊时，要事先在根部加垫板，如图 12-8 所示。当焊件可随意翻转施焊时，使用 K 形缝和 X 形缝较好。

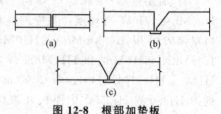

图 12-8 根部加垫板

2. 对接焊缝的计算

(1)轴心压力作用下对接焊缝的计算。在对接接头和 T 形接头中，垂直于轴心拉力或轴心压力的对接焊缝或对接与角接组合焊缝，其强度应按下式计算：

$$\sigma = \frac{N}{l_w t} \leqslant f_t^w \text{ 或 } f_c^w \tag{12-70}$$

式中　N——轴心拉力或轴心压力；
　　　l_w——焊缝长度；
　　　t——在对接接头中为连接件的较小厚度，在 T 形接头中为腹板的厚度；
　　　f_t^w、f_c^w——对接焊缝的抗拉、抗压强度设计值，按表 12-3 选用。

当对接焊缝和 T 形对接与角接组合焊缝无法采用引弧板或引出板施焊时，每条焊缝在长度计算时应各减去 $2t$。

(2)弯矩和剪力共同作用下对接焊缝的计算。在对接接头和 T 形接头中承受弯矩和剪力共同作用的对接焊缝或对接与角接组合焊缝，其正应力和剪应力应分别进行计算。弯矩作用下焊缝产生正应力，剪力作用下焊缝产生剪应力，其应力分布如图 12-9 所示。

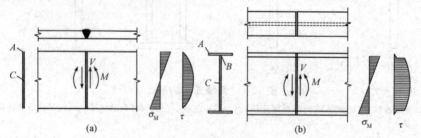

图 12-9 弯矩和剪力共同作用下的对接焊缝

弯矩作用下焊缝截面上 A 点正应力最大，其计算公式为

$$\sigma_M = \frac{M}{W_w} \tag{12-71}$$

式中　W_w——焊缝计算截面的截面模量。

剪力作用下焊缝截面上 C 点剪应力最大，其计算公式为

$$\tau = \frac{V S_w}{I_w t} \tag{12-72}$$

式中 V——焊缝承受的剪力；

I_w——焊缝计算截面对其中和轴的惯性矩；

S_w——计算剪应力处以上焊缝计算截面对中和轴的面积矩。

对于工字形、箱形等构件，在腹板与翼缘交接处，如图 12-9 所示，焊缝截面的 B 点同时受较大的正应力 σ_1 和较大的剪应力 τ_1 作用，还应计算折算应力。其计算公式为

$$\sigma_f = \sqrt{\sigma_1^2 + 3\tau_1^2} \tag{12-73}$$

$$\sigma_1 = \frac{M}{W_w} \cdot \frac{h_0}{h} \tag{12-74}$$

$$\tau_1 = \frac{VS_1}{I_w t} \tag{12-75}$$

式中 σ_1——腹板与翼缘交接处焊缝正应力；

h_0、h——焊缝截面处腹板高度、总高度；

τ_1——腹板与翼缘交接处焊缝剪应力；

S_1——B 点以上面积对中和轴的面积矩；

t——腹板厚度。

(四) 角焊缝的连接构造要求与计算

1. 角焊缝的构造要求

(1) 角焊缝的形式。角焊缝按其长度方向和外力作用方向的不同，分为平行于力作用方向的侧面角焊缝 [图 12-10(a)]、垂直于力作用方向的正面角焊缝 [图 12-10(b)] 和与力作用方向成斜角的斜向角焊缝。

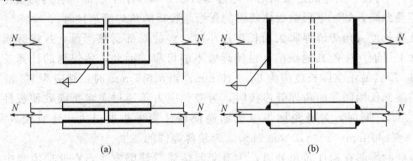

图 12-10　角焊缝的形式

(a) 侧面角焊缝；(b) 正面角焊缝

角焊缝的截面形式分为普通形、平坦形和凹面形三种，如图 12-11 所示。

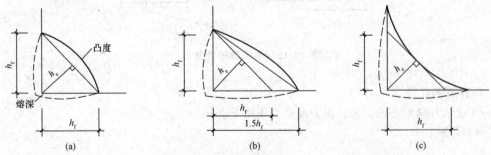

图 12-11　直角角焊缝的截面形式

(a) 普通形；(b) 平坦形；(c) 凹面形

(2) 角焊缝的尺寸要求。

1) 最小焊脚尺寸。角焊缝的焊脚尺寸与焊接的厚度有关，若板件厚度较大而焊缝焊脚尺寸过小，则施焊时焊缝冷却速度过快，可能产生淬硬组织，易使焊缝附近主体金属产生裂纹。因此，角焊缝的最小焊脚尺寸 $h_{f,min}$ 应满足下式要求：

$$h_{f,min} \geqslant 1.5\sqrt{t_{max}} \tag{12-76}$$

式中 t_{max}——较厚焊件的厚度。

埋弧自动焊的热量集中，熔深较大，故最小焊脚尺寸 $h_{f,min}$ 可较上式减小 1 mm，T 形连接单面角焊缝可靠性较差，$h_{f,min}$ 应增加 1 mm。当焊件厚度等于或小于 4 mm 时，$h_{f,min}$ 应与焊件同厚。

2) 最大焊脚尺寸。角焊缝的焊脚过大，易使焊件形成烧伤、烧穿等"过烧"现象，且使焊件产生较大的焊接残余应力和残余变形，因此，角焊缝的 $h_{f,max}$ 应符合下规定：

$$h_{f,max} \leqslant 1.2 t_{min} \tag{12-77}$$

式中 t_{min}——较薄焊件的厚度。

对板件（厚度为 t）边缘的角焊缝应符合下列要求：

当 $t > 6$ mm 时，$h_{f,max} \leqslant t - (1 \sim 2)$ mm；

当 $t \leqslant 6$ mm 时，$h_{f,max} \leqslant t$。

3) 最大计算长度。侧面角焊缝沿长度方向的切应力分布很不均匀，两端大、中间小，且随焊缝长度与其焊脚尺寸比值的增大而更加严重。当焊缝过长时，其两端应力可能达到极限，而此时焊缝中部未充分发挥其承载能力。在动力荷载作用下，这种应力集中现象更为不利。因此，侧面角焊缝的计算长度应满足：$l_w \leqslant 60 h_f$（承受静力荷载或间接承受动力荷载）或 $l_w \leqslant 40 h_f$（直接承受动力荷载）。当大于上述规定数值时，超过部分在计算中不予考虑。若内力沿侧面角焊缝全长分布时则不受此限，如工字形截面柱或梁的翼缘与腹板的角焊缝连接等。

4) 最小计算长度。角焊缝焊脚大而长度过小时，焊件局部受热严重，且焊缝起落弧的弧坑相距太近，加上可能产生的其他缺陷，也使焊缝不够可靠。因此，角焊缝的计算长度不宜小于 $8 h_f$ 和 40 mm，即其最小实际长度应为 $8 h_f + 10$ mm；当 $h_f \leqslant 5$ mm 时，则应为 50 mm。

5) 板件的端部仅用两侧面角焊缝连接时，为避免应力传递过于弯折而致使板件应力过分不均匀，应使 $l_w \geqslant b$；同时，为避免因焊缝收缩而使板件变形拱曲过大，还宜使 $b \leqslant 16 t$（当 $t > 12$ mm 时）或 $b \leqslant 190$ mm（当 $t \leqslant 12$ mm 时），t 为较薄焊件的厚度。

6) 当角焊缝的端部在构件转角处时，为避免起落弧的缺陷发生，在此应力集中较大的部位宜作长度为 $2 h_f$ 的绕角焊，如图 12-12 所示，且转角处必须连续施焊，不能断弧。

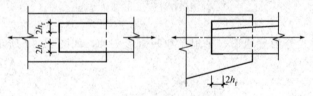

图 12-12　角焊缝的绕角焊

2. 角焊缝的计算

(1) 在通过焊缝形心的拉力、压力或剪力作用下。

正面角焊缝：

$$\sigma_f = \frac{N}{h_e l_w} \leqslant \beta_f f_f^w \tag{12-78}$$

侧面角焊缝：

$$\tau_f = \frac{N}{h_e l_w} \leqslant f_f^w \tag{12-79}$$

(2)在各种力综合作用下，σ_f 和 τ_f 共同作用处。

$$\sqrt{\left(\frac{\sigma_f}{\beta_f}\right)^2 + \tau_f^2} \leqslant f_f^w \tag{12-80}$$

式中 σ_f——按焊缝有效截面($h_e l_w$)计算，垂直于焊缝长度方向的应力；

τ_f——按焊缝有效截面计算，沿焊缝长度方向的剪应力；

h_e——角焊缝的计算厚度，对直角角焊缝，等于 $0.7h_f$，h_f 为焊脚尺寸；

l_w——角焊缝的计算长度，对每条焊缝取其实际长度减去 $2h_f$；

f_f^w——角焊缝的强度设计值；

β_f——正面角焊缝的强度设计值增大系数（对承受静力荷载和间接承受动力荷载的结构，$\beta_f = 1.22$；对直接承受动力荷载的结构，$\beta_f = 1.0$；被连接板件的最小厚度不大于 4 mm 时，取 $\beta_f = 1.0$）。

(3)斜角角焊缝（$60° \leqslant \alpha \leqslant 135°$的 T 形接头）的强度应按式(12-78)～式(12-80)计算，但取 $\beta_f = 1.0$，计算厚度 $h_e = h_f \cos\frac{\alpha}{2}$（根部间隙 b、b_1 或 b_2 小于或等于 1.5 mm）或 $h_e = \left[h_f - \frac{b(\text{或}\ b_1 \text{、}\ b_2)}{\sin\alpha}\right] \cos\frac{\alpha}{2}$（$b$、$b_1$ 或 b_2 大于 1.5 mm，但小于或等于 5 mm）。

(4)部分焊透的对接焊缝和 T 形对接与角接组合焊缝强度，应按式(12-78)～式(12-80)计算，在垂直于焊缝长度方向的压力作用下，β_f 取 1.22；其他受力情况 β_f 取 1.0。其计算厚度应满足以下要求：

1)V 形坡口：当 $\alpha \geqslant 60°$时，$h_e = s$；当 $\alpha < 60°$时，$h_e = 0.75s$。

2)单边 V 形和 K 形坡口：当 $\alpha = 45° \pm 5°$时，$h_e = s - 3$。

3)U 形坡口、J 形坡口：$h_e = s$。

注：s 为坡口深度，即根部至焊缝表面（不考虑余高）的最短距离（mm）；α 为 V 形、单边 V 形或 K 形坡口角度。

当熔合线处焊缝截面边长等于或接近最短距离 s 时，抗剪强度设计值应按角焊缝的强度设计值乘以 0.9。

(5)角钢与钢板、圆钢与钢板、圆钢与圆钢之间的角焊缝连接计算。

1)角钢与钢板连接的角焊缝，应按表 12-6 所列公式计算。

表 12-6　角钢与钢板连接的角焊缝计算公式（$l_{w1} \geqslant l_{w3}$）

项次	连接形式	公 式	说 明
1	(a) 两面侧焊	$l_{w1} = \dfrac{k_1 N}{2 \times 0.7 h_f f_f^w}$ $l_{w2} = \dfrac{k_2 N}{2 \times 0.7 h_f f_f^w}$	假定侧面角焊缝的焊脚尺寸 h_f 为已知，求焊缝计算长度 l_w，焊缝计算长度为设计长度减 $2h_f$

续表

项次	连接形式	公 式	说 明
2	(b) 三面围焊	$N_3 = 2 \times 0.7 h_{f3} l_{w3} \beta_f f_f^w$ 但须 $N_3 < 2k_2 N$ $N_1 = k_1 N - \dfrac{N_3}{2}$ $N_2 = k_2 N - \dfrac{N_3}{2}$ $l_{w1} = \dfrac{N_1}{2 \times 0.7 h_{f1} f_f^w}$ $l_{w2} = \dfrac{N_2}{2 \times 0.7 h_{f2} f_f^w}$	假定正面角焊缝的焊脚尺寸 h_{f3} 和长度 l_{w3} 为已知，侧面角焊缝的焊脚尺寸 h_{f1}、h_{f2} 为已知，求焊缝计算长度 l_{w1}、l_{w2}
3	(c) L形围焊	$N_3 = 2k_2 N$ $l_{w1} = \dfrac{N - N_3}{2 \times 0.7 h_{f1} f_f^w}$ $l_{w3} = \dfrac{N_3}{2 \times 0.7 h_{f2} f_f^w}$	L形围焊一般只宜用于内力较小的杆件连接，且使 $l_{w1} \geqslant l_{w3}$
4	(d) 单角钢的单面连接	$l_{w1} = \dfrac{k_1 N}{0.7 h_{f1} (0.85 f_f^w)}$ $l_{w2} = \dfrac{k_2 N}{0.7 h_{f2} (0.85 f_f^w)}$	单角钢杆件单面连接，只宜用于内力较小的情况，式中 0.85 为焊缝强度折减系数

注：表中 h_{f1}、l_{w1} 为一个角钢肢背侧面角焊缝的焊脚尺寸和计算长度；h_{f2}、l_{w2} 为一个角钢肢尖侧面角焊缝的焊脚尺寸和计算长度；h_{f3}、l_{w3} 为一个角钢端部正面角焊缝的焊脚尺寸和计算长度；k_1、k_2 为角钢肢背和肢尖的角焊缝内力分配系数。

2) 圆钢与钢板（或型钢的平板部分）、圆钢与圆钢之间的连接焊缝主要用于圆钢、小角钢的轻型钢结构中。应按下式计算抗剪强度：

$$\tau_f = \dfrac{N}{h_e \sum l_w} \leqslant f_f^w \tag{12-81}$$

$$h_e = 0.1(d_1 + 2d_2) - a \tag{12-82}$$

式中　f_f^w——角焊缝的强度设计值；

h_e——焊缝的计算厚度[对圆钢与钢板（或型钢的平板部分）的连接，$h_e = 0.7 h_f$；对圆钢与圆钢的连接，$h_e = 0.1(d_1 + 2d_2) - a$]；

d_1——大圆钢直径；

d_2——小圆钢直径；

a——焊缝表面至两个圆钢公切线的距离。

二、螺栓连接

(一) 普通螺栓连接

1. 普通螺栓的构造要求

(1) 普通螺栓的规格。钢结构采用的普通螺栓形式为六角头型，粗牙普通螺纹，其代号用字母 M 与公称直径表示，工程中常用 M16、M20 和 M24。

为制造方便，通常情况下，同一结构中宜尽可能采用一种栓径和孔径的螺栓，需要时也可采用 2~3 种直径的螺栓。钢结构施工图的螺栓和孔的制图应符合表 12-7 的规定。

表 12-7 螺栓孔及孔眼示例

名 称	永久螺栓	高强度螺栓	安装螺栓	圆形螺栓孔	长圆形螺栓孔
图例	◇	◆	◇	●φ	⬭ b φ

(2) 普通螺栓的排列。螺栓的排列应遵循简单、紧凑、整齐划一和便于安装的原则，通常采用并列和错列两种形式，如图 12-13 所示。并列布置简单，但栓孔削弱截面较大。错列布置可减少截面削弱，但排列较繁杂。

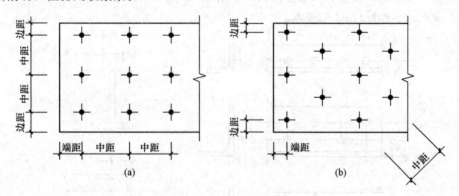

图 12-13 螺栓的排列形式
(a)并列布置；(b)错列布置

螺栓在构件上排列的间距及螺栓至构件边缘的距离不应过小，否则螺栓之间的钢板及边缘处螺栓孔前的钢板可能沿作用力方向被剪断；同时，螺栓间距及边距太小，也不利于扳手操作，此外，螺栓的间距及边距不应过大，否则钢板不能紧密贴合。对外排螺栓的中距及边距和端距更不应过大，以防止潮气侵入，引起锈蚀。

根据上述要求制定的螺栓最大、最小允许距离见表 12-8。

表 12-8 螺栓的最大、最小允许距离

名 称	位置和方向			最大允许距离（取两者的较小值）	最小允许距离
中心间距	外排（垂直内力方向或顺内力方向）			$8d_0$ 或 $12t$	$3d_0$
	中间排	垂直内力方向		$16d_0$ 或 $24t$	
		顺内力方向	压力	$12d_0$ 或 $18t$	
			拉力	$16d_0$ 或 $24t$	
	沿对角线方向			—	

233

续表

名　称	位置和方向			最大允许距离 （取两者的较小值）	最小允许距离
中心至构件 边缘距离	顺内力方向			$4d_0$ 或 $8t$	$2d_0$
	垂直内力 方向	剪切边或手工气割边			$1.5d_0$
		轧制边自动精密 气割或锯割边	高强度螺栓		
			其他螺栓或铆钉		$1.2d_0$

注：1. d_0 为螺栓或铆钉孔直径，t 为外层较薄板件的厚度。
　　2. 钢板边缘与刚性构件（如角钢、槽钢等）相连的螺栓的最大间距，可按中间排的数值采用。

对于角钢、工字钢、槽钢上的螺栓排列，如图 12-14 所示，除应满足表 12-9 的要求外，还应分别符合表 12-10 和表 12-11 的要求。

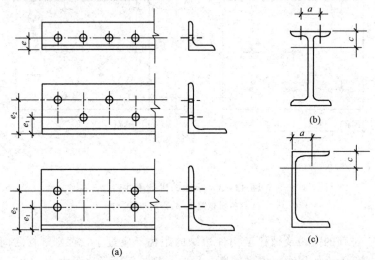

图 12-14　螺栓排列
(a)角钢；(b)工字钢；(c)槽钢

表 12-9　角钢上螺栓或铆钉线距　　　　　　　　　　　　　　　　　　　　　　mm

单行 排列	角钢肢宽	40	45	50	56	63	70	75	80	90	100	110	125
	线距 e	25	25	30	30	35	40	40	45	50	55	60	70
	钉孔最大直径	11.5	13.5	13.5	15.5	17.5	20	22	22	24	24	26	26
双行 错排	角钢肢宽	125	140	160	180	200	双行 并列	角钢肢宽			160	180	200
	e_1	55	60	70	70	80		e_1			60	70	80
	e_2	90	100	120	140	160		e_2			130	140	160
	钉孔最大直径	24	24	26	26	26		钉孔最大直径			24	24	26

表 12-10　工字钢和槽钢腹板上的螺栓线距　　　　　　　　　　　　　　　　　　　　mm

工字钢型号	12	14	16	18	20	22	25	28	32	36	40	45	50	56	63
线距 $c_{\min}$	40	45	45	45	50	50	55	60	60	65	70	75	75	75	75
槽钢型号	12	14	16	18	20	22	25	28	32	36	40	—	—	—	—
线距 $c_{\min}$	40	45	50	50	55	55	55	60	65	70	75	—	—	—	—

表 12-11　工字钢和槽钢翼缘上的螺栓线距　　　　　　　　　　　　　　　　　　　　mm

工字钢型号	12	14	16	18	20	22	25	28	32	36	40	45	50	56	63
线距 $c_{\min}$	40	40	50	55	60	65	65	70	75	80	80	85	90	95	95
槽钢型号	12	14	16	18	20	22	25	28	32	36	40	—	—	—	—
线距 $c_{\min}$	30	35	35	40	40	45	45	45	50	56	60	—	—	—	—

2. 普通螺栓连接的计算

(1) 普通螺栓承载能力设计值。

1) 普通螺栓受剪连接中，单个螺栓承载力设计值按下式取值：

$$N_{\min}^b = \min\{N_v^b, N_c^b\} \tag{12-83}$$

$$N_v^b = n_v \frac{\pi d^2}{4} f_v^b \tag{12-84}$$

$$N_c^b = d \sum t \cdot f_c^b \tag{12-85}$$

式中　N_v^b——单个普通螺栓受剪承载力设计值；

N_c^b——单个普通螺栓承压承载力设计值；

n_v——受剪面数目；

d——螺栓杆直径；

$\sum t$——同一受力方向承压构件的较小总厚度；

f_v^b、f_c^b——螺栓的抗剪和承压强度设计值。

2) 普通螺栓杆轴受拉连接中，单个螺栓承载力设计值按下式计算：

$$N_t^b = \frac{\pi d_e^2}{4} f_t^b \tag{12-86}$$

式中　d_e——螺栓在螺纹处的有效直径；

f_t^b——普通螺栓的抗拉强度设计值。

(2) 普通螺栓连接计算公式。

1) 承受轴心力的抗剪连接。承受轴心力的抗剪连接如图 12-15 所示，需要螺栓数的计算公式如下：

$$n \geqslant \frac{N}{N_{\min}} \tag{12-87}$$

式中　$N_{\min}$——一个螺栓受剪承载力设计值。

2) 承受偏心力的抗剪连接。承受偏心力的抗剪连接如图 12-16 所示，布置螺栓后对受力最大的螺栓进行验算，其值应符合下列条件：

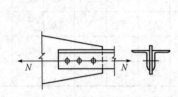
图 12-15 承受轴心力的抗剪连接简图

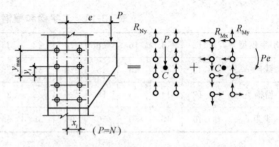
图 12-16 承受偏心力的抗剪连接简图

$$R \leqslant N_{\min} \tag{12-88}$$

$$R = \sqrt{R_{Mx}^2 + (R_{Ny} + R_{My})^2} \tag{12-89}$$

$$R_{Ny} = \frac{P}{n} \tag{12-90}$$

$$R_{Mx} = \frac{Pey_{\max}}{\sum(x_i^2 + y_i^2)} \tag{12-91}$$

$$R_{My} = \frac{Pex_{\max}}{\sum(x_i^2 + y_i^2)} \tag{12-92}$$

当 $y_{\max} > 3x_{\max}$ 时,可取

$$R_{Mx} = \frac{Pey_{\max}}{\sum y_i^2} \tag{12-93}$$

式中　e——偏心距;

　　　x_i、y_i——任一螺栓的坐标;

　　　n——螺栓个数。

3) 承受轴心力的抗拉连接。承受轴心力的抗拉连接如图 12-17 所示,所需螺栓数目的计算公式如下:

$$n \geqslant \frac{N}{N_t^b} \tag{12-94}$$

图 12-17 承受轴心力的抗拉连接简图

式中　N_t^b——一个螺栓的受拉承载力设计值。

4) 承受偏心力的抗拉连接。承受偏心力的抗拉连接如图 12-18 所示,布置螺栓后,对受力最大的螺栓进行验算,其值应符合下列条件:

$$\frac{N}{n} + \frac{Ney_{\max}}{\sum y_i^2} \leqslant N_t^b \tag{12-95}$$

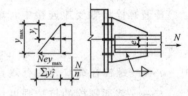
图 12-18 承受偏心力的抗拉连接简图

式中　e——N 至螺栓群中心的距离;

　　　y_i——任一螺栓到旋转轴的距离;

　　　n——螺栓个数。

5) 同时承受拉力和剪力的螺栓连接。普通螺栓同时承受拉力和剪力时,单个螺栓承载力应分别符合下列公式要求:

$$\sqrt{\left(\frac{N_v}{N_v^b}\right)^2 + \left(\frac{N_t}{N_t^b}\right)^2} \leqslant 1 \tag{12-96}$$

$$N_v \leqslant N_c^b$$

式中 N_v、N_t——某个普通螺栓所承受的剪力和拉力；

N_v^b、N_t^b、N_c^b——一个普通螺栓的受剪、受拉和承压承载力设计值。

(二)高强度螺栓连接

1. 高强度螺栓连接构造要求

高强度螺栓连接是一种新的钢结构的连接形式，其具有施工简单、受力性能好、可拆换、耐疲劳及在动力荷载作用下不松动等优点。

高强度螺栓的构造和排列要求，除栓杆与孔径的差值较小外，与普通螺栓相同。

目前，我国采用的高强度螺栓性能等级，按热处理后的强度分为 10.9 级和 8.8 级两种。其中，整数部分(10 和 8)表示螺栓成品的抗拉强度 f_u 不低于 1 000 N/mm² 和 800 N/mm²，小数部分(0.9 和 0.8)则表示其屈强比 f_y/f_u 为 0.9 和 0.8。

2. 高强度螺栓连接计算

(1)抗剪承载力设计值。

1)在抗剪连接中，单个摩擦型高强度螺栓的承载力设计值应按下式计算：

$$N_v^b = 0.9 n_f \mu P \qquad (12\text{-}97)$$

式中 n_f——传力摩擦面数目；

μ——摩擦面的抗滑移系数，见表 12-12；

P——一个高强度螺栓的预拉力，见表 12-13。

表 12-12 摩擦面的抗滑移系数 μ

在连接处构件接触面的处理方法	构件的钢材牌号		
	Q235 钢	Q345 钢、Q390 钢	Q420 钢
喷砂(丸)	0.45	0.50	0.50
喷砂(丸)后涂无机富锌漆	0.35	0.40	0.40
喷砂(丸)后生赤锈	0.45	0.50	0.50
钢丝刷清除浮锈或未经处理干净轧制表面	0.30	0.35	0.40

注：门式刚架端板连接构件抗滑移系数可由设计人员自定，但应不小于 0.15，已考虑在连接的接触面涂刷防锈漆或不涂油漆的干净表面的情况。

表 12-13 一个高强度螺栓的预拉力 P　　　　　　　　　　　　　　kN

螺栓的性能等级	螺栓公称直径/mm					
	M16	M20	M22	M24	M27	M30
8.8 级	80	125	150	175	230	280
10.9 级	100	155	190	225	290	355

2)在抗剪连接中，单个承压型高强度螺栓的承载力设计值的计算方法与普通螺栓相同。当剪切面在螺纹处时，其受剪承载力设计值应按螺纹处的有效面积计算。承压型高强度螺栓的预拉力 P 的计算及取值与摩擦型高强度螺栓相同。

在杆轴方向受拉的连接中，单个承压型高强度螺栓的承载力设计值的计算方法与普通螺栓相同。

3）高强度螺栓抗拉连接的受力特点是依靠预拉力使连接件被压紧传力。当连接在沿螺栓杆轴方向再承受外力时，螺栓所承担的外拉力设计值 N_t 不超过其预拉力 P，螺栓杆内原预拉力基本不变。当 $N_t > P$ 时，螺栓可能达到钢材的屈服强度，卸荷后连接产生松弛现象，预拉力降低。因此，规范偏安全地规定一个高强度螺栓抗拉承载力设计值为

$$N_t^b = 0.8P \tag{12-98}$$

（2）高强度螺栓连接计算公式。

1）当摩擦型高强度螺栓连接同时承受摩擦面间的剪力和螺栓杆轴方向的外拉力时，其承载力应按下式计算：

$$\frac{N_v}{N_v^b} + \frac{N_t}{N_t^b} \leqslant 1 \tag{12-99}$$

式中 N_v、N_t——某个高强度螺栓所承受的剪力和拉力；

N_v^b、N_t^b——一个高强度螺栓的受剪、受拉承载力设计值。

2）同时承受剪力和杆轴方向拉力的承压型高强度螺栓，应符合下列公式的要求：

$$\sqrt{\left(\frac{N_v}{N_v^b}\right)^2 + \left(\frac{N_t}{N_t^b}\right)^2} \leqslant 1 \tag{12-100}$$

$$N_v \leqslant \frac{N_c^b}{1.2} \tag{12-101}$$

式中 N_v、N_t——某个高强度螺栓所承受的剪力和拉力；

N_v^b、N_t^b、N_c^b——某个高强度螺栓的受剪、受拉、承压承载力设计值。

3）高强度螺栓抗拉连接时，拉力 N 通过螺栓群形心时，所需螺栓数计算公式为

$$n = \frac{N}{N_t^b} = \frac{N}{0.8P} \tag{12-102}$$

在弯矩作用下，最上端螺栓应满足：

$$N_{t1} = M y_1 / \sum y_i^2 \leqslant 0.8P \tag{12-103}$$

对高强度螺栓在弯矩作用下受拉计算时，取螺栓群形心应偏于安全。

4）高强度螺栓群的抗剪计算。

①高强度螺栓群受轴心力作用时，对构件净截面验算，高强度螺栓承压型连接与普通螺栓相同；对于高强度螺栓摩擦型连接，孔前传力占螺栓传力的 50%。构件截面强度按下式计算：

$$N' = N\left(1 - \frac{0.5n_1}{n}\right) \tag{12-104}$$

式中 n_1——计算截面上的螺栓数；

n——连接一侧的螺栓总数。

构件净截面强度按下式计算：

$$\sigma = N'/A_n \leqslant f \tag{12-105}$$

构件截面强度按下式计算：

$$\sigma = N/A \leqslant f \tag{12-106}$$

式中 A_n——构件的净截面面积；

A——构件的毛截面面积。

②扭矩作用及扭矩、剪力和轴心力共同作用时，高强度螺栓的受剪计算同普通螺栓。

三、铆钉连接

铆钉由顶锻性能好的铆钉钢制成。在进行铆钉连接时，先在被连接的构件上制成比钉径大

1.0～1.5 mm 的孔，然后将一端有半圆钉头的铆钉加热，直到铆钉呈樱桃红色时将其塞入孔内，再用铆钉枪或铆钉机进行铆合，使铆钉填满钉孔，并打成另一铆钉头。铆钉在铆合后冷却收缩，对被连接的板束产生夹紧力，这有利于传力。

铆钉连接的韧性和塑性都比较好，但铆钉连接比较费工且耗材较多，目前只用于承受较大动力荷载的大跨度钢结构。在工厂几乎被焊接代替，在工地几乎被高强度螺栓连接所代替。

本章小结

钢结构的优点有：强度高；塑性、韧性好；材质均匀，符合力学假定，安全可靠度高；工厂化生产，工业化程度高；施工速度快。同时，钢结构具有耐热不耐火、易锈蚀、耐腐性差等缺点。钢结构广泛应用于重型结构及大跨度建筑结构，多层、高层及超高层建筑结构，轻钢结构，塔桅等高耸结构，钢一混凝土组合结构。本章主要介绍了钢结构及钢结构材料、钢构件计算及钢结构连接。

思考与练习

一、填空题

1. 受弯构件的强度计算包括_____、_____、_____、_____。
2. 当梁的抗剪强度不满足设计要求时，通常采用_____的办法来增大梁的抗剪强度。
3. 梁的整体稳定性计算是使梁的最大弯曲纤维压应力_____使梁侧扭失稳的临界应力。
4. 轴心受力构件指通过构件形心轴线的轴向力作用的构件，包括_____和_____。
5. _____是电弧在焊剂层下燃烧的一种电弧焊方法。
6. _____是用喷枪喷出二氧化碳气体或其他惰性气体作为电弧的保护介质，使熔化金属与空气隔绝，以保持焊接过程稳定。
7. 对于较厚的焊件（$t \geqslant 20$ mm，t 为钢板厚度），应采用_____、_____、_____、_____。
8. 角焊缝的截面形式分为_____、_____和_____三种。
9. 角焊缝的焊脚过大，易使焊件形成_____现象。

二、简答题

1. 简述钢结构的特点。
2. 钢结构的应用范围包括哪几个方面？
3. 钢结构的连接方法有哪些？
4. 焊缝的连接形式主要分为哪几种？

附录　建筑结构计算常用数据

附表1　预应力钢筋强度标准值

种　类	符号	公称直径 d/mm	屈服强度标准值 $f_{pyk}/(\text{N}\cdot\text{mm}^{-2})$	极限强度标准值 $f_{ptk}/(\text{N}\cdot\text{mm}^{-2})$
中强度预应力钢丝	光面螺旋肋 ϕ^{PM} ϕ^{HM}	5、7、9	620	800
			780	970
			980	1 270
预应力螺纹钢筋	螺纹 ϕ^T	18、25	785	980
		32	930	1 080
		40、50	1 080	1 230
消除应力钢丝	光面 螺旋肋 ϕ^P ϕ^M	5	—	1 570
			—	1 860
		7	—	1 570
		9	—	1 470
			—	1 570
钢绞线	1×3 (3股) ϕ^S	8.6、10.8、12.9	—	1 570
			—	1 860
			—	1 960
	1×7 (7股)	9.5、12.7、15.2、17.8	—	1 720
			—	1 860
			—	1 960
		21.6	—	1 860

注：强度为1 960 MPa级的钢绞线作后张预应力配筋时，应有可靠的工程经验。

附表2　预应力钢筋强度设计值　　　　　　　　　　　　　　　　　　　　　N/mm²

种　类	抗拉强度标准值 f_{ptk}	抗拉强度设计值 f_{py}	抗压强度设计值 f'_{py}
中强度预应力钢丝	800	510	410
	970	650	
	1 270	810	
消除应力钢丝	1 470	1 040	410
	1 570	1 110	
	1 860	1 320	

续表

种类	抗拉强度标准值 f_{ptk}	抗拉强度设计值 f_{py}	抗压强度设计值 f'_{py}
钢绞线	1 570	1 110	390
	1 720	1 220	
	1 860	1 320	
	1 960	1 390	
预应力螺纹钢筋	980	650	400
	1 080	770	
	1 230	900	

注：当预应力钢筋的强度标准值不符合表中的规定时，其强度设计值应进行相应的比例换算。

附表3　钢筋的弹性模量　　　　　　　　　　　　　　$\times 10^5 \text{N/mm}^2$

牌号或种类	弹性模量
HPB300 钢筋	2.10
HRB335、HRB400、HRB500 HRBF400、HRBF500、RRB400 预应力螺纹钢筋	2.00
消除应力钢丝、中强度预应力钢丝	2.05
钢绞线	1.95

注：必要时可采用实测的弹性模量。

附表4　活荷载按楼层的折减系数

墙、柱、基础计算截面以上的层数	1	2～3	4～5	6～8	9～20	＞20
计算截面以上各楼层活荷载总和的折减系数	1.00 (0.90)	0.85	0.70	0.65	0.60	0.55

注：当楼面梁的从属面积超过 25 m² 时，应采用括号内的系数。

附表5　屋面均布活荷载

项次	类别	标准值 /(kN·m^{-2})	组合值系数 φ_c	频遇值系数 φ_f	准永久值系数 φ_q
1	不上人的屋面	0.5	0.7	0.5	0.0
2	上人的屋面	2.0	0.7	0.5	0.4
3	屋顶花园	3.0	0.7	0.6	0.5
4	屋顶运动场地	3.0	0.7	0.6	0.4

注：1. 不上人的屋面，当施工或维修荷载较大时，应按实际情况采用；对不同类型的结构应按有关设计规范的规定采用，但不得低于 0.3 kN/m²。
2. 当上人的屋面兼作其他用途时，应按相应楼面活荷载采用。
3. 对于因屋面排水不畅、堵塞等引起的积水荷载，应采取构造措施加以防止；必要时，应按积水的可能深度确定屋面活荷载。
4. 屋顶花园活荷载不应包括花圃土石等材料自重。

附表 6　屋面积灰荷载

项　目	标准值/(kN·m^{-2})			组合值系数 φ_c	频遇值系数 φ_f	准永久值系数 φ_q
	屋面无挡风板	屋面有挡风板				
		挡风板内	挡风板外			
机械厂铸造车间(冲天炉)	0.50	0.75	0.30	0.9	0.9	0.8
炼钢车间(氧气转炉)	—	0.75	0.30			
锰、铬铁合金车间	0.75	1.00	0.30			
硅、钨铁合金车间	0.30	0.50	0.30			
烧结室、一次混合室	0.50	1.00	0.20			
烧结厂通廊及其他车间	0.30					
水泥厂有灰源车间(窑房、磨房、联合贮库、烘干房、破碎房)	1.00					
水泥厂无灰源车间(空气压缩机站、机修间、材料库、配电站)	0.50					

注：1. 表中的积灰均布荷载，仅应用于屋面坡度 $\alpha \leq 25°$ 时；当 $\alpha \geq 45°$ 时，可不考虑积灰荷载；当 $25° < \alpha < 45°$ 时，可按线性内插法取值。
　　2. 清灰设施的荷载另行考虑。
　　3. 对第 1～4 项的积灰荷载，仅应用于距烟囱中心 20 m 半径范围内的屋面；当邻近建筑在该范围内时，其积灰荷载对第 1、3、4 项应按车间屋面无挡风板采用，对第 2 项应按车间屋面有挡风板采用。

附表 7　钢筋混凝土矩形截面受弯构件正截面受弯承载力系数(扩展)表

α_s	γ_s	ξ	α_s	γ_s	ξ	α_s	γ_s	ξ
0.010	0.995 0	0.010	0.021	0.989 5	0.021	0.032	0.983 9	0.032
0.011	0.994 5	0.011	0.022	0.989 0	0.022	0.033	0.983 3	0.033
0.012	0.994 0	0.012	0.023	0.988 5	0.023	0.034	0.982 8	0.034
0.013	0.993 5	0.013	0.024	0.988 0	0.024	0.035	0.982 2	0.036
0.014	0.993 0	0.014	0.025	0.987 5	0.025	0.036	0.981 7	0.037
0.015	0.992 5	0.015	0.026	0.987 0	0.026	0.037	0.981 1	0.038
0.016	0.992 0	0.016	0.027	0.986 5	0.027	0.038	0.980 6	0.039
0.017	0.991 5	0.017	0.028	0.986 0	0.028	0.039	0.980 0	0.040
0.018	0.991 0	0.018	0.029	0.985 5	0.029	0.040	0.979 4	0.041
0.019	0.990 5	0.019	0.030	0.985 0	0.030	0.041	0.978 9	0.042
0.020	0.990 0	0.020	0.031	0.984 4	0.031	0.042	0.978 3	0.043
0.043	0.977 8	0.044	0.075	0.961 0	0.078	0.107	0.943 3	0.113
0.044	0.977 2	0.046	0.076	0.960 5	0.079	0.108	0.942 8	0.114
0.045	0.976 7	0.047	0.077	0.960 0	0.080	0.109	0.942 2	0.116
0.046	0.976 1	0.048	0.078	0.959 4	0.081	0.110	0.941 7	0.117
0.047	0.975 6	0.049	0.079	0.958 8	0.083	0.111	0.941 1	0.118
0.048	0.975 0	0.050	0.080	0.958 1	0.084	0.112	0.940 6	0.119
0.049	0.974 5	0.051	0.081	0.957 5	0.085	0.113	0.940 0	0.120

续表

α_s	γ_s	ξ	α_s	γ_s	ξ	α_s	γ_s	ξ
0.050	0.974 1	0.052	0.082	0.956 9	0.086	0.114	0.939 4	0.121
0.051	0.973 6	0.053	0.083	0.956 3	0.088	0.115	0.938 8	0.123
0.052	0.973 1	0.054	0.084	0.955 6	0.089	0.116	0.938 1	0.124
0.053	0.972 6	0.055	0.085	0.955 0	0.090	0.117	0.937 5	0.125
0.054	0.972 1	0.056	0.086	0.954 5	0.091	0.118	0.936 9	0.126
0.055	0.971 6	0.057	0.087	0.954 0	0.092	0.119	0.936 3	0.128
0.056	0.971 1	0.058	0.088	0.953 5	0.093	0.120	0.935 8	0.129
0.057	0.970 6	0.059	0.089	0.953 0	0.094	0.121	0.935 0	0.130
0.058	0.970 0	0.060	0.090	0.952 5	0.095	0.122	0.934 4	0.131
0.059	0.969 4	0.061	0.091	0.952 0	0.096	0.123	0.933 9	0.132
0.060	0.968 9	0.062	0.092	0.951 5	0.097	0.124	0.933 3	0.133
0.061	0.968 3	0.063	0.093	0.951 0	0.098	0.125	0.932 8	0.134
0.062	0.967 8	0.064	0.094	0.950 5	0.099	0.126	0.932 2	0.136
0.063	0.967 2	0.065	0.095	0.950 0	0.100	0.127	0.931 7	0.137
0.064	0.966 7	0.067	0.096	0.949 4	0.101	0.128	0.931 1	0.138
0.065	0.966 1	0.068	0.097	0.948 8	0.102	0.129	0.930 6	0.139
0.066	0.965 6	0.069	0.098	0.948 2	0.103	0.130	0.930 0	0.140
0.067	0.965 0	0.060	0.099	0.947 8	0.104	0.131	0.929 4	0.141
0.068	0.954 5	0.071	0.100	0.947 2	0.106	0.132	0.928 9	0.142
0.069	0.964 0	0.072	0.101	0.946 7	0.107	0.133	0.928 3	0.143
0.070	0.963 5	0.073	0.102	0.946 1	0.108	0.134	0.927 8	0.144
0.071	0.963 0	0.074	0.103	0.945 6	0.109	0.135	0.927 2	0.145
0.072	0.962 5	0.075	0.104	0.945 0	0.110	0.136	0.926 7	0.147
0.073	0.962 0	0.076	0.105	0.944 4	0.111	0.137	0.926 1	0.148
0.074	0.961 5	0.077	0.106	0.943 9	0.112	0.138	0.925 6	0.149
0.139	0.925 0	0.150	0.182	0.898 8	0.203	0.225	0.870 7	0.258
0.140	0.924 4	0.151	0.183	0.898 1	0.204	0.226	0.870 0	0.260
0.141	0.923 8	0.153	0.184	0.897 5	0.205	0.227	0.869 4	0.261
0.142	0.923 1	0.154	0.185	0.896 8	0.206	0.228	0.868 8	0.263
0.143	0.922 6	0.155	0.186	0.896 3	0.208	0.229	0.868 1	0.264
0.144	0.921 9	0.156	0.187	0.895 6	0.209	0.230	0.867 5	0.265
0.145	0.921 3	0.158	0.188	0.895 0	0.210	0.231	0.866 9	0.266
0.146	0.920 6	0.159	0.189	0.894 4	0.211	0.232	0.866 3	0.268
0.147	0.920 0	0.160	0.190	0.893 8	0.213	0.233	0.865 6	0.269
0.148	0.919 7	0.161	0.191	0.893 1	0.214	0.234	0.865 0	0.270
0.149	0.918 8	0.163	0.192	0.892 5	0.215	0.235	0.864 3	0.271

续表

α_s	γ_s	ξ	α_s	γ_s	ξ	α_s	γ_s	ξ
0.150	0.918 1	0.164	0.193	0.891 8	0.216	0.236	0.863 6	0.272
0.151	0.917 5	0.165	0.194	0.891 3	0.218	0.237	0.862 9	0.274
0.152	0.916 9	0.166	0.195	0.890 6	0.219	0.238	0.862 1	0.276
0.153	0.916 3	0.168	0.196	0.890 0	0.220	0.239	0.861 4	0.277
0.154	0.915 6	0.169	0.197	0.889 3	0.221	0.240	0.860 7	0.278
0.155	0.915 0	0.170	0.198	0.888 8	0.223	0.241	0.860 0	0.280
0.156	0.914 4	0.171	0.199	0.887 9	0.224	0.242	0.859 3	0.281
0.157	0.913 8	0.172	0.200	0.887 1	0.225	0.243	0.858 6	0.283
0.158	0.913 3	0.173	0.201	0.886 4	0.227	0.244	0.857 3	0.284
0.159	0.912 8	0.174	0.202	0.885 7	0.229	0.245	0.857 1	0.286
0.160	0.912 2	0.176	0.203	0.885 0	0.230	0.246	0.856 4	0.287
0.161	0.911 7	0.177	0.204	0.884 4	0.231	0.247	0.855 7	0.289
0.162	0.911 1	0.178	0.205	0.883 8	0.233	0.248	0.855 0	0.290
0.163	0.910 6	0.179	0.206	0.883 1	0.234	0.249	0.854 3	0.291
0.164	0.910 0	0.180	0.207	0.882 5	0.235	0.250	0.853 6	0.293
0.165	0.909 4	0.181	0.208	0.881 9	0.236	0.251	0.852 9	0.294
0.166	0.908 8	0.183	0.209	0.881 3	0.238	0.252	0.852 1	0.296
0.167	0.908 1	0.184	0.210	0.880 6	0.239	0.253	0.851 4	0.297
0.168	0.907 5	0.185	0.211	0.880 0	0.240	0.254	0.850 7	0.299
0.169	0.906 9	0.186	0.212	0.879 4	0.241	0.255	0.850 0	0.300
0.170	0.906 3	0.188	0.213	0.878 8	0.243	0.256	0.849 3	0.301
0.171	0.905 6	0.189	0.214	0.879 1	0.244	0.257	0.848 6	0.303
0.172	0.905 0	0.190	0.215	0.877 5	0.245	0.258	0.847 3	0.304
0.173	0.904 4	0.191	0.216	0.876 9	0.246	0.259	0.846 9	0.306
0.174	0.903 8	0.193	0.217	0.876 3	0.248	0.260	0.846 4	0.307
0.175	0.903 1	0.194	0.218	0.875 5	0.249	0.261	0.845 7	0.309
0.176	0.902 5	0.195	0.219	0.875 0	0.250	0.262	0.845 0	0.310
0.177	0.901 8	0.196	0.220	0.874 3	0.251	0.263	0.844 3	0.311
0.178	0.901 3	0.198	0.221	0.873 6	0.253	0.264	0.843 6	0.313
0.179	0.900 5	0.199	0.222	0.872 9	0.254	0.265	0.842 9	0.314
0.180	0.900 0	0.200	0.223	0.872 1	0.256	0.266	0.842 1	0.316
0.181	0.899 4	0.201	0.224	0.871 4	0.257	0.267	0.841 4	0.317
0.268	0.840 7	0.319	0.308	0.810 5	0.379	0.348	0.775 8	0.448
0.269	0.840 0	0.320	0.309	0.810 0	0.380	0.349	0.775 0	0.450
0.270	0.839 2	0.322	0.310	0.809 0	0.382	0.350	0.774 0	0.452
0.271	0.838 3	0.323	0.311	0.808 0	0.384	0.351	0.773 0	0.454

续表

α_s	γ_s	ξ	α_s	γ_s	ξ	α_s	γ_s	ξ
0.272	0.837 5	0.325	0.312	0.807 0	0.386	0.352	0.772 0	0.456
0.273	0.836 7	0.327	0.313	0.806 0	0.388	0.353	0.771 0	0.458
0.274	0.835 8	0.328	0.314	0.805 0	0.390	0.354	0.770 0	0.460
0.275	0.835 0	0.330	0.315	0.804 2	0.392	0.355	0.769 0	0.462
0.276	0.834 3	0.331	0.316	0.803 3	0.393	0.356	0.768 0	0.464
0.277	0.833 6	0.333	0.317	0.802 5	0.395	0.357	0.767 0	0.466
0.278	0.832 9	0.334	0.318	0.801 7	0.397	0.358	0.766 0	0.468
0.279	0.832 1	0.336	0.319	0.800 8	0.398	0.359	0.765 0	0.470
0.280	0.831 4	0.337	0.320	0.800 0	0.400	0.360	0.764 2	0.472
0.281	0.830 7	0.339	0.321	0.799 2	0.402	0.361	0.763 3	0.473
0.282	0.830 0	0.340	0.322	0.798 3	0.403	0.362	0.762 5	0.475
0.283	0.829 3	0.341	0.323	0.797 5	0.405	0.363	0.761 7	0.477
0.284	0.828 6	0.343	0.324	0.796 7	0.407	0.364	0.760 8	0.478
0.285	0.827 9	0.344	0.325	0.795 8	0.408	0.365	0.760 0	0.480
0.286	0.827 1	0.346	0.326	0.795 0	0.410	0.366	0.759 0	0.482
0.287	0.826 4	0.347	0.327	0.794 2	0.412	0.367	0.758 0	0.484
0.288	0.825 7	0.348	0.328	0.793 3	0.413	0.368	0.757 0	0.486
0.289	0.825 0	0.350	0.329	0.792 5	0.415	0.369	0.756 0	0.488
0.290	0.824 2	0.352	0.330	0.791 7	0.417	0.370	0.755 0	0.490
0.291	0.823 3	0.353	0.331	0.790 8	0.418	0.371	0.754 0	0.492
0.292	0.822 5	0.355	0.332	0.790 0	0.420	0.372	0.753 0	0.494
0.293	0.821 7	0.357	0.333	0.789 0	0.422	0.373	0.752 0	0.496
0.294	0.820 8	0.358	0.334	0.788 0	0.424	0.374	0.751 0	0.498
0.295	0.820 0	0.360	0.335	0.787 0	0.426	0.375	0.750 0	0.500
0.296	0.819 2	0.362	0.336	0.786 0	0.428	0.376	0.749 0	0.502
0.297	0.818 3	0.363	0.337	0.785 0	0.430	0.377	0.748 0	0.504
0.298	0.817 5	0.365	0.338	0.784 2	0.432	0.378	0.747 0	0.506
0.299	0.816 7	0.367	0.339	0.783 3	0.433	0.379	0.746 0	0.508
0.300	0.815 8	0.368	0.340	0.782 5	0.435	0.380	0.745 0	0.510
0.301	0.815 0	0.370	0.341	0.781 7	0.437	0.381	0.744 0	0.512
0.302	0.814 4	0.371	0.342	0.780 8	0.438	0.382	0.743 0	0.514
0.303	0.813 8	0.373	0.343	0.780 0	0.440	0.383	0.742 0	0.516
0.304	0.813 1	0.374	0.344	0.779 2	0.442	0.384	0.741 0	0.518
0.305	0.812 5	0.375	0.345	0.778 3	0.443	0.385	0.740 0	0.520
0.306	0.811 9	0.376	0.346	0.777 5	0.445	0.386	0.739 0	0.522
0.307	0.811 3	0.378	0.347	0.776 7	0.447	0.387	0.738 0	0.524

参考文献

[1] 中华人民共和国国家标准.GB 50009—2012 建筑结构荷载规范[S].北京：中国建筑工业出版社，2012.

[2] 中华人民共和国国家标准.GB 50010—2010 混凝土结构设计规范[S].北京：中国建筑工业出版社，2016.

[3] 中华人民共和国国家标准.GB 50017—2017 钢结构设计标准[S].北京：中国建筑工业出版社，2017.

[4] 周元清，等.建筑力学与结构基础[M].北京：中国地质大学出版社，2013.

[5] 胡兴福.建筑结构[M].武汉：武汉大学大学出版社，2003.

[6] 赵丽颖，史文学，杨玲.建筑结构[M].西安：西北工业大学出版社，2013.

[7] 李永光，白秀英.建筑力学与结构[M].北京：机械工业出版社，2011.

[8] 毕守一，李燕飞.工程力学与结构[M].郑州：黄河水利出版社，2009.